日本人の起源

人類誕生から縄文・弥生へ

中橋孝博

講談社学術文庫

文庫版まえがき

『日本人の起源』を講談社選書メチエの一冊として世に出してから、早くも一四年になる。幸い多くの読者に恵まれ、二〇一五年からは電子版のかたちで読み継がれてきたが、この間の研究進展はめざましく、さすがにあちらこちら内容の不備が目につき始めた。新たな発見、新たな手法の導入によって次々と新情報が寄せられ、もつれていた糸が解きほどかれる一方で、当然ながら修正、撤回を迫られる考えも少なくなく、さらには今まで気づかなかった新たな疑問が浮上したりもして、今なお議論が尽きる様子はみえない。

このほど本書を講談社学術文庫で刊行するにあたり、関連分野のその後の研究成果をとり集めて全面的な改訂を加えることにした。各章にわたり伝えたいことのあらかたは織り込めたと思うが、ただ紙幅との関係で、やむなく割愛した部分も少なくない。とりわけ二一世紀に入って驚くべき発見が相次いでいる人類の進化研究（第二章）についてはいくつかの重要問題に絞って紹介するにとどめ、その分をアジアと日本における発見、研究の新展開に充当することにした。一方、近年になって飛躍的に進歩して各方面に大きな影響力を発揮しつつある遺伝子分析については、化石人類から縄文人やイネの問題まで、その多岐にわたる成果を許される範囲でわかりやすく紹介するように努めた。

それでも全体的にはかなりの増ページになってしまった。あるいは、第一章をはじめとして各章で触れた学史的な話やエピソード類は省略しようかとも考えたが、結局、これらは一部を除いてできるだけ原文を残すことにした。これまでの研究の紆余曲折、試行錯誤の跡をたどることは、その延長線上にある現状への理解や新知見に対する評価、意義づけなどに多少なりとも資するところがあるだろうし、なによりもそれは、あまたの先駆者達が流した汗や涙が塗り込められた人間ドラマの歴史でもあるからだ。私自身、同学の一人として彼らの軌跡を追う中で幾度となく心動かされ、鼓舞されてもきた。願わくば、この書を手に取った人たち、とりわけ若い読者たちにそんな思いの一部でも共有してもらい、いつか新たにこの分野を志す人が出てきてくれれば、著者としてそれ以上の喜びはない。

二〇一八年一一月

中橋孝博

はじめに

私は奈良盆地南部の、あたりに大小さまざまな古墳や遺跡が密集する地域で生まれ育った。おかげで田畑や川原などで遊んでいると、時おり見慣れない土器のかけらや矢じりなどを見つけることがあった。別に考古少年でもなかったので、薄汚れた土器片にはこれといって興味を惹かれた覚えはないが、いまだに黒々とした艶を失っていない見事に細工された石器等を見つけると、何かちょっとした発見をしたような気になって友達と見せ合ったり交換し合って遊んだ記憶がある。当時、黒光りする石片を手にしながら、それを作った大昔の人々に対してどんなイメージを膨らませていたのか、今となっては思い出す術もないし、いつの間にかそうしたささやかな収集品もどこかへ消えてしまったが、こうした経験の有無はともかくも、自分たちの祖先や大昔の人々に幾許《いくばく》かの関心なり郷愁に似た気持ちを抱くことは、おそらく多くの人々にとってごく自然な心情であろう。世界各地のたいていの集団、民族に各々独自の自分史が伝えられているところをみると、それはまた、住む国や地域の違いを超えた共通の心情でもあるに違いない。

わが国には、私たち日本人の過去の生い立ちについて、ひょっとすると世界でもまれなほど永年にわたる熱い議論の歴史がある。書物に残されているものだけをたどっても、少なくとも江戸時代までは確実に遡れるし、明治の初めに人類学会が創設され、近代学問の一分野として再出発してから数えてもすでに一世紀以上、この間、一体どれほどのエネルギーがこの問題に費やされてきたものか。「日本人の起源」論は、常に学会最大の懸案として過去の多くの研究者の情熱を吸収し続けてきたし、現在もなおさまざまな関連分野を巻き込んだ形で多彩な議論が続けられている。

どうしてこの問題がここまで長年月を要する、容易に答えのみえない問題になってきたのか。そう考えたとき、私はいつも、大陸とつかず離れずの指呼《しこ》の間《かん》に島を連ねた、この日本列島の絶妙ともいえる地理的配置の妙に思いを至らせる。これが訪ねる人もまれな絶海の孤島だったり、逆に多民族が入れ替わり立ち代わり出入りする大陸の雑居地での話ならば、おそらくこんなに長持ちのする研究課題にはなり得なかったろう。太古は大陸の一部でしかなく、後に列島として切り離されてからも常に大陸と無縁ではあり得なかった日本。幾度かその広大な地からの流れ込みによって、おそらく文化的にも人種的にも一種のカオスと化すべく運命づけられてきた、そうした過去の日本列島の多くの謎を秘めた長い時間の積み重ねが、その生い立ちに容易には解きほぐせぬ複雑な彩りと奥行きを与えることになったのだろう。

これから述べようとする日本人のルーツ問題は、従って繰り返しその大陸との永い付き合いの跡をたどることになる。ただし、先史時代の話が大半を占めることになるので、ここでいう「日本」とか「日本人」とかいう言葉はあまり実質的な意味を持たないかもしれない。いまだ「日本」という国は形成されておらず、「日本人」という国民意識とは無縁の、いわば「日本列島人」しかいなかった時代、いや、さらに遡ればその日本列島の形さえまだ定かではなかったような、そんなはるかに遠い時代から話は始まる。彼ら太古の人々から我々現代社会に生きる日本人にたどり着くまでにどのようなドラマが繰り広げられてきたのか。

このテーマについてはすでに先人による多くの著述があり、今またここで類書を送りだすにあたって、はたしてどのような新しい切り口をお見せできるか、少々臆する気持ちがないでもない。私の専門は古人類学であり、従って本書も古代人の遺骨から得られる情報を中心に展開することになろうが、ただ、この分野だけを見ても日本人の起源に関しては依然として未解決の疑問が山積している。近年にはさらに他分野からの新知見も次々と追加されて、目を向けるべき情報はますます複雑、多彩になってきている。それをどう整理し、系統立てて解釈するか、その出来上がりの紋様はおそらく人によって幾様にも織り変えられるはずであり、これから筆者が述べるストーリーこそが真実だなどと大口を叩くつもりはない。私自身、数年後に同じテーマで話をすれば、また微妙に色合いの違った、場合によってはまったく異なった話をすることになりかねない、そんな危うさ、よく言えば日進月歩の未知の可能性に富んでいるのがこのテーマなのだと言うこともできよう。だからこそ、機会を見つけては情報を整理しなおし、もつれ合った糸を解きほぐして何とか一つのストーリーを与えておくことは、今後もこの問題と取り組んでいかねばならない私にとっては不可避の課題だし、それはまた、日本人のルーツに関心を寄せる読者にとっても、しばし無聊《ぶりょう》を慰める話の種くらいにはなるのではなかろうか……あまりにも大きなテーマを前にして少々心許なくはあるが、とりあえずはそんなところを拠り所として話を始めることにしたい。

目次

日本人の起源

人類誕生から縄文・弥生へ

第一章　太古の狩人たち――旧石器時代の日本列島人

1　岩宿遺跡での旧石器発見

相沢忠洋

この日本の地にいつ頃から人が住み始めたのか。それまで縄文人を最古の住人としてきた学会の定説を覆《くつがえ》す事実が、まだ戦後の混乱期にあった昭和二〇年代の初め、一人のアマチュア考古学徒によって初めて明らかにされた。無遺物層と言われてきた赤土の関東ローム層から、石器が出るというのである。

その意外なニュースを東京の考古学者たちにもたらしたのは、群馬県の赤城山嶺に住む相沢忠洋《あいざわただひろ》という青年であった（図1）。当時相沢は小間物の行商や納豆

岩宿遺跡の発掘（相沢忠洋・関矢晃『赤城山麓の旧石器』講談社）

売りでなんとか日々の生計を立てながら、一人、あたりの遺跡を巡ってはこつこつと土器や石器を収集していたという。後に相沢の数少ない同学の師となる芹沢長介《せりざわちょうすけ》は、彼が電車賃の節約のために群馬県から東京まで一二〇キロの道を何度も自転車で通ってきた逸話を紹介している。当時の事ゆえ未舗装の道も多く、まだ暗い明け方の三時か四時に出発しても目的地に着くのはどうしてもお昼ごろになってしまったというが、しかし、東京に住む同好の専門家たちとの語らいは、身近に心を開いて語り合える友人を持たず、両親の離婚によって一〇歳の頃から孤独な貧窮生活を余儀なくされていた相沢にとって、何よりも心弾むひと時だったようだ。その人たちに見せようと石器や土器を詰め込んだ大きなリュックを背負っていくこともあったが、そんな時、運よく強い追い風が吹いてくれると、背中の荷物が帆のように風を受けて、かえって早く東京に着いたりしたという。

相沢が行商の帰り道に奇妙な石器を見つけたのは、一九四六（昭和二一）年、長い戦争が終わって二度めの秋のことであった。そこは赤城山の麓、群馬県新田郡笠懸村岩宿《にったぐんかさかけむらいわじゅく》の、小高い丘を貫いて走る切り通しの道で、両側には高さ二メートルほどの赤土の断面が露出していた。すでに日暮れ時で、小間物の行商に疲れた足でそこを通りかかった彼は、なかば崩れかかった赤土の断面に小さな石片が顔をのぞかせているのに気づいた。拾い上げてみたところ、長さ三センチ、幅一センチほどの、ガラスのような光沢と鋭い刃部をもった剝片《はくへん》であった。すすきの葉のような形をしていて、片面には赤土がこびりついている。他にはないかと捜してみると、二片の同じような剝片が見つかったが、それまでの経験ではいつも石器と一緒に出てきた土器のかけらは、あたりをいくら捜しても見つからなかった。

彼は桐生市の裏町にある棟割り長屋の自宅に帰り着くと、夕食にする薩摩芋を入れた飯盒《はんごう》を七輪《しちりん》にかけたまま、さっそく手持ちの考古学の文献や、採集して佃煮の空箱に入れてあった石器を出してきて、片っ端から調べていった。さっき切り通しの道で見つけた石片が、それまで目にしてきた石器とはどこか違うように思えて、家路をたどりながらずっと気になっていたのだ。

図1　相沢忠洋（芹沢長介『日本旧石器時代』）

引っ張り出した文献の中に、北海道のアイヌが所持していたという細石器《さいせっき》について書いた八幡一郎《やわたいちろう》の古い一文があり、その写真の石器と今日採集した石片がよく似ていた。八幡一郎は、内地ではまだ未発見の細石器が日本の石器文化の源を解く鍵になるかも知れない、と書いていた。この剝片がその細石器なのだろうか……。いつの間にか七輪の火は消え、飯盒の中で薩摩芋が生煮えのまま堅くなっていた。彼はガリガリになったその芋をかじりながら、二〇箱余りもある石器の箱を狭い部屋一杯に広げて、一つ一つ比較していった。しかし、同じような剝片は結局一片も見つからなかった。赤土の崖、細石器様の剝片、そして当然近くにあるはずのまだ見ぬ土器片にはどんな模様がつけられているのだろうか。頭の中に次々と疑問が湧き出てきて、気がつくといつの間にかしらじらと夜が明けだしていた。朝食の支度が始まったのか、薄い壁を通して隣家の茶碗の触れ合う音や赤ん坊の泣き声が聞こえてきた……。見知らぬ石器を初めて手にし、押し寄せる疑問と興奮のうちに明かしたその夜のことを、相沢は自著『岩宿の発見』の中でそう記している。

赤土への執念

一人行商の行き帰りにこつこつと続けていた相沢の遺跡めぐりは、この日を境に一段と熱中の度を増していった。岩宿の切り通しの道で見つけた石片が今まで知られていない何か特殊なものではとの強い疑念が彼を駆り立て、毎日のように岩宿へと足を運ばせた。

岩宿で彼がまず不思議に思ったのは、その後何度も通って同じような剝片だけは三〇片余りも見つけたが、これまで他の遺跡では必ず一緒に出てきた土器がいくら捜しても見つからないということ、それにいつも石片には赤土がこびりついているということだった。

赤土の層の時代に、まだ土器をともなわない石器文化があったのだろうか。事実を素直につなぎ合わせればそうなってしまうが、しかしそんなことをうかつに言いだせば嘲笑の的になりかねない。当時、日本の考古学会では、列島に人が住みついたのは縄文時代以降のことだとする考えが定説化していた。かつてイギリス人医師のマンローや後述の直良《なおら》信夫《のぶお》らによ

時代区分			年代（万年）
新生代 (Cenozoic)	第四紀 (Quaternary)	完新世 (Holocene)	1
		更新世 (Pleistocene)	258
	第三紀 (Tertiary)	鮮新世 (Pliocene)	540
		中新世 (Miocene)	2400
		漸新世 (Oligocene)	3700
		始新世 (Eocene)	5400
		暁新世 (Paleocene)	6500

図2　地質年代表（新生代以降）

って「旧石器」が報告されたこともあったが、学会の理解は得られず、そればかりか厳しい批判の対象にされていた。この相沢が岩宿に通っていた頃も、赤土のいわゆる関東ロームと言われる地層は、一万年以上も前の更新世《こうしんせい》に火山灰が降り積もって形成されたもので、その頃は人間はもとより動植物さえ生育し得ない地上生物にとっては死の世界であったと考えられていた。だから発掘調査でもこの赤土が出てくると、地山《じやま》が出た、これから下は人間には関係のない無遺物層だ、ということで調査を止めるのが当時のやり方だったのである。

しかし、相沢が何度も岩宿に通って目にする状況は、そうした定説に対する疑念をますます強めるだけだった。問題をはっきりさせるには、なんとかして誰をも納得させられる定型の石器を、それも崩落土ではなく、赤土の崖面から直接掘り出す必要があった。相沢は、まだ見ぬ定型の石器を求め、行商の合間をぬって岩宿に通い続けた。

その努力は、最初に細石片を見つけてから三年近くたった一九四九（昭和二四）年の初夏、ついに酬われた。その日、いつものように切り通しの断面に目を凝らしながら歩いて行った彼は、見慣れないものが赤い壁から突き出たように顔をのぞかせているのに気づいた。引き抜いてみて、彼は一瞬自分の目を疑い、呆然と立ちつくした。それは見事に整形された黒曜石《こくようせき》製の槍先形石器《やりさきがたせっき》だった。

もう疑いようはなかった。石器を抜き取った跡にはくっきりとその型が残っており、明らかに最初からそこにあったもので、上からの紛れ込みなんかではなかった。赤城山麓の赤い関東ローム層の堆積時代に、確かに人類が住んでいたのだ。それもいまだ土器を知らず、石器だけを使って生活をしていた人々が。

定説を覆す画期的な新発見の当事者としての喜びは、しかし、相沢にとってこの瞬間が頂点だったようだ。彼はこれ以後、羨望や嫉妬の渦巻く世俗の泥を全身に浴びて、以前にもまして人間不信の檻の中に閉じ込められてしまう。その年（昭和二四年）の七月末、東京の江《え》坂輝弥《さかてるや》を訪ねた彼は、そこで偶然、芹沢長介と出会い、岩宿の話を打ち明けた。そして、話は芹沢から明治大学の杉原荘介《すぎはらそうすけ》に伝えられ、秋には本格的な発掘調査も実施されて（本章冒頭図版）、関東ローム層中の石器包含層の存在が専門の研究者たちによって初めて確認された。この間、新聞にもたびたび大きく報道されたが、しかし発見者として相沢のことを伝える記事はほとんどなかった。後に出版された岩宿遺跡の報告書のなかでも、ただ発掘の斡旋者として簡単な謝辞だけですまされることになる。

「私は、あるときは奇人にされ、あるときはインチキだ、売名的サギ行為だと非難の声があがるなかにまきこまれながら、そのことが学問的になればなるほど、大きくなってくることがたまらなくさびしかった。（中略）私の〔昭和〕二十四年までの赤土の崖への追究と執念は、私の少年時代の孤独な夢の延長であり、その不断の燃焼にほかならなかった。そしてその夢が、より大きくふくらみ、なおもえひろがることと思っていた。それが現実ではみごと無残にも打ち消されてしまったのだった。私はさびしかった。そしてしだいに義憤さえも感じてきた」。

『岩宿の発見』の最後に記されたこうした言葉の裏に一体何があったのか、彼自身は具体的な記述を避けているようでもあり、すでに関係者のほとんどが物故した今、後世の我々が伝聞や噂だけでとやかく言うことではないかもしれない。ただそれにしても、相沢の一途な情熱に冷水を浴びせ、彼の胸に学会というもの、その権威者、専門家と称する同学の人々への強い不信感を植えつけてしまったことは残念でならない。相沢はその後も関東ローム層への情熱を燃やし続け、群馬県下の旧石器時代遺跡の調査をほとんど独力で継続しながら、一九七五年には赤城山麓の、岩宿から北へ一〇キロほど離れた新里村夏井戸《にいさとむらなついど》の山林の中に、赤城人類文化研究所を建てた。その間、伴侶や少数ながら貴重な友人も得、芹沢長介のような師にも恵まれたが、その膨大な一級の資料の多くは永く公開されることもなく、詳細が明らかになるには彼の死後まで待たねばならなかった。

ともあれ、一人の孤独な考古学徒の赤土への執念は、思いがけずも関東ローム層の中に人類の痕跡を発見して、考古学のみならず関連諸分野の研究に新しい地平を切り開くことになった。永く日本人の祖先を追い求めていた研究者たちもまた、当然その考えを大きく変更せざるを得なくなった。それまでは縄文人が最古の日本列島人だとされていたが、何万年も前の地層から石器が出るということは、いうまでもなくその時代からすでに人間が住んでいたということであり、今後は日本人のルーツを求めて、まだほとんど暗闇同然の、果てもわからぬ第四紀更新世(図2)の世界に踏み込んで行かねばならなくなったのである。

2 幻?の「明石原人」

ニッポナントロプス・アカシエンシス

日本にも旧石器時代があったという、ほとんどの日本人が想像もしなかった事実を、しかしじつははるか以前から主張し、実際にその時代のものだという人骨まで発見していた一人の研究者がいた。相沢と同じくやはり独学で古生物学や考古学を勉強しはじめ、後に早稲田大学で教鞭をとった直良信夫である。一連の岩宿発見の報を、この直良はどのような気持ちで受け止めていたのだろうか。じつはちょうどその頃、前年に「人類学雑誌」に発表された一論文が、直良の身にも大きな波紋を投げかけていた。

それは、「明石《あかし》市附近西八木《にしやぎ》最新世《さいしんせい》前期堆積出土人類腰骨（石膏型）の原始性に就いて」と題する、五ページ足らずの短い論文であった。筆者の長谷部言人《はせべことんど》は、当時、東大教授の職こそ定年で辞してはいたものの、なお大きな影響力を保っていた人類学会の重鎮であった。一九四七年一一月、東大の資料室でたまたま明石人骨の写真と石膏模型を見つけた彼は、その特異な形態に強く惹《ひ》かれてさっそく研究に取りかかった。そして翌年発表した上記論文の中で、直良信夫が発見した腰骨は現代人には見られない原始的な形態を有し、ネアンデルタール人等の腰骨とも著しく異なっているので、北京

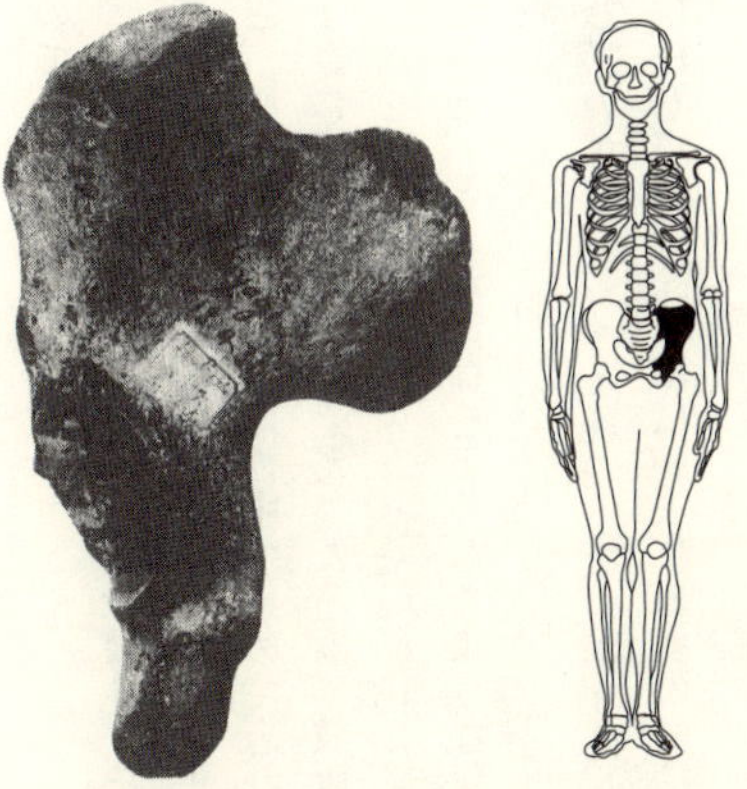

図３　明石原人（左寛骨）（春成秀爾『「明石原人」とは何であったか』日本放送出版協会）

原人等に列するものとしてニッポナントロプス・アカシエンシスの名を与えたい、と書いたのである（図3）。

しかしすでにその時、問題の腰骨（左寛骨《かんこつ》）は、一九四五年五月二五日から二六日にかけての東京大空襲によって焼失してしまっていた。「あの骨はこの世に縁がなかったのだ」と、戦後の苦しい生活の中で努めて忘れようとしていた直良にとって、この長谷部の発表はまさに青天のへきれきだったろう。彼は、明石の骨の石膏模型が東大に残されていた事実すら知らなかったという。骨が焼失したことで、ともかくもあの件にはけりがついてしまった、と、どこか重荷を下ろしたような気持ちさえあったと言うが、しかし彼は後年、こう述懐している。「明石の骨は、私のように不幸な星の下に出土したのです。私以外の人が発見していれば、もっと違った扱いをうけたでしょう……」。直良にとって、明石寛骨への思いは決してそう簡単に拭い去れるものではなかった。

直良信夫

直良信夫（旧姓、村本信夫）が、問題の人類寛骨を発見したのは、その二〇年近くも前の一九三一年、春のことであった。当時、彼は病気療養の身を妻に支えられながら、一人で毎日のように土器や化石を求めて周辺の遺跡巡りをしていた独学の考古学徒であった。

一九二〇年、直良は一八歳で東京の岩倉鉄道学校を卒業し、その後しばらく農商務省臨時窒素研究所に勤めていた。彼が次第に考古学の世界にのめり込み、あたりの遺跡を巡って土器などを集めだしたのはこの頃からだったという。喜田貞吉《きたさだきち》の知遇を得て、一九二三年には土器の化学分析を盛り込んだ処女論文を発表するまでになっていたが、しかし少年の頃から昼は働き、夜は夜学に通うという苦学生活の無理がたたって、いつしか彼の胸は結核に侵されていた。やむなく研究所を辞め、郷里の大分県臼杵《うすき》市に帰らざるをえなくなったが、しかし貧窮生活を続けている実家に死病の結核に侵された身で帰るのはひどく気が重かった。そんな彼の脳裏に、かつて郷里で小学生だった自分に優しく接してくれた女学校教師、直良音先生のことが想い浮かぶ。そして彼女の現在の勤め先がある姫路駅で途中下車した彼は、思い切ってその家を訪ねるのである。一九二三（大正一二）年九月一日のことで、彼がその前夜に離れたばかりの東京を未曾有の地震（関東大震災）が襲った日であった。

ともあれ、この不意の訪問が、その後の直良の運命を大きく変えることになった。彼との再会を喜び、優しく迎えてくれた音先生に勧められるまま姫路に滞在するうち、彼は思わぬ成り行きで一〇歳年上の彼女と結婚することになった。そして、結核療養のために転地した明石で生活を妻に支えられながら遺跡巡りを始めた彼は、やがて大久保村の西八木海岸に注目するようになる。そこは古い地層が波に洗われて露出しているため化石などを採集するには格好の場所で、実際につい先頃、地元の博物学教師、倉橋一三《くらはしかずみ》らによって旧象の化石が発見され、専門家たちの注目を集めはじめていた地点であった。

「明石原人」の発見

明石に移って二年め、彼はその西八木海岸で、自然の礫《れき》にしては不自然な形をした石片をみつけた。すぐには石器と確信できなかったものの、当時はお隣の中国でいわゆる北京原人の頭骨が発見され、世界的なニュースになっていた時だった。いっそう海岸探策に熱を入れだした彼は、やがて旧象やシカ等の化石とともにさらにいくつかの石器らしき石片を発見し、それを「播磨国西八木海岸洪積世層中発見の人類遺品」と題した論文にまとめて「人類学雑誌」に送った。後述するように、この論文の発表は、あとで直良につらい試練を強いる結果になるのだが、ともあれ、問題の腰骨はそれがちょうど印刷されている頃、一九三一年四月一八日に、明石市西八木海岸の「石器」の発見場所にも近い波打ち際の崩落土中から発見されたのである。

先の相沢の場合と同様、この発見は決して偶然の産物ではなかった。直良の喜びは大きかった。「私は思わず声をたてた。体のふるえが、しばしとまらなかった。ながい歳月、夢にまでえがいたその人骨を手にしたとき、久しいあいだの苦労が、一瞬にしてふっとんだような気がした」。

直良はさっそくこの発見を東京大学の松村瞭《まつむらあきら》に知らせ、追って人骨も送った。折り返し松村から、骨はたしかに人類の腰骨で、化石化の程度やその古色から相当に古そうだ、との印象を綴った手紙を受け取る。比較資料もない時代ゆえ研究の困難さは当然予想されたが、いずれにしろ近い内に何らかの研究結果が出るものと、直良は強く期待していただろう。先の明石海岸の「旧石器」に関する論文も五月に公にされており、この時期、直良は新進の研究者として最も充実した日々を過ごしていたに違いない。しかし、じつはその頃から直良の知らぬところで明石人骨を巡る雲行きがおかしくなっていたのである。誰が言いだしたのか、あの寛骨はむかし崖上にあった近世の墓から落ちてきたものだ、とか、行き倒れの現代人のものだ、というような噂が立ち始めていたのだ。

鳥居龍蔵の批判

間もなく松村から明石人骨が返送されてきたが、これといった研究結果は示されず、ただ、大切に保管するように、今度ははっきりした地層から発掘するように、という手紙がついていただけであった。さらに追い討ちをかけるように、ちょうど同じ頃、当時の人類・考古学会の重鎮、鳥居龍蔵《とりいりゅうぞう》が、直良の「旧石器」に関する論文に対して、直良が旧石器だとした石片は単なる自然石ではないか、と自らが編集、発行している雑誌「上代文化」の誌上で厳しく批判した。鳥居はしかも同文の中で、直良だけではなくて、こうした論文を「人類学雑誌」の巻頭に掲載した編集者にまで批判の矛先を向けたのだった。在野の一考古学徒にすぎなかった直良には知る由もなかったろうが、この鳥居の編集者に対する非難の裏には、少々複雑な人間関係がからんでいた。

当時の「人類学雑誌」の編集責任者は東京大学の松村瞭助教授だったが、東大におけるその前任者がじつは鳥居であり、数年前、鳥居は松村の学位論文に関するごたごたで東大を辞めていた。最初、教室主任の鳥居に提出された松村の論文について、鳥居は書き直しを命じたのだが、松村はそれに従わず、すでに退官していた元東大医学部教授、小金井良精《こがねいよしきよ》に願い出、結局、この小金井が主査となって学位審査が実施されることになった。しかも、骨学の大家である小金井はともかくも、審査員には、松村の父、任三《じんぞう》の弟子で、全く分野違いの植物学教室教授藤井健次郎《ふじいけんじろう》までが入り、担当者であるべき鳥居は知らぬ間にその審査から外されていた。

鳥居龍蔵は、日本人類学会の創始者でもあった東大人類学教室初代教授、坪井正五郎《つぼいしょうごろう》の愛弟子であった。しかしこの人もまた、先の相沢らと同様にさしたる教育も受けておらず、坪井の下で資料整理などを手伝っているうちに認められて、坪井の死後は助教授として人類学教室の主任を務めていた。自らの才幹の他には頼むものもなく、苦学力行の人であっただけに、いかに人類学会の大御所の意向とはいえ、眼の前で演じられたいわば情実審査には我慢がならなかったのだろう。教室主任としての立場も無視され、その心に受けた傷には複雑なものがあったに違いない。一九二四年、鳥居は何人かの有力者による慰留要請も振り切って大学に辞表を提出した。そしてその翌年、松村瞭が鳥居に代わって人類学教室助教授の席に就くのである。

いまだ機は熟さず

鳥居が日本の旧石器時代の存在を主張する論者に鋭い矛先を向けたのは、しかしこれが初めてではなかった。どういう巡り合わせか、かつて直良信夫に処女論文発表の場を与えてくれた京都大学の喜田貞吉もまた、これより一〇年以上遡る一九一七年、大阪府の国府《こう》遺跡に旧石器時代層の存在を示唆した見解を、この鳥居に批判されたことがあった。喜田の言に促されて実際に発掘調査を実施した同じ大学の濱田耕作《はまだこうさく》からも否定的な結果を寄せられ、喜田はあえなく自説を撤回している。

しかしそれから四〇年ほどの後（一九五八年）、鎌木義昌《かまきよしまさ》らの調査によって、この国府遺跡には確かに旧石器包含層が存在することが確認されるのである。そして、その特徴的な翼状の剝片石器に対して国府型ナイフ形石器という名もつけられ、今では西日本の後期旧石器時代を代表する石器として広く知られるようになっている。

ふり返ってみて、この濱田耕作による国府遺跡の調査（一九一七年）については、つくづく残念に思えてならない。後の芹沢長介の検証によれば、濱田は、喜田が旧石器包含層である可能性を示唆した粘土層まで掘り下げることなく、その上の砂利層において喜田が旧石器ではないかと言った粗製石器が縄文土器などと共に出土する事実を明らかにし、おそらく喜田たちの誤認であろうと結論づけたのである。しかし、後に鎌木義昌らが旧石器を発見するのは、まさにその下の粘土層であった。

濱田はイギリス留学の経験を持ち、おそらく旧石器を実見したこともあったろうし、いち早く層位学的発掘（地表から順次、土層単位で掘り進める方法）を取り入れて、たとえばこの国府遺跡等での調査を通じて、縄文時代の後に弥生時代がくるという、今では常識になっている基本的事実を明らかにした功労者である。そんな彼がもう一歩踏み込んでさらに下層まで掘り下げ、岩宿発見の時と同様に土器を伴わない見慣れぬ石器包含層の存在をつきとめていれば、おそらく日本の旧石器研究、ひいては化石人類の探索は大正の昔から始まっていたのではなかろうか。

これはしかし、その後の研究史を知っている者の無益な繰り言だろう。次章で触れる人類化石の発見史を振り返ってみても、思いがけない新発見が正当に評価され、認知されるには、それを可能にするだけの学問レベルというか、関連分野の発展がある程度追いついている必要があるようだ。濱田も国府遺跡発掘から二〇年近く経った一九三五年発表の論考の中では、日本の旧石器時代の存在をかなり強く確信し、その調査の必要性を訴えている。それはしかし、お隣の中国で北京原人の発見が世界を賑わせ、日本でも先の直良の「旧石器」の論文が発表されるような状況下での話であった。鎌木義昌の国府調査にしても、岩宿発見からすでに一〇年近く経過し、各地で旧石器発見の報が相次いでいた時点でのことである。

「人より、ほんの少し先を走ると、ほめそやしてくれますが、あまりにも先を走ると馬鹿にされ、(中略)今にして思えば、私は少し早く走りすぎたようです……」。直良は晩年、明石の「旧石器」についてこう呟いたという。

明石の再発掘

ともあれ、鳥居龍蔵による明石の「旧石器」に対する批判は、直良の立場をいっそう苦しいものにした。旧石器研究ではまだまだ未熟だった当時の研究状況に併せて、中央の研究者間の人間関係までからんできては、独学の在野研究者に過ぎなかった直良にはなす術もなかった。頼みの松村も、小金井良精ら周辺から深入りを避けるように忠告されて、結局直良を見捨てる結果になった。孤立無援の直良は沈黙するしかなかった。あとには、旧石器や化石人骨の発見者としての栄誉ではなく、詐欺師、山師というレッテルだけが執拗にまとわりつくことになった。

あの骨を発見しなければよかった、とその後、直良は悔やみ続けたという。一九四五年春の空襲で問題の寛骨を失った時、彼は無念さと同時にどこかホッとしたような解放感すら感じていた。一九四八年の長谷部の論文は、その直良にとってまったくの不意打ちだったが、ただ、それは同時に発見者である彼には一種の福音でもあったに違いない。長谷部が原人クラスのものだと言ったことは、あたかも化石人骨を捏造《ねつぞう》したかのような風評を立てられていた直良にとって、濡れ衣を晴らす強い援護射撃にはなったはずだ。しかも長谷部は、明石海岸において自説を証明すべく、大々的な発掘調査にまで取りかかったのである。

一九四八年秋、長谷部は当時の金額で二〇〇万円の資金を得、考古学、地質学、古生物学、あるいは保存化学など関連分野の専門家とともに、明石人骨の所属年代決定を目指して発掘調査を実施した。ただ、なぜか直良には最後まで参加要請がないままだった。じりじりしながら待っていた彼は、やむなく自ら現場に出かけてみて驚いた。永年の波浪による浸食によって、一七年前に直良が寛骨を発見した場所が数メートルほど沖合いになっており、しかも長谷部らがその人骨出土地点からかなり離れた場所を掘っていたのである。

この長谷部らの発掘地点については、後年、春成秀爾《はるなりひでじ》の詳細な検討によって、人骨発見場所から約八〇メートルほど西にずれていたことが判明している。なぜ長谷部が直良に人骨発見場所を確認することもなく調査に入ったのか、発掘の主目的が人骨の年代決定にあり、そこが地層の関係を調べるのに適していたからだというが、しかしこれだけ離れてしまえば、どのような結果が得られようと、骨の発見場所との関係が改めて問われることになろう。

ともあれ発掘の結果は期待を裏切るものであった。人骨はもちろん、動物化石や石器類は結局一片も出土しなかった。諸分野の専門家による研究結果も否定的なものが多く、いったんはようやく日の目をみたかに思われた明石寛骨には、再び拭いがたい疑問符が付せられることになってしまった。しかし、学会の大御所の言ではあり、はっきりした否定論文が発表されていないこともあって、直良が発見した骨は「明石原人」の名でその後も一人歩きを続けた。日本最古の化石人骨として、教科書や各種の学術書にも記載されるようになり、その名は広く一般の人々にも浸透していった。

「明石原人」は現代人？

一九八二年、「明石原人」を巡る状況が急変した。長谷部の孫弟子にあたる遠藤萬里《えんどうばんり》と馬《ば》場《ば》悠男《ひさお》が、それまでに発見されていた猿人や原人、ネアンデルタール人などの腰骨の模型を取り寄せ、それを明石原人を始めとする日本の化石人や縄文人、現代人等と詳細に比較分析したのである。その結果は意外なものであった。明石の寛骨は形態的に化石人骨からは遠く、恐らくは完新世《かんしんせい》（約一万年前以降）のものだろう、というのである。

化石人類、それも原人クラスだという、長谷部の見解は真っ向から否定されたことになるが、しかし、この遠藤・馬場の研究に対してもすぐさま批判が出され、「人類学雑誌」上でまれにみる激しい論争が展開されることになった。批判者の論点は、遠藤らが用いた統計分析法や骨の欠損部の復元に対する疑問等であったが、他にも明石腰骨がかなり化石化していたという当事者たちの証言をどう考えるかという声もあった。不謹慎なと言われそうだが、第三者どうしの論争というものはなかなか興味深いもので、結果的にこの誌上論争は明石人骨への関心を大いに高めることになった。結局、批判を受けた遠藤らが別の手法を導入して自説の正当性を改めて主張するなど、やや圧倒した結果になったが、ただ、なにしろ実物が焼失してしまっているだけに議論がまともには嚙み合わず、結局水掛け論のようなもどかしく、すっきりしないものが残った。一九八五年冬、春成秀爾が、こうした疑念を晴らすべく改めて発掘調査に取り組んだことは、おそらく多くの同学者たちの気持ちを代弁したものだったろう。

残念ながらしかし、この春成らの調査によっても、新たな人骨片はおろか、石器や獣骨さえ一片も出土しなかった。ただ、加工痕のあるハリグワ製の木片が、西八木層というかつて明石腰骨も含まれていたとされている地層の下部、第V層から出土した。春成はその年代について、地質、地形学的所見や放射性炭素年代測定法の結果などを統合して、約六万〜七万年前と推定し、少なくとも旧人段階の人類がこの地に住んでいたことがこの発見によって明らかになった、と発表した。

明石腰骨を旧人クラスのものとする見解は、かねて直良自身も表明していたことであり、この発表をもし本人が耳にしたなら、永年の満たされぬ思いもいくらかは晴れたかも知れない。しかし、当の直良はすでに健康を害し、発掘に先立って春成に激励の電話を掛けるのが精一杯で、結局、現場にも立ち会えぬまま、その年の秋に八三歳で帰らぬ人となった。

明石原人の問題はこれでもう解決済みということになるのであろうか。いつかまた、もっと効果的な分析方法でも考案されれば、再挑戦する人が出てくるかも知れない。しかし、いずれにしろ実物が失われている以上、どうしても払拭できない疑問点は残るものと思われ、今後あまりこの化石にこだわり続けても得るところは少ないであろう。この明石人骨の発見とそれを巡る直良信夫の生涯には、先の相沢忠洋の場合と同様、関連分野の研究者の一人としていろいろと心動かされ、考えさせられることが多い。だからという訳ではないが、筆者は形態学者としての判断とは別に、明石人骨に対しては理性では処理しにくい、未練とでも言うしかない気持ちをまだ払拭できないでいる。かつて長谷部の下で明石の再発掘にも参加した渡辺直経《わたなべなおつね》が、春成秀爾らによる明石西八木海岸再調査の報告書に寄せた以下の一文は、そうした意味で筆者の気持ちをある程度代弁してくれている。

「遠藤・馬場氏の研究は、腰骨に対して現時点でなし得る限り精密で厳密な検討を加えたものである。比較に用いた化石人類の標本数が少ないのは、現時点では止むをえぬことで、今後発見される化石人類の腰骨が両氏の見いだした進化傾向にどのように合致するかは、将来に残された問題である。明石の腰骨の形態と大きさは、現世人の範疇に入るにしても、かなり並はずれたものであることに変わりはない。東アジアには旧人のいた証拠はまだ乏しく、西八木層の時代にどういう人類がいたかは不明である。私は遠藤・馬場氏の結論を、用いた材料に関する限り妥当なものとして評価するが、猿人・原人はさておき、現世よりも幾ばくか古い東アジアの人類に属する可能性は、保留しておいた方が安全であろうと思っている」。

3　最初の日本列島人

「前期旧石器」論争

日本列島にはいつ頃からヒトが住み始めたのか、「明石原人」が化石人類のリストから外されてしまった現在、この疑問を解く上で参考になりそうな更新世《こうしんせい》中期（七八万〜一三万年前）にまで遡る化石はまだ一片も出土していない。では、日本列島にはそんな古い時代には誰も住んでいなかったのだろうか。

岩宿の発見以来、日本各地から堰《せき》を切ったように続々と旧石器発見の報が寄せられ、現在ではその遺跡数も八〇〇〇ヵ所近くに達している。しかし、それらの所属時代はいずれも後期旧石器の段階、つまり年代的にはせいぜい三万年ぐらい前までしか遡らないものと永く考えられてきた。日本ではこの三万年以上前の旧石器文化を一括して「前期旧石器文化」と便宜的に呼んできたが、岩宿以後の遺跡急増の中でも、その「前期旧石器」の存在を主張する一部の研究者に対しては厳しい批判が寄せられてきた。しかし、一九八〇年代になって状況は大きく変わりだした。

一九八一年、まず宮城県の座散乱木《ざざらぎ》遺跡で出土した石器包含層に約四万二〇〇〇年前という年代が与えられ、多くの研究者を驚かせた。最初は懐疑的な意見が多く、地層認定に対する厳しい批判が公にされたりもしたが、しかし、その後続いて、同じ宮城県の馬場壇《ばばだん》A遺跡で約一五万年前、中峯《なかみね》C遺跡で一四万~三七万年前、さらに高森《たかもり》遺跡や上高森《かみたかもり》遺跡に対しては一気に五〇万年以上も前に遡る北京原人とほぼ同時代の数値が与えられ、マスコミ主導で報じられる年代値はエスカレートする一方であった。

捏造の発覚

しかし二〇〇〇年一一月五日、過熱気味だった旧石器研究に一気に冷水を浴びせる報道が毎日新聞の一面を飾った。この上高森遺跡と北海道の総進不動坂《そうしんふどうざか》遺跡の前期旧石器は、東北旧石器文化研究所副理事長の藤村新一《ふじむらしんいち》による捏造だったことが、新聞記者の手によって暴かれたのである。手持ちの石器を、時代的に古いとわかっている地層に自ら埋めていたというのだ。この事実は、学会のみならず一般の人々にも大きな衝撃を与え、急遽、文化庁や専門学会の手によって、藤村が捏造を認めた上記の二遺跡だけではなく、彼が関与した座散乱木遺跡を始めとする全遺跡を再検討する動きとなった。もはや確実かと思われた日本の前期旧石器の存在は、また一気に振り出しに戻ってしまい、そればかりか、藤村の捏造を許した日本の旧石器研究の在り方、ひいては考古学会全体にも厳しい批判の目が向けられる結果になってしまった。

捏造事件と言えば、後述するイギリスのピルトダウン事件が有名であるが、そのペテンの暴露は同じ研究者たちによって果たされ、その後の研究進展に一つの転機をもたらした。今回はしかし専門家でもなんでもない、ある疑いをもった新聞記者の手によって事実が暴露されるという、研究者たちにとっては非常につらい幕切れになってしまった。発覚以前は、たとえばそれまで見つかっていた数百個におよぶ「前期旧石器」の九九パーセント以上が藤村一人によって発見されていたことや、いくら掘っても出てこなかった石器が藤村が来たとたんにぼろぼろ出てくる、といった不自然で異常としか思えないことも、当時は逆に藤村を「ゴッドハンド」と呼んで顕彰するネタにされていた。今にして思えば滑稽とも言えるそんなことが、なぜ長年見過ごされてきたのか。

石器そのものから年代推定値が出せればあるいは今回の失敗もなかったのだろうが、石器が焼かれているなど特殊な条件がそろわない限りはまだ技術的に困難である。そこで仙台周辺の発掘調査では、特にテフロクロノロジーと呼ばれる火山灰層を指標とした測定法が使われた。火山灰（テフラ）には各々の火山によって特性があり、それらの微粒成分の組成や物理、化学的性質を調べれば、どの火山のどの時期の噴火によるものかを特定することが可能である。したがって、各テフラの年代を熱ルミネッセンスやフィッション・トラック法などの理化学的年代測定法で明らかにできれば、そのテフラと石器発見場所の層序関係から石器の年代が割り出せるわけである。しかし、いくらこうした新技術を駆使しようと、今回のように意図的に古い地層に埋められたのではどうしようもない。

あとは石器の形態から判断するしかないわけだが、しかし、なにしろこれまで日本では存在しないとされてきた、まだ誰も見たことがない時代の石器である。おそらくこの「前期旧石器」を見て不審に思った専門家は多いだろうが、しかし、形態的に新しくみえるからといって、厳密な、しかも複数の手法による一致した年代測定値まで出されているものをただちに否定することはむずかしかった。過去においても考古学の世界は、先の岩宿の発見のように、その時の定説、常識を覆すような新事実の積み重ねがあって今日まで発展してきたのである。発掘品が広く公開されていればまだしも、マスコミ報道が先行するばかりで発掘結果の詳細な報告書も刊行されないままではどうしようもなかった。結局、本来あるべき研究者間の相互批判を欠いたまま、マスコミ報道にあおられて突っ走ってしまった、というのが実状であろう。

ただ、専門家の中にも一連の仙台周辺での発見に批判的な意見がなかったわけではない。旧石器研究者の竹岡俊樹《たけおかとしき》や東京都教育委員会の小田静夫《おだしずお》らは、以前から石器形態や石器が出土した地層に関する疑義を公にしていた。しかし、彼らのそうした批判に耳を傾ける専門家は少なく、いわば無視されたまま、次々と「新発見」が重ねられていった。竹岡はフランスの旧石器研究で学位を取得した経歴の持ち主で、日本では数少ない前期旧石器に精通した研究者の一人である。たまたま同時期にフランスに留学していた筆者は、パリの人類博物館で隣の先史学研究室にいた彼と知り合い、一緒にニースの洞窟遺跡などの発掘に参加した仲間であるが、以前から上京したおりなど、繰り返し彼からこの前期旧石器に関する批判を聞かされていた。じつは毎日新聞によるすっぱ抜きのあった時も、ちょうどその二日前、学会で上京していた筆者は久しぶりに竹岡と食事をともにしながら、東北の前期旧石器やそれを鵜呑みにしている他の専門家、学会に対する、いつにも増して強い口調の彼の批判を聞かされていた。だからその二日後、新聞の一面全体を覆う記事を目にした時は、「竹さん、とうとう新聞社に駆け込んだか」、と思ってしまった。

もちろんそんな話ではなかったのだが、ただ、彼を始めとする一部の研究者の批判論文や、専門家たちの内輪でささやかれていた東北の前期旧石器とその発見者に対する疑問の声が、隠しカメラの設置という新聞記者の行動につながったことは事実であろう。いずれにしろ、日本の前期旧石器研究は、今回の事件で残念ながら振り出しに戻らざるを得なくなったが、しかし、これによって日本の中期〜前期旧石器文化の存在まですべてを否定し去るのは行き過ぎであろう。東アジア、特に中国での化石や石器の出土状況を考えれば、日本列島に前期旧石器、つまり原人の時代にまで遡る人類の痕跡が存在することは、ある意味で当然のことと言えなくもないのである。

日本列島の原人類

北京原人が発見された周口店《しゅうこうてん》を通る北緯四〇度の緯線は、日本列島では本州北端をかすめている。それは永く熱帯域で進化してきた人類が、遅くとも五〇万～六〇万年前にはアジアのこの位置まで北上していたことを意味しており、緯度で見れば日本列島も北海道以外はすっぽりとその原人の分布域に入ってしまう。

更新世後半の氷河時代、日本列島はさまざまに形を変えながら、大陸との融合、分離を繰り返してきた。どの氷河期にどのような形で大陸とつながったのかは必ずしも明らかではないが、日本列島で見つかる旧象やオオツノシカなど、大陸と共通する各種の絶滅動物の存在は、そうした地理的な連結を証明している。有能なハンターになりつつあった原人たちが、獲物の群がる、しかも海流に洗われて気候も温暖なこの地を避ける理由は何もないはずである。この事件で思わぬ遠回りを強いられることになったが、日本のどこかで本物の前期旧石器が発見される日もそう遠くはないだろう。

残念ながらまだ一片の化石も出土していない現状では想像することすらむずかしいが、そのおそらくは最古の日本列島人とはどのような人々だったのだろうか。日本列島で人類が発生した訳ではない以上、彼らの源郷が大陸にあったことは間違いない。そして、北京原人をはじめとするその大陸の原人たちもまた、さらに遠いアフリカを起源地として進化、拡散してきたことがほぼ証されている。結局われわれ日本人の遠い祖先がたどってきた道は、そうした中国大陸、ひいては広大なユーラシアやアフリカを舞台に人類がたどってきた道とどこかで交差し、つながっているはずである。アフリカで発生した人類が、はるか極東の島国に到達するまでにどのような道を歩んできたのか、少し話が日本列島からは離れるが、ここでしばらく人類の進化の跡をたどっておこう。

第二章　人類の起源と進化

1　ネアンデルタール人の謎

進化論の渦

「人間に対する問いのなかの問い——すべての問題の背後にあり、しかも他のいかなる問題よりも興味深いものは、世界における人類の位置をつきとめることである。人類はどこからきたのか」

　これは一九世紀のイギリスの博物学者、トーマス・ヘンリー・ハックスレーが、一八六三年に「自然界における人間の位置」と題して行った講演の一節である。人類誕生に関するこの大きな謎にのめり込んで、生涯を化石探索に燃やし尽くした研究者は少なくな

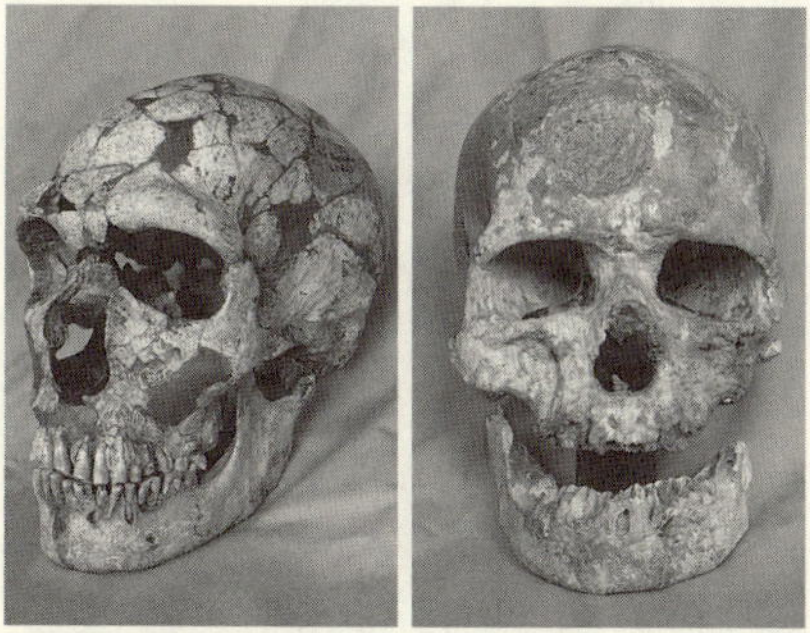

ラ・フェラシー出土のネアンデルタール人（左）とクロマニオン人（右）

い。これまですでに膨大な数の化石が掘り出され、さまざまな学説が唱えられてきたが、しかしいまだ誰をも納得させられるようなストーリーは得られていない。新たな化石が発見されるたびに新たな論争が巻き起こり、時には手の込んだペテン行為までからんで、研究者たちは永年にわたって迷走を強いられてきた。

一世紀半におよぶこの論争に次ぐ論争の歴史に最初に火をつけ、しかも、近年になってまた新たに世界中の研究者を巻き込んだ現代人の起源を巡る大論争の発火点になったのは、一九世紀の半ば、ドイツの片田舎で発見された一連の奇妙な形をした化石であった。

かつてアイルランドの大司教ジェイムズ・アッシャーは、聖書の記述の解釈から神による天地創造を紀元前四〇〇四年と算出し、さらにケンブリッジ大学の副学長であったジョン・ライトフットは、人間が創られたのは、紀元前四〇〇四年一〇月二三日午前九時だった、と計算?してみせた。近世紀における西欧社会の科学の進展は、永い年月にわたって西欧社会を縛ってきた、こうした宗教的世界観に対する果敢な挑戦の歴史でもある。日本の先駆者たちがそうであった以上に、世界の先駆者たちはさらに過酷な状況の中を押し渡らねばならなかった。

ハックスレーが冒頭の講演を行っていた頃、彼は論敵から「ダーウィンのブルドッグ」とあだ名されていた。つまり、ダーウィンの番犬だと言うのである（図4）。一八五九年、チャールズ・ダーウィンは、生物の種は不変ではなく、長い時間の流れの中で自然淘汰によって徐々に変化し、進化するものだ、と説く『種の起源』を出版した。ダーウィン自身は人間の進化については努めて言を控えたにもかかわらず、この本が公にされるやいなや、世の多くの学者や教会関係者たちは、神による天地創造の公理に唾する暴論、神の最高の創造物たる人をしてサルのような下等な動物に結びつけようとする異端の説、として激しい非難を浴びせかけた。一部の新聞や雑誌では、ダーウィンの顔に猿の体をくっつけた戯画まで載せて、その考えをからかったりした。

図4　ダーウィンのブルドッグ

当時、この一書物の起こした波紋が、単なる学会論争に留まらず、一九世紀後半の西欧社会を揺るがす大問題にまで発展していった経緯については、異文化の、しかも一世紀以上の後世に生きる我々には少し理解のおよばぬところがあるかもしれない。後に、ダーウィンの死に際してあるドイツの新聞は「一九世紀はダーウィンの世紀だ」とまで書いたが、しかし発表当時の状況はまるで違っていた。

周知のように当時の西欧社会は、後に産業革命と称されるほどの著しい発展を遂げつつあった時代であり、科学文化面においても次々と新しい学説や発見が公にされていた。たとえば一八三三年にはライエルの『地質学原理』全三巻が完結して、地球とそこに暮らす生物が想像以上に古い歴史を持つことが示された。また、実際に、フランス北西部のソンム河畔では、ジャック・ブーシェ・ド・ペルトが三〇年近くものあいだ発掘を続けて、絶滅した動物化石とともに明らかに人工品とわかる石器を発見し、これまで考えられていた以上の昔、聖書に書かれた「洪水」前から絶滅動物たちと一緒に人類も存在したのだと主張して議論を巻き起こしていた。

かつてガリレオ・ガリレイに地動説の撤回を迫った中世世界からはすでに遠く、科学界の一部ではこうした新しい息吹が見られたものの、しかし、人々の思想の根底には永年にわたる宗教的世界観、つまり人間も含めたこの世界の万物は神の創造によるものであり、不変のものであるとする考えが依然として根強くはびこったままであった。それは単に人の観念上の問題ではなく、当時の権力体制とも結びついた社会全体を支える思想基盤の一部にもなっていたのである。それだけに、人も含めた生物体を進化するもの、時間の流れとともに恒常的に変化するものだ、としたダーウィンの考えは、当時の多くの人々にとっては、まさにその世界観を根底から覆されるほどの驚きであったろう。当然、教会を核とした体制側にとっては大きな脅威にもなる考えであり、これを異端視し、排除しようとする動きは激しかった。そうした世相の中で、敢然とダーウィン擁護の論陣を張ったのがハックスレーであった。

自らが起こした論争なのに、慎重なダーウィンはなかなか論戦の矢面に立とうとしなかったという。その彼に代わって、ハックスレーは先のあだ名まで頂戴しながら、自然淘汰と進化の問題について、とりわけダーウィンが避けて通った人間自身の進化の問題を、脳や骨格の詳細な比較研究を通して、冒頭に挙げた一節のように真正面から取り上げ、論じていったのである。そしてその彼が講演や著書の中で、自身の考えを検証する化石資料として取り上げたものの中に、ネアンデルタール人の名が登場する。じつは『種の起源』が出るわずか三年前、一八五六年にドイツのネアンデル渓谷で発見された化石を巡る論争が、当時の学会の一方を賑わしていた。

ネアンデルタール人の発見

ことの発端は一八五六年の夏、デュッセルドルフ市郊外の美しいネアンデル渓谷で石灰岩採掘にあたっていた作業員が、たまたま馬鹿でかい頭骨や四肢骨など、一連の奇妙な骨を掘り出したことにある。おそらく人類の歴史上、このようにして偶然化石が見つかったことは、幾度となくあったに違いない。しかしそれを正当に評価する科学の発展がなければ、あるいはせめてそれに興味を持つ人の目に触れなければ、そのまま無視されるか捨てられる他なかったろう。実際、ヨーロッパではすでに一八三〇年にベルギーのアンジーで、一八四八年にはイベリア半島の先端、ジブラルタルで似たような化石頭骨が発見されていたのだが、

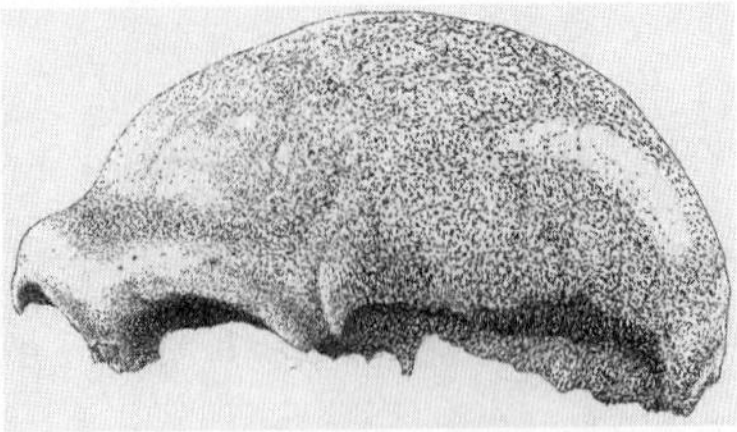

図５　ネアンデルタール人頭蓋

さしたる反響を呼ぶこともなく倉庫の奥に眠ったままであった。

　この場合はしかし、化石は好運にも現場事業主から地元の博物学協会の創始者、フールロットの手に渡った。フールロットは古代に強い関心を持っていた人物で、もしこの人の目に触れなければ、あるいはネアンデルタール人もまた、それ以前の名も知れぬ多くの化石と同様、闇に葬り去られていたかも知れない。彼と、そして彼に化石研究を依頼されたボン大学の解剖学者シャーフハウゼンは、この骨を古い初期の人類、古代ケルト人など原始的なヨーロッパ人の祖先のものだろうと主張して、史上初めて化石人骨に関する激しい議論を巻き起こした。

　シャーフハウゼンの見解に対し、学会の大方の反応はひどく冷たい、時には嘲笑的なものでさえあった。ネアンデルタールの化石頭骨は、大きさだけは現代人と比べても遜色ないが、異常なほど長くて平べったく、目の上のちょうど眉の部分は強く突出していて（眼窩《がんか》上隆起）、それだけを見れば大型類人猿にも似ている（図５）。なにしろ化石人骨が研究者たちの目にとまったのはこれが最初であり、当然、そんな奇妙な特徴を持つ頭骨を、当時はまだ誰も見たことがなかった。意見は分かれ、脳水腫《のうすいしゅ》の知的障害者だとか、当地に紛れこんだ野蛮な食人種だとか、さまざまな説が乱れ飛んだ。中でも、ボン大学のシャーフハウゼンの同僚、A・F・マイヤーは、この個体が幼児期に佝僂《くる》病をわずらっていた可能性を指摘し、関節痛からいつも眉をしかめていたために眼窩上隆起が形成されたのではないか、さらに大腿骨が内彎《ないわん》しているのは佝僂病に加えて小さい時から馬に乗っていたためであり、頭蓋骨は蒙古人種的でもあるから、おそらく一八一四年にナポレオンを追ってライン川を渡ってきたロシアのコサック兵が病み倒れてこの洞窟に取り残されたのであろう、というような想像力を駆使した意見まで出して、フールロットらの見解を真っ向から否定した。

さらに、当時のドイツでは学会のみならず政界の有力者でもあり、キュビエ亡き後の西欧社会を代表する学者として絶大な影響力を持っていた病理学者ルドルフ・フィルヒョウが、ネアンデルタールの化石に見られる一連の奇妙な特徴を病理変化だと断定するにいたって、状況はフールロットらに決定的に不利なものとなった。やがて一八六八年、フランス南西部のレゼジーで絶滅した動物化石や旧石器とともにはるかに現代人に近い形態を持ったクロマニオン人（本章冒頭図版参照）が発見されるや、ネアンデルタールの頭骨はますます異常なものとみなされるようになっていく。

迷走するネアンデルタール人像

フールロットは一八七七年、失意のうちに亡くなったが、しかし彼らが投じた一石は決して無駄ではなかった。一八八六年に新たにベルギーのスピー洞窟でムスティエ型石器とともに二体の化石が掘り出され、さらにその後二〇世紀初めにかけてフランスのラ・シャペローサンやラ・フェラシー（本章冒頭図版参照）などで、相次いでより完全な化石が発見されていった。それらはいずれも、最初に発見されたネアンデルタール人と同様、奇妙な眼窩上隆起をつけた大きく平べったい頭蓋冠の持ち主であった。一方でクロマニオン型の化石も各地で発見されるが、付随する石器や絶滅動物化石の研究から、それら現代人型の旧石器人はネアンデルタール人よりも時代が新しいことも明らかになっていく。もはやネアンデルタール人を単なる病理個体だとして片づけられないことは明らかであった。グロテスクで奇妙な形態の持ち主ではあっても、かつてヨーロッパには確かにそうした人類が実在したことを、人々はようやく認めざるを得なくなったのである。

ただ、これら化石人類の存在は認めるにしても、その彼らをヨーロッパの人々が自分たちの祖先と認めるかどうかはまた別問題である。フランスの人類学者、マルスラン・ブールは、一九〇八年に発見されたラ・シャペローサンの化石をもとにネアンデルタール人の復元を行ったが、それは前屈みに大きな頭を突き出し、猫背で膝を曲げたままよろよろと歩く半獣人のような姿であった（図6）。ブールはクロマニオン人については積極的に現代人の祖先だと認める一方で、ネアンデルタール人を野卑な顔貌と獣的な知性しか持たない存在だとしてことさら現生人類との違いを強調し、彼らを自分たちの祖先の系列から除外すべき絶滅種だと強く主張した。のちに、この復元像に用いたラ・シャペローサンの化石がもともと病気持ちの老人であったことも一因で、多くの誤りや誇張のあることが判明するが、しかしこのネアンデルタール人像は広く一般にも流布し、ほとんど固定観念のようになって以後の研究にさまざまな影響を与え続けることになった。

ネアンデルタール人が決して獣的な、知性と無縁な原始人などではなかったことは、その後の、現在では二〇〇体以上になったと思われる化石資料の研究から明らかにされている。彼らはもちろん滑らかな二足歩行者だったし、脳についても、形が全体的に平べったく、各部分の比率に微妙な差異のあることも報告されているが、その脳容量はむしろ現代人を上回っている（現代人は一四〇〇cc、ネアンデルタール人の平均は一四五〇cc）。知性も相当に高かったであろうことは、この段階になって初めて遺体を葬り始めた事実からもうかがえる。ラ・フェラシーでは一家族と思われる成人男女と新生児や胎児まで含む子供たち五体がそれぞれ石等を乗せた墓の中に埋葬されていたし、イラクのシャ

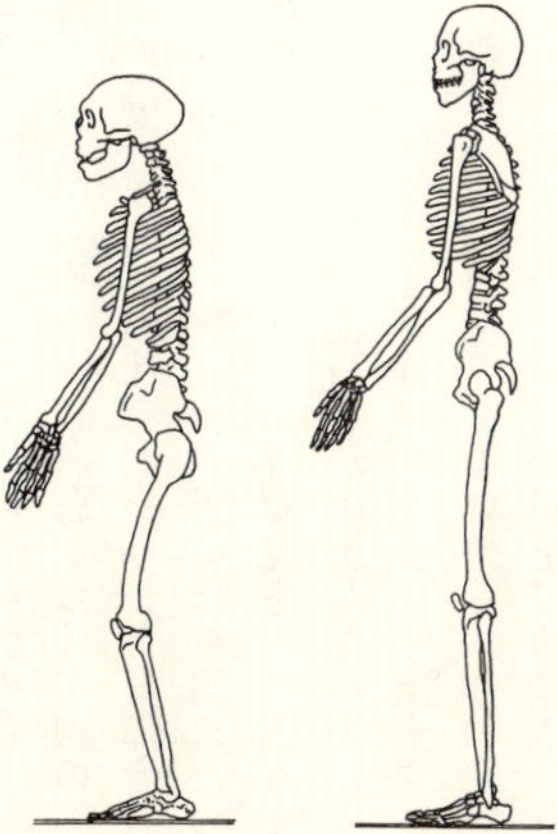

図６　ブールの復元図　左：ネアンデルタール人　右：現代人

ニダール洞窟ではすでに六万年前の昔、一人の男性がたくさんの花とともに丁重に葬られていた。しかもその同じ洞窟からは右腕の萎えた四〇歳くらいの男性の遺体も発見されたが、この事実は彼らの社会がそうした身障者も受け入れ、ともに生き得る段階に達していたことを示している。彼らが本当に花を添えたのかどうかは、近年、この地に多いペルシアネズミの仕業ではないかと疑う意見も出て危うくなってはいるが、その是非はともあれ、原人ではばらばら状態の化石しか出土しないのに対し、このネアンデルタール人の段階になって初めて、各個体の全身骨がまとまって出土する事例が急増することは、穴を掘って埋葬する行為の普及、死後の世界を思いやる知性の発展を雄弁に物語っていよう。近年、赤澤威率《あかざわたける》いる日本隊がシリアのデデリエ洞窟で幼児ネアンデルタール人のほぼ全身骨格を発見したが、これなども遺体を地下に埋葬しない限り、さまざまな動物が行き交うこの地ではまずあり得ないことである。

しかし、その後ネアンデルタール人を巡る状況は、想像もおよばなかった事態へと急変していく。これまでは波はあっても何とか現代人の祖先としての命脈を保っていたネアンデルタール人が、世界中の研究者を巻き込んだ現代人の起源を巡る論争の中で、ほとんどその息の根を止められそうになるのである。それはじつは、これから話を進める日本人の起源問題とも無縁ではなく、議論の成り行き次第では、日本人の歴史もその初期の段階で大きく塗り替える必要が出てくるかもしれない。現代人の起源論争と呼ばれるこのホットな話題に入る前に、ここで、ネアンデルタール人に行き着くまでに人類がたどってきた進化の道を駆け足で振り返っておこう。

2　人類への道

人類とは？

この地球上にいつごろ、どこで人類が生まれたのか？　それを問うには、しかしまず人類とは何か、何をもって人類とするかが問われねばならない。これは考えようによってはなかなかの難問である。かのマーク・トウェインは、「人類とは、赤面する唯一の動物だ」と言ったことがある。また誰ぞやは、「ヒトは腹が減っていない時にも食べ、咽が渇いていない時にも飲み、さらにはのべつまくなしに発情している唯一の動物である」と定義した。

それぞれ含蓄《がんちく》のある答えではあるが、しかし、これらは今問題にする人類の祖先探索にはあまり役立ちそうもない。話が一気に即物的になるが、探索の拠りどころとなるのは化石資料なのだから、その形態のどういう特徴をもって人類と他の、特に類人猿の祖先とを見分けるのか、まずはそのあたりを最初にはっきりさせておく必要がある。なぜなら、化石が古くなればなるほど現代人との違いが大きくなっていき、おそらくは共通の祖先を持つ類人猿と似たところも増えてきて両者の区別はどんどんむずかしくなっていくはずだからである。しかし、もともとどこかに、一方は人類へ、一方は類人猿へと分かれる分岐点があったはずであり、現実にはほとんどが破片になっている化石を何とかしてどちらかに識別して話を組み立てて行かねばならない。人類の起源を明らかにするうえでまず求められるのは、その分岐点、もしくはそれにできるだけ近い位置にある祖先の姿を明らかにし、彼らがどの時代、どの地域で、どのようにして生まれたのかを解明することである。

現在、この設問への答え、つまり人類の祖先と他の区別は、「直立二足歩行」を拠りどころとすることで一応のコンセンサスが得られている。二本足で歩く動物といえば、他にもかつては恐竜がいたし、現在でもダチョウやペンギンなどの姿を思い浮かべる人が多いだろう。しかし、彼らの体は股関節のところで折れ曲がって、上体が二本足の上にT字状に乗っかった姿勢になっており、ペンギンにしてもその下半身はちょうど我々がしゃがみこんだような形に折りたたまれている。また猿や熊のように訓練すれば二本足で歩ける動物は多いし、チンパンジーのように生活の中で時折そうした歩行を見せる動物もあるが、彼らにとってもっとも自然な歩き方は四足歩行であり、人間のように頭から足までまっすぐ伸ばした形で垂直に立って歩く動物は他には見当たらない。

人類の定義としては、その隔絶した知性を重要視して、たとえば言語や道具（石器）などの文化要素を取り上げる意見もある。たしかに人類の存在は文化と不可分のものであり、その進化に関しても文化要素を無視した議論は成り立たないだろう。しかし化石や考古遺物を

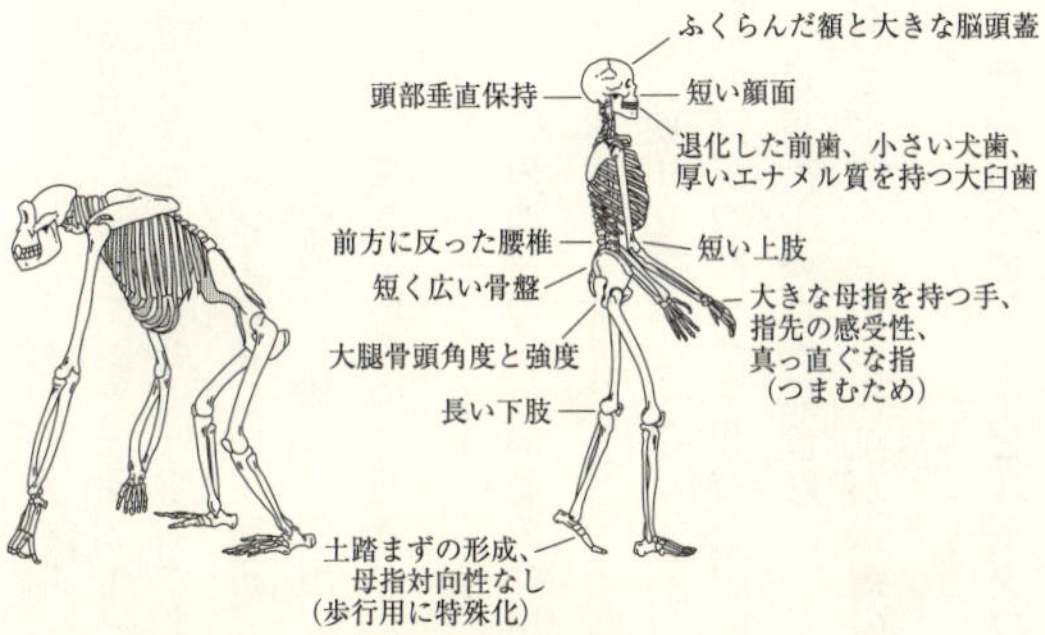

図7　類人猿とヒトの骨格の違い（R・ルーウィン『ここまでわかった人類の起源と進化』てらぺいあ、2002を改変）

拠りどころとした現実の探索作業において、これらを人類の指標とすることには残念ながらかなりの無理がある。たとえば言語はたしかに人類のみが持つ重要な特性の一つであり、これまでも脳の鋳型化石を使って言語中枢の発達度を探ったり、頭蓋底《ずがいてい》の彎《わん》曲《きょく》と発声器官である喉頭《こうとう》の位置との相関を利用して、現代人のような低い位置に喉頭が降りた時期を推定してみたり、あるいはまた言語の発声に必須の微妙な呼吸機能の調節能力などについて調べたりして、あれこれ多くの推論が発表されてきた。しかし、言語自体が化石にならないこともあってどうしても曖昧な点が残り、結局これまでに得られた結果では、言語と言えるようなものが使われだしたのは原人よりも後の段階のようで、ネアンデルタール人ですらその能力の有無が議論されるような状況になっている。もちろん言語の起源と発展はそれ自体非常に興味深い課題として今後も研究が続けられていくだろうが、いずれにしろ今問題にしている人類の起源探索には、まず時間の目盛りが足りそうにない。それはまた石器についても同様で、現在知られている最古の石器は三三〇万年ほど前のもので（ケニア、トゥルカナ湖西岸）、少なくとも七〇〇万年前まで遡るとされる類人猿との分岐点には遠くおよばない。しかも、道具はそもそも人類の専売特許ではなく、チンパンジーの詳しい生態研究によって彼らがアリ釣りをするときや硬い木の実を割ったりするときに道具を作り、使用することが明らかにされて、これによる線引きがますます困難になってきているのである。

実際には直立二足歩行の認定に有効な骨盤や脚の化石が常に見つかる訳ではないが、ただ、この独特の歩行形態の採用は全身各所の骨格にもさまざまな変化をもたらすことになった（図7）。進化上の意義という点でも、二足歩行による手の解放は物を運んだり道具を製作、使用することと密接不可分の関係にあり、ひいてはその後の脳の拡大への道を開く結果にも繋がった。つまり、上記のような文化の発達を決定づけ、ヒトをヒトたらしめたのは、二足歩行という一見危なっかしい特異な姿勢をとったことに起源が求められるといっても過言ではなく、その検証が人類の祖先か否かの最大の拠りどころとなっているのである。

世紀のペテン――ピルトダウン人

人類の進化について、しかし最初からこうした考えが一般的だったわけではない。かつてはむしろ、人類はまず脳の拡大が先行して、二足歩行などその他の特徴は後から進化したとする考えのほうが有勢であった。そして、そうした当時の学説を利用したあるペテン行為が、人類進化の研究史に一つの拭いがたい汚点を残す結果となった。

一九一二年、チャールズ・ドーソンという、弁護士業のかたわら化石収集に熱中していたイギリスのアマチュア博物学者が、大英博物館の古生物学者アーサー・スミス・ウッドワードのところへいくつかの人骨片を持ち込んだ。それはサセックス州のピルトダウンから動物化石などと一緒に出土したもので、復元してみると、脳の大きさは現代人並なのに歯や顎の特徴はほとんどサルに近い原始的なものであった。その大きな脳頭蓋に注目したウッドワードは、翌年、ロンドンの地質学会でこれを人類の祖先の骨だとして発表して大評判となったが、しかし、顎がサルに近いのも、また頭がひどく大きいのも当然だった。顎は現在のオランウータンのものだったし、頭は遺跡からの出土物ではあったらしいが、ウッドワードらが言うような数十万年前のものではなく、明らかに現生人類のものであった。それを、重クロム酸カリウムでいかにも古そうに着色し、後ですぐばれそうな部分はあらかじめ壊したりやすりで削り、神経管には小さな鉄粒まで詰めて巧妙に偽装していたのである。

当時の研究者たちは、しかしそれを見抜けなかった。はじめはいろいろと疑問を呈する声もあったようだが、結局、ウッドワードのみならず当時のイギリス人類学会の権威者たち、アーサー・キースやエリオット・スミスといった人々までがその価値を認めた。なにしろそれは、彼らの人類進化に対する考え方、つまり、人類は脳の大きさで他と隔絶しており、この系統では進化の最初から脳が大きく、その拡大が他の二足歩行などより先行していたはずだ、という自説を証明するのに格好の化石であった。ウッドワードはこの化石にエオアントロプス・ドーソニ（「ドーソンの曙の人」）と命名し、ドーソンの功績を讃えた。ドーソンはその後もいくつか資料を追加してピルトダウン人に対する評価を固め、一九一六年、栄光のうちに生涯を終えた。

しかし、いつまでもこんなペテンが通用するはずもない。世界各地で資料が増えていくと、ピルトダウン人のような、現代人並の脳にサルのような顎、という組み合わせは、次第に不自然なものに映りだした。他の化石資料ではいずれもまったく逆方向の進化を指し示していたのである。結局、この世紀のペテン劇の幕引きは、自国の研究者たちの手によって果たされることになった。一九四九年、ケネス・オークリーは骨のフッ素含有量を計量することによって、ピルトダウン人の頭骨と顎が別時代のものであり、しかも同所から発見された動物化石に較べていずれもごく新しい時代のものだということを明らかにした。骨中のフッ素含有量は土中のフッ素濃度や埋まっていた時間に比例するので、同じ所から出土した化石ならば同じような含有量が検出されるはずなのである。ドーソンの巧妙な捏造作業は、さらに解剖学者ジョセフ・ワイナーらによって完全に暴かれ、一九五四年には、この問題を永く看過した大英博物館理事会への不信任動議が英国国会に提出される騒ぎにまでなる。結果的に見れば、このピルトダウン人を巡る検証作業は、皮肉にもその過程で人類学の世界にフッ素分析のような新たな理化学的手法を導入するきっかけにもなったのだが、しかしそれにしても、事の始まりから真実が明らかにされるまでの四〇年という時間は少々永すぎたようだ。その間、ピルトダウン人の存在とそれを強力に後押しした学会の権威は、後述するようにこの分野の研究進展にさまざまな影を落とし続けた。ダーウィンやハックスレーを生んで、この分野では開拓者の任を果たしてきたイギリスだったが、二〇世紀に入るや、皮肉にもこの化石捏造事件によってその権威は逆に大きな障壁となり、研究の進展を長く滞らすことになったのである。

直立二足歩行への道——ラマピテクス問題

直立二足歩行を鍵に人類の進化を探るとして、では、これまでに実際の化石証拠によってどこまでその源が明らかにされているのだろうか。この問題に関連して、以前はラマピテクスという化石霊長類がヒト科の最古のものとされていたことがある。インドのシワリクで最初に発見されたほとんど歯や顎だけの化石だが、その年代は一五〇〇万年以上も前に遡り、しかも同類の化石が中国やアフリカなどからも出土して、人類の多地域起源やアジア起源説の根拠にされたこともある。

ところが一九八〇年代に入って、ラマピテクスの近縁種であるシバピテクスのほぼ完全な顔面部を備えた化石が発見され、それが人類ではなくどうやらオランウータンの祖先らしいということがわかった。当然、同類のラマピテクスのほうも人類の系列に入れておくわけにはいかず、結局、ラマピテクスとシバピテクスは同じ種の雌と雄ではないのかという話になって、永く人類の祖先たる栄誉を担ってきたラマピテクスは、あっさり類人猿の祖先のほうに追いやられてしまった。

ただ、このラマピテクスとその類縁の化石を取り除いてしまうと、およそ一〇〇〇万年余り前から以後の数百万年の間、人類の系列につながりそうな化石資料がほとんどなくなってしまうことになった。しかも、この空白の時期は、分子進化学や化石研究者たちによってまさに人類と類人猿が共通の祖先から分岐したのではないかと推測されていた時期だったのである。

分子進化学の台頭

いつ頃、類人猿と人類は袂《たもと》を分かったのか？　この難問に対する明確な答えを掲げて、二〇世紀後半、人類進化の研究領域に一つの新分野が華々しく登場してきた。それは分子系統学、あるいは分子進化学と呼ばれる、タンパク質や遺伝子の違いをもとに種の系統関係や進化の道筋を明らかにしようという分野である。じつはラマピテクスの急激な没落の裏には、この新分野のめざましい台頭がからんでいた。

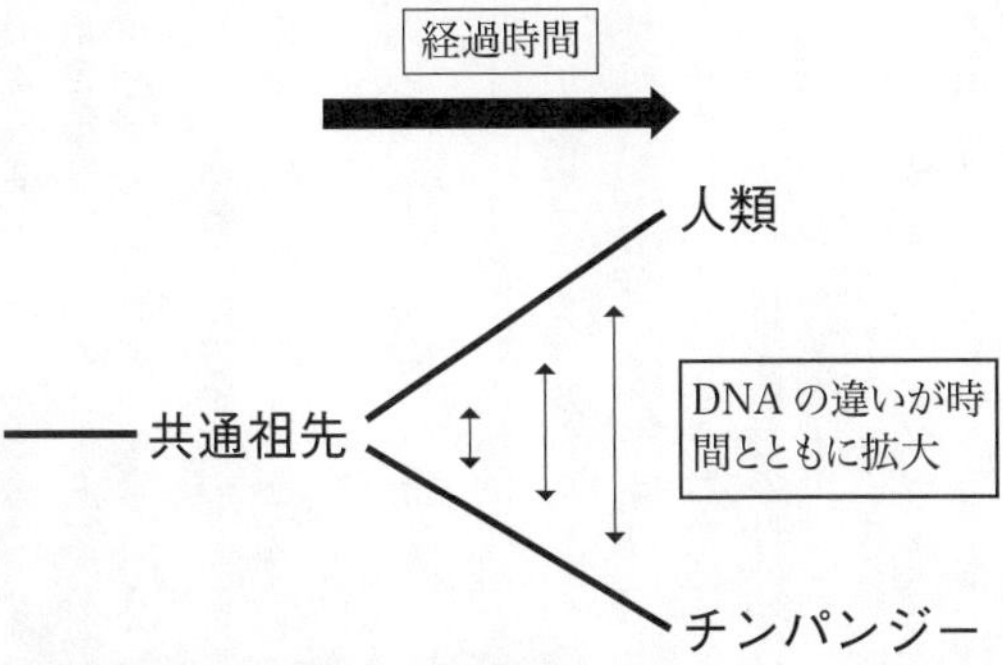

図8　遺伝子分析による分岐年代の推定

分子進化学の歴史は意外に古く、一九〇一年にナトールが免疫学的手法によって霊長類の系統関係を調べたのが最初とされている。その後長い空白期を経て、一九六二年、モリス・グッドマンが血清タンパクを用いた免疫反応の強弱から種間の遺伝的距離を測り、たとえば同じ大型類人猿でも、オランウータンはヒトとやや遠く、チンパンジーやゴリラのほうが近縁であることを明らかにした。これをさらに発展させたのがビンセント・サリッチとアラン・ウィルソンの二人である。彼らは、ポーリングらによって示唆されていた「分子時計」という新しい概念に注目して、種間の遺伝的距離のみならず、その分岐年代まで推定しようという試みを始めた。

「分子時計」の考え方はこうである。遺伝子（DNA）やその遺伝情報に従って造られるタンパク質の構成分子（DNAはアデニン、グアニン、シトシン、チミンという四種の塩基、タンパク質は二〇種あまりのアミノ酸の連鎖で構成される）は動物の違いにかかわらずある一定の速度で変化し（つまり突然変異によってランダムに別の塩基やアミノ酸と入れ替わる）、それが時間の経過とともに蓄積されていく（図8）。分岐して互いに遺伝子の交換がなくなると各々独自の変異をため込むことになるため、どれくらいの時間間隔で塩基やアミノ酸の置換が起きるのかがわかれば、ある二種の動物の間に見られるDNA塩基やアミノ酸の配列の違いの大きさから、逆算でどれくらい前に共通の祖先から分岐したかわかるはずである。

サリッチらはこの「分子時計」が確かに存在することをいくつかの動物で確認した後、まず化石証拠からヒトや類人猿がヒヒなどの旧世界ザルから分かれたのが三〇〇〇万年前とした上で、各種間の遺伝的距離を分子時計に当てはめていった。その結果、人類に到る系統から最初にテナガザルが約一〇〇〇万年前に分かれ、次にオランウータンが八〇〇〇万年前に、そして最後にチンパンジーとゴリラが五〇〇万年前に分かれたと計算して見せたのである。

一九六七年に発表されたこの結果は、当時の学会に強い衝撃を与えた。それまではラマピテクスがヒト科の最古のものとみなされ、人類と類人猿が分かれたのは少なくとも一五〇〇万年、あるいは三〇〇〇万年近く前とも言われていた時代だから、発表当初は化石研究者にとってそれはまったくナンセンスという他ないような年代であった。しかし、唯一とも言える化石証拠がなくなってしまえば、話は変わらざるを得ない。ラマピテクスに代わるべき他の化石は見当たらず、古生物学者にも急速に見直し気分が広まって、結局、分子進化学者たちの言う年代に歩み寄っていく結果になった。

3　人類揺籃の地——アフリカ

最古の二足歩行者

分子進化学が人類と類人猿の分岐年代として指し示す五〇〇万〜一〇〇〇万年前の間は、皮肉なことに永らく化石資料がほとんど欠落した、まさにミッシング・リンク（失われた鎖の環）になっていた。わずかに京都大学の石田英実《いしだひでみ》らが発見した約九六〇万年前のサンブルピテクスや、六五〇万年前のルケイノ、五五〇万年前のロサガム（いずれもケニア出土）などの存在が知られていたが、どれも顎や歯の断片で、はっきりした判断基準にできるような資料ではなかった。おまけに、問題をさらに深刻にしているのは、人類の系列と最後に分かれていった類人猿の祖先の化石もほとんどない点である。人類の起源、つまりは類人猿との分岐点に迫ろうとするなら、片割れの類人猿の祖先についての知識はきわめて重要であろう。オランウータンの祖先はラマピテクスに当てるとしても、それでは問題のチンパンジーやゴリラの祖先はどういうものだったのだろうか。五〇〇万年以上の昔はもちろん、一〇〇万年前、二〇〇万年前のチンパンジーの祖先についてすら我々はまだほとんど何も知らないのである。はたしてこの空白の期間に何がおきていたのだろうか。

わからないことだらけの中で、しかし、最古の二足歩行者の探索は、着実にそのルーツに迫りつつある。二〇〇〇年秋、フランス隊のブリジット・スヌーらは、ケニアのバリンゴ地方でこの空白に切り込む約六〇〇万年前の化石を発見した。オロリン・トゥゲネンシスと命名されたこの化石は、顎や手足の骨など少なくとも五体分のもので、歯のエナメル質は我々と同様に厚く（チンパンジーやゴリラは薄い）、大腿骨頭などの形状から二足歩行をしていたことも確実だという。さらに翌二〇〇一年、別のフランス隊が、今度は中央アフリカのチャド北部で、さらに古い六〇〇万年から七〇〇万年前に遡る可能性のあるほぼ完全な頭蓋化石を発見した。サヘラントロプス・チャデンシス（別称トゥーマイ＝「生命の希望」という意味）と命名されたこの化石は（図9）、脳容量が三二〇〜三八〇ccしかないが（現代人は一四〇〇cc、チンパンジーは約四〇〇cc）、大後頭孔という脊髄が出てくる頭蓋底の孔の位置が類人猿より前方にあり、二足歩行を始めていたことはほぼ確実だという。頭が前に垂れる四足動物はもちろん、前屈みのチンパンジーでもこの孔は頭蓋底のかなり後方に開いており、頭をまっすぐ脊柱の上に乗せて歩く人類だけが、バランスがとりやすいようにほぼまん中に開口する。だからこの特徴だけでも、まだ何とも正体の知れぬ化石動物が、二足歩行をしていたことが推測できるのである。

一方では懸案だった類人猿の祖先捜しのほうにも少し光が当たり始めている。二〇〇七年、東大の諏訪元《すわげん》らによってゴリラの祖先と覚しき歯の化石（チョローラピテクス・アビシニクス）がエチオピアの約八〇〇万年前に遡る地層から発見された。ほぼ同じ頃、中務真人《なかつかさまさと》が率いる京大隊もケニアの九九〇万～九八〇万年前に遡る地層から、分岐前の共通祖先である可能性をもつ顎化石（ナカリピテクス・ナカヤマイ）を発見している。いわば、人類と類人猿の両系統からその分岐点に迫る状況になってきたわけだが、こうした一連の発見は、皮肉なことに今度は分子進化学に対して分岐年代の見直し作業を促すことにもなった。それまではチンパンジーとの分岐を約五〇〇万年前とする意見が有力だったのだが、化石証拠のほうがその年代を一気に一〇〇万年から二〇〇万年以上も飛び越えてしまったのだから、これは放置しておける話ではなかろう。

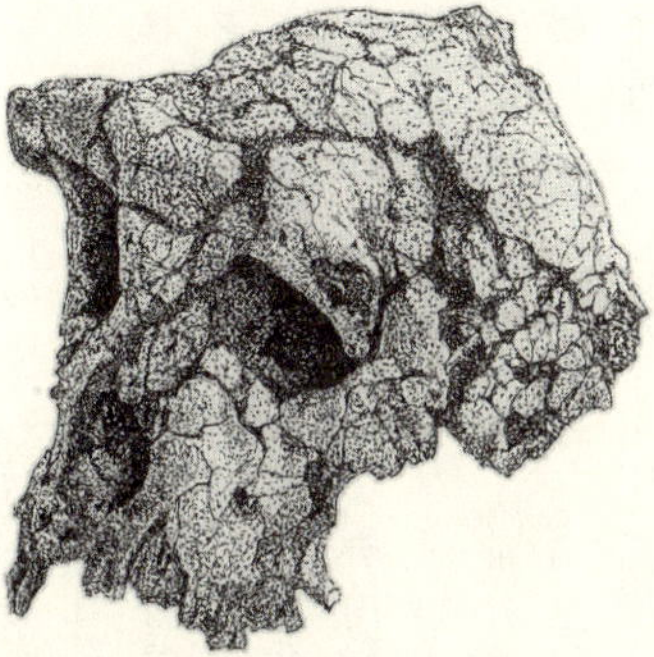

図９　トゥーマイ（サヘラントロプス・チャデンシス）

　もともと遺伝子による分岐年代の計算と言っても、前述のようにサリッチらは人類系統と旧世界ザルとの分岐を化石証拠から三〇〇〇万年前と想定し、これを目盛りの基準にして相対的な分岐年代を計算したものだった。つまり遺伝子だけで変化速度を決める手立てはなかったので、やむなく従来からの化石資料に基づいた、多分にまだ流動的な研究成果を計算の土台に据えざるを得なかったわけで、その微妙なさじ加減によっては当然ながら分岐年代のほうも動いてしまう。

しかし近年、このジレンマも新たに開発された分析器によって解消に向かいつつある。それは次世代シーケンサーと呼ばれる、遺伝子の塩基配列を桁違いのスピードで読み取るマシンで、たとえば二〇〇三年に初めて達成されたヒトDNAの全塩基配列（ゲノム）の解読には世界各国の協力のもと、一三年の歳月と三〇億ドルもの費用を要したが、今や同じ分析がわずか数日で、費用も一〇万円程度で可能になったのである。この次世代シーケンサーを駆使すれば親子の間でどれくらいの複製ミス、つまり突然変異が起きているかを直接カウントすることも可能であり、今度はその変異率（たとえば一年あたりにすれば何個の塩基置換が起きるか）を目盛りにして現生の種間（たとえばヒトとチンパンジーなど）に見られる遺伝子配列の違いを生み出すに要する時間（つまり分岐年代）を算定しようというわけである。

すでにいくつかの結果が公表され、日本でもたとえば産業技術総合研究所のチームが、ヒト系統とチンパンジーの分岐を六〇〇万〜七六〇万年前とする新たな分岐年代を算出して見せた。しかし、まだクリアにしなければならない問題も多いようで、残念ながらゴールはかなり先にあるようだ。たとえばチンパンジーに対して同じように親子間で変異率を求めて人類との分岐年代を計算した結果では、一三〇〇万年前、というはるかに古い数値がはじき出されたりしている。トゥーマイなどの化石記録と合わないからと言って、これを荒唐無稽な数値として切り捨てるのは早計であろう。トゥーマイが本当に最古段階の人類かどうか保証されている訳ではなく、明日にもさらに古い地層から新たな証拠が発見されるかも知れないし、そもそもトゥーマイや後述のラミダスを人類ではなく類人猿の祖先に追いやる意見もまだ消えていない。この分野はそうした既定の有力説を思いがけない発見によって次々と覆しながら進んできたのである。

進化のより確かなタイムスケジュールを知ることは、類人猿との分岐問題だけではなく、その後のさまざまな人類グループの出現と消滅のドラマを辿り、それがなぜ、どのようにして起きたのかを探る上でも重要な意味を持つ。化石証拠を時間や地域の隙間なく揃えられれば話が早いのだろうが、それが現実離れした夢に近いことを考えれば、分子進化学の提示する年代値をより正確な洗練されたものにしていく意義は大きい。ただ忘れてはならないのは、そうした計算に用いる、まだ多分に不確定な各前提値（複製ミスの頻度や世代交代の間隔など）の選定、調整には結局、化石や現生種に関する諸情報との照合、検証が不可欠だということである。かつて化石研究者と分子進化学者との間には激しい摩擦を起こしたこともあったが、もともと両分野はその出発にあと先があるだけで不可分のものであり、どちらが欠けても今後の発展は望めない。

なぜ二足歩行を？

トゥーマイの発見は、人類が他の類人猿と分岐して間もない頃の姿を具体的に示してくれたことに加え、発見された場所がこれまで猿人化石が集中していた東アフリカや南アフリカではなく、中央アフリカだという点でも画期的であった。それは、なぜ人類の祖先が他の類人猿と分かれて二足歩行への道を歩みだしたのか、という基本的な問題の解釈にも改めて議論を呼び起こすものであった。

従来、その理由についてはサバンナ説と言われる環境変動に結びつけた解釈が有力であった。つまり、中新世後半の寒冷化によって、人類と類人猿の共通祖先が住んでいた熱帯雨林が次第に縮小し、より開けた草原の広がるサバンナで生きて行くことを余儀なくされたことが二足歩行へのきっかけになったという考えである。平地では立ち上がったほうが見通しが利いて食物や敵の捕食獣を見つけやすいし、自由になった手は物を運ぶのに便利で道具の製作にも道を開くことになる。また、直立したほうが強烈な太陽光に直射される体表面積が少なくてすむので、体温の維持にも有利だったろうし、さらに二足歩行は四足歩行に較べて速くは走れないが、平地を広くぶらぶら歩き回るにはエネルギー効率の点でチンパンジーたちのナックルウォーキングよりずっと優っていることも明らかにされている。森が疎林《そりん》へ、さらには草原へと変化して食物がより広い範囲に分布するようになれば、この特性は大いに威力を発揮したに違いない。

しかし、トゥーマイが発見された地域は、現在でこそサハラ砂漠の一角であるが、かつては魚やサルなども棲んでいた、おそらくは森林に草地や湖が混在するような環境であった。

そうなると、前述のようなサバンナ環境を想定した解釈は合理性を失いかねないが、果たしてどうだろうか。研究者の間では、すでに二足歩行への進化の舞台として単純なサバンナではなく、草地と樹林が入り混じったモザイク状の環境を想定する折衷案のような説が流布しつつある。考えてみれば、しかしこれは当然であろう。よちよち歩きの初期二足歩行者がいきなり開けた草原に出て行ったと考える必要も必然性もなく、少なくともその開始期にはまだかなり森林に馴染んだ生活形態を残していたはずであり、彼らの死骸が森林地帯から発見されてもその意味で別に不自然さはない。前述の二足歩行にまつわる利点のうち、身体の熱代謝に関する解釈などは多少減点する必要があるかも知れないが、ただ、なぜ我々の祖先だけが二足歩行を選択したかということを考える場合、やはりその背景として中新世に起きた自然環境の変化により従来の住み処を脅かされ、その辺縁部のおそらくは草地と樹林が混ざり合った地域や川沿いに残った疎林などで生きることを余儀なくされた一群が、そうした環境では多くの利点を持つ二足歩行の比率を徐々に増やすことで自身の生活空間を広げ、生存と繁栄への道を切り開いていったと考えることは不合理ではない。

最初に触れたように、人類の進化にとって二足歩行への移行はきわめて大きな意味を持っていた。いつ、どこで、なぜ我々の祖先は独自の進化の道を歩み始めたのか、分子進化学はそのタイムスケジュールについては貴重なヒントを与えてくれるが、しかし問題解決への鍵を握るのはやはり化石である。どのような化石がどのような状況、環境下で発見されるのか、トゥーマイがその最終回答への扉を開く鍵なのかどうか。次々と発見される化石は多くの新知見と同時に新たな疑問を喚起し、また新たな論争を呼ぶのが常である。しかし、求める回答に到達するには、そうした錯綜する謎の海に飛び込んでもがきながら一掻きずつでも前に進むしかない。

アルディの発見

時代が下るにつれ、前述のオロリン（六〇〇万年前）のように、より確かな二足歩行者が確認されるようになるが、ただいずれも断片的な化石ばかりで不明な点も多かった。しかし二〇〇九年に発表された「アルディ」（エチオピアのアファール語で「大地」の意味）によって、われわれは初めて類人猿との共通祖先から分かれて間もない頃の初期人類の全身像をうかがい知ることとなった。

ラミダス猿人（Ardipithecus ramidus、四四〇万年前）の存在は一九九二年、エチオピア・アファール地溝帯のアラミスにおける諏訪元らの発見によって知られていたが、一九九四年、さらに同一個体の全身各部を備えた化石「アルディ」が発見された。

これまで膨大な数の人類化石が発見されているが、たとえば二〇万年以上前に遡る化石で同一個体の全身各部がある程度そろっているものとして、後述の「ルーシー」（約三二〇万年前）や同類の幼児とみなされるセラム（ディキカ・ベイビー、とも呼ばれる。約三三〇万年前）、リトル・フット（アウストラロピテクス・アフリカヌス?、約三七〇〇万年前）、セディバ（約二〇〇万年前）、トゥルカナ・ボーイ（ホモ・エレクトス、約一五〇万年前）などが知られているが、その数は十指にも満たない。年代の古さや後述のような関連研究への寄与を考えれば、「アルディ」はまさに奇跡に近い発見と言えよう。調査チームのT・ホワイトや諏訪らはその後一五年もの歳月をかけて慎重にこの「アルディ」やその後の追加資料の整理、分析に取り組み、二〇〇九年、一一本の論文として「サイエンス」誌上に一挙に発表したのである。

はじめて明らかになったその姿は、およそ一二〇万年ほど後世の「ルーシー」（アファール猿人：Australopithecus afarensis の代表化石）に較べて、全身各部に予想外とも言える原始的な特徴を併せ持ったものであった。図10にアルディとその復元図を示したが、身長はおよそ一二〇センチ、体重は四五〜五〇キロ程度で、脳容量は三〇〇〜三五〇ccとせいぜいチンパンジー並みの大きさしかない。こうした外観では同じメス個体とされるルーシーよりむしろ大柄だが、かなり二足歩行に特化した形態をもつルーシーに較べるとその足や骨盤にはまだ多分に樹上生活にも適応した形態を残していた。たとえば足の親指は他の指と大きく離れて木の枝などをしっかり摑む能力を持っていたようだし、長距離歩行には必須の土踏まずもまだ形成されていない。ただ、歩行時に足底で地面を蹴るための剛性は持っていたようで、骨盤の上部もルーシーに似て横に広がっている（チンパンジーの骨盤は幅が狭く縦

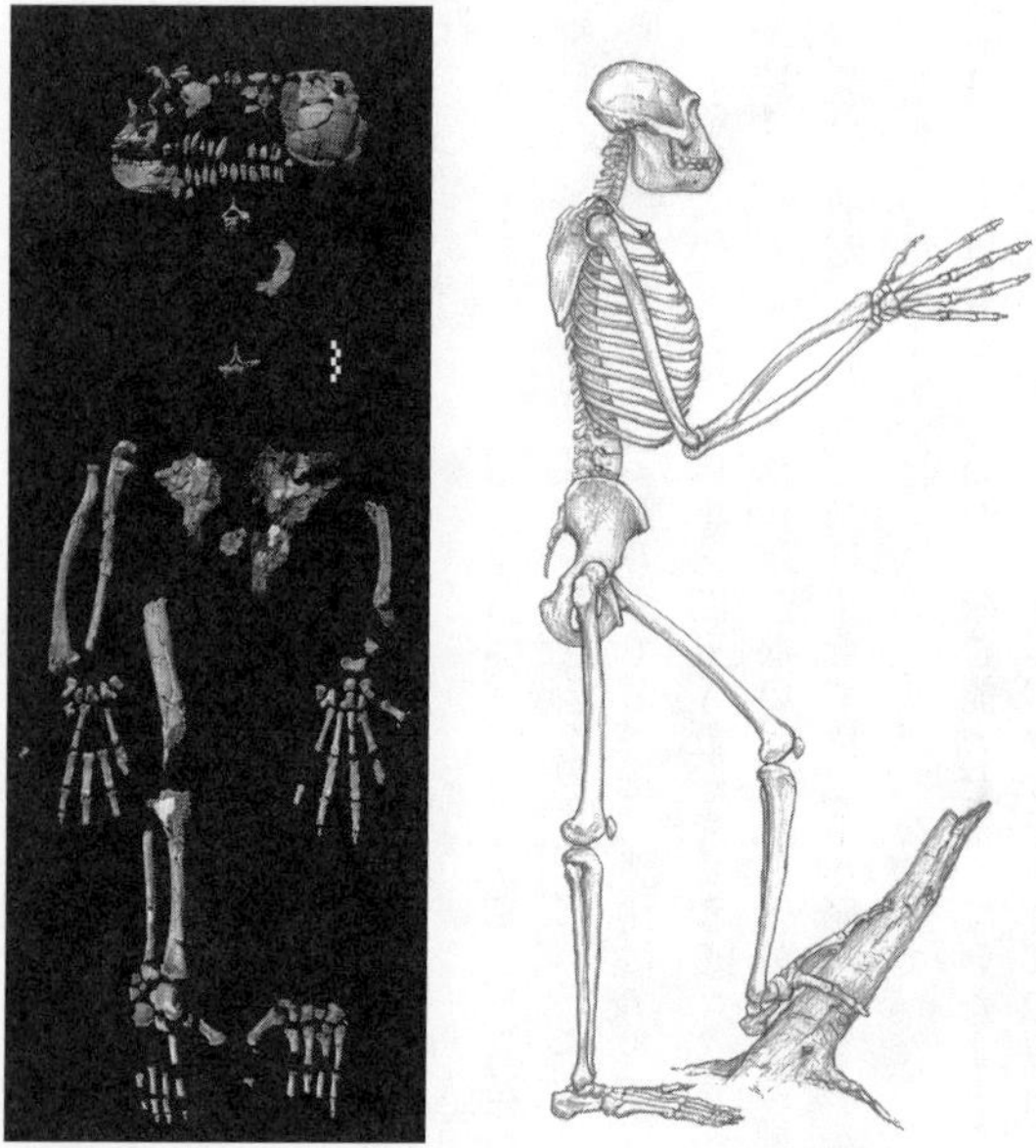

図10　アルディ（アルディピテクス・ラミダス）（左写真は諏訪元氏提供）

長）。つまり、身体を直立させるのに適した形になっているが、その下半の坐骨部はむしろチンパンジー並みに長くて、木登り時に有効な構造を残している。その一方でまた、上肢や手は類人猿よりは短く（ナックルウォーキングをするチンパンジーは脚より腕のほうが長く、手も懸垂運動、つまり枝にぶら下がるために補強された関節、靱帯と長い手掌を持つ）、いわば樹上から地上への「移行型」とも言うべきモザイク状の特徴をもっていた。

オス食料供給者仮説

さらにラミダス猿人では犬歯やその体格に見られる男女差が、かなり小さかった可能性が示されたことも興味深い。ラミダス猿人が発見されるまでは最古の人類の地位にあったアファール猿人では、雄の体重が雌の二倍近くにもなるゴリラやオランウータンのように大きな男女差があったものと推定されていたのだが、アルディを含めて二〇体分ほどのラミダス猿人の犬歯を調べたところ、チンパンジーよりさらに男女差が小さくなっていることが確認された。雌雄の体格差があまりないチンパンジーでも（雌は雄の八〇パーセントくらいの体重。ヒトもこれに近い）、その雄達は主に雌をめぐる争いに大きな牙（犬歯）を使うことが多いのだが、ラミダス猿人ではもうそんな争いもなかったのだろうか。一般的に一匹の雄が多数の雌を独占するハーレム型の繁殖形態を採る動物は、雌を巡る雄同士の争いのために雄が大きくなる傾向があるが（たとえばゴリラやヒヒ、アザラシなど）、その対極として単雄単雌のペアで生涯を過ごすテナガザルでは体格にも犬歯サイズにも性差が見られない。もし初期人類も後者に近かったとなると、かつてオーウェン・ラブジョイが人類の二足歩行の起源に関して唱えた「オス食料供給者仮説」もまんざら不合理ではなくなってくる。

どういうことかと言うと、かつてラブジョイは、雄が〝自分〟の雌や子供達に食料を運び、分配しはじめたことが二足歩行への道を切り開いたのではと考え、雄がそうした行動を採る条件として、単雄単雌の繁殖形態を想定していたのである。二足歩行だと手が自由になって食料などを運ぶには便利だし、あちこちで森林が途切れ、直射光が降り注ぐ草原が混じるような環境下では、前述のように視野の拡大や熱代謝の改良などさまざまな利点も出てくる。どんな動物にとっても子供をいかに無事に育て、増やしていくかがその種の存続に関わる重大事である。もし雄が雌や子供のために食料を運んでくれれば、雌は安心して子育てに専念できるし、妊娠間隔を短くしてよりたくさんの子供を育てることも可能になるだろう。

ただし、雄がそうした利他行動に及ぶには、少なくとも自分の子供と認識している必要がある。別の雄の子供など、世話をするどころか、たとえばハーレムを作るヒヒなどでは新しくボスになった雄は雌の繁殖行動を促すために群内の全ての子供（つまり前のボスの子供）を殺した事例まで報告されている。だから、もし初期人類が単雄単雌の安定した繁殖形態を採っていたとなれば、雄が自分の家族のために食料を運んだと想定することも可能となろう。森林からサバンナのような新たな試練の待つ環境にさらされ始め、自らの生存の道を模索していた初期人類が、結果的に生き残って今日のような繁栄に至ったその第一歩は、こうしたペア型の繁殖形態を核にした雄の利他行動によってもたらされたのでは、というわけである。

一九八一年にラブジョイがこの考えを発表したときは、人類の生存と発展の要因を説明する魅力的なモデルとして注目はされたものの、その前提とする一夫一婦制は当時の猿人化石の研究から推定されていた大きな性差、つまりハーレム型の繁殖形態と合致しないとして厳しい批判を受けたのである。しかし今回、アルディをはじめとするラミダス猿人の研究によって、初期人類の性差がかなり小さかったとなると、ラブジョイ説への批判も論拠を失うことになろう。

言うまでもないことだが、一口に男女差と言っても、化石人類でその程度を見積もることは容易ではない。現代人でも一八〇センチを超える女性もいる一方で一五〇センチ台の男性もいるように、それぞれ大きなばらつきがあるので、かなりの個体数を揃えないと全体傾向は摑めない。それどころか、たいていは一部の破片しか見つからない人類化石では、そもそも性別を決めることすら至難の業になる。たとえばある地域から大きさの違う二つの大腿骨片が見つかったとして、その差は男女ゆえなのか、あるいは同じ男性（又は女性）の大小なのか、はたまた別の人類グループの脚である可能性はないのだろうか？　すぐには答えを出しようもなく、当然、研究者によって意見が分かれてしばらくはまた不毛の議論が続くことになろう。

ラミダス猿人では前述のように二〇個体分ほどの犬歯が発見されたので、そのサイズの変異の中にアルディの犬歯を当てはめ、統計的に女性であることがほぼ確定された。そしてその小さな犬歯の持ち主である女性の脚や腕もそろっているので、上記のような身長や手足のバランス、それに一見して類人猿のような親指が開いた足をもっていたことまで明らかになったのである。この足がもし単独にどの個体のものかわからない状況で発見されたなら、おそらくまた別の人類グループだ、いや、ひょっとすると類人猿の祖先の足ではないか、といった意見が乱れ飛んでいたに違いない。あんな小さな犬歯しか持たない進化した猿人が、こんな原始的な足を持っていたはずがない、というわけである。それもこれも、同一個体の全身各部がそろって出土したおかげであり、先に「奇跡に近い発見」と書いた理由もご理解いただけよう。

ルーシーの発見

今のところ人類進化の道筋として、このラミダス猿人はやがてアナメンシス猿人（約四〇〇万年前）へと進化し、さらにアファール猿人に繋がっていくと考えられている（後出図13）。今からおよそ四〇〇万〜三〇〇万年前のことで、先ほどから何度も名前が出ているルーシーとその仲間が生きていた時代である。一九七四年、全身のほぼ四〇パーセントを揃えて発見されたルーシーが当時の研究前線に与えたインパクトの大きさは、あるいはアルディ以上だったかも知れない。なにしろそれはまだ三〇〇万年以上前の人類化石がほとんど未発見だった時代に、いきなり小さな頭（約四〇〇ccの脳）と明らかな二足歩行の特徴を示す骨盤や脚が揃って出土したのである。

発見者のジョハンソンは当時まだ大学院を出て間のない若手研究者で、自身が最初に手がけた調査（エチオピアのハダール）でいきなりこの大発見に遭遇した。化石発見に沸いたその夜、キャンプには繰り返しビートルズのヒットナンバーが流され、曲のタイトルにもなっている女性の名、「ルーシー」がその夜からこの化石のニックネームとなって世界中に広がっていった。少し後の一九七八年にメアリー・リーキーらが発見した足跡化石（およそ三六〇万年前、タンザニアのラエトリ）をみると、アファール猿人はすでに土踏まずのある、親指も前を向いたわれわれとそう変わらない足をもっていたことがわかっている。ラミダス以後、特にその骨盤や足の構造はかなり急速に二足歩行への特化を進めたようだ。

ともあれ、以前は四〇〇万～三〇〇万年前のアフリカにはこのルーシーで代表されるアファール猿人の存在だけが認められていたのだが、近年の相次ぐ発見によって、人類進化がかつて想定されていたような一本道ではなく、どうやら同時代に複数のグループが併存していたような複雑な様相がみえてきた。一九九九年にはミーヴ・リーキーらによってトゥルカナ湖西岸から三五〇万年前のほぼ完全な頭蓋、ケニアントロプス・プラティオプス（「ケニアの平べったい顔のヒト」という意味）が発見され、アファール猿人とは異なる特徴を持つことが強調されているし、南アフリカからも、ほぼ同じ時代のリトル・フットとあだ名されたひどく小柄な化石（身長は一メートルにも満たない）が発見されている。まだ詳細は不明だが、一部、これもまたルーシーとはかなり違った特徴を持つことが公表されており、地理的に遠く離れた南アフリカにもすでにこの時代、別グループの猿人がいた可能性が浮上している。

タウング・ベイビーの発見

ここでは時代の古いほうから順に進化の道筋をたどっているので、南アフリカが最後に登場することになったが、じつは人類揺籃の地としてアフリカに人々の関心を集めるきっかけになったのは、この南アフリカの猿人化石であった。ピルトダウン人が研究者たちにとって人類の祖先の理想的な化石としての輝きをまだ失っていなかった一九二五年、はるか南アフリカから驚くべきニュースが飛び込んできた。ニュースの発信源は、わずか三年ほど前にロンドンから南アフリカのヨハネスブルク、ウィットワーテルスランド大学医学部へ赴任していった、レイモンド・ダートという若い解剖学者だった。そのダートが、サルとヒトをつなぐ真のミッシング・リンクを発見したと言うのである。

その前年の一九二四年、ダートの研究室にタウングという石灰石採掘場から化石の詰まった大きな木箱が送られてきた。それはダートにとってまさに宝の箱になった。ちょうど結婚式の仲人をするために出かけようとしていたところだったそうで、礼装した奥さんを外に待たせたまま夢中で箱の中をあさっていたダートは、やがて半ば岩に閉じ込められた霊長類のものらしい頭蓋化石を見つけだす。そしてそれから二ヵ月余り、こびりついていた岩屑を取り除いてみると、中から出てきたのは、それまでの通念では考えにくい奇妙な特徴の入り混じった頭骨であった。脳は大きなゴリラほどあるのだが、意外にもそれは五〜六歳くらいの幼児の顔面や顎で、しかも各所に驚くほど人間的な特徴を持っていた。たとえばゴリラ等では犬歯が大きく突き出ているため、上、下顎の歯列には嚙み合った時にその犬歯をはめ込むための隙間（歯隙）があるのだが、これにはそんなものは見あたらず、顎そのものもサルほど前方に突出していない。子供とはいえ眼窩上隆起の発達は弱いし、それに大後頭孔の位置も頭蓋底のまん中近くに来ていて二足歩行者であったことを示している。

ダートはしかし、発見からわずか四ヵ月後の翌年初め、この化石頭骨にヒトではなく、アフリカの南のサル、という意味の、アウストラロピテクス・アフリカヌスという学名をつけ、英国の科学雑誌「ネイチャー」に発表した。おそらくこの程度の脳ではヒトの系列に入れるのがためらわれたのであろうが、ただ、従来知られている化石よりずっとヒトに近いものとみなし、これこそが現生の類人猿と人類の中間に位置する真のミッシング・リンクであると主張したのである。しかし、この発表は英国の旧師たちの眉をひそめさせただけであった。ピルトダウン人を世に認めさせる上で大きな力になったアーサー・キースらは、かつての教え子のこの発見を喜ばぬばかりか、タウングの化石を人類の祖先ではなく類人猿の一種だと決めつけ、ラテン語のアウストラリス（南の）と、ギリシャ語のピテコス（サル）という、異系統の語を組み合わせてしまったダートの古典語に対する無知まで指摘して、その軽率な立論を非難した。

後にキースは、軽率だったのはダートではなく自分のほうであった、と弁明することになるのだが、ともあれ、この発表当時にあっては、ダートの発見した化石はあまりにも原始的すぎたようだ。ピルトダウン人との兼ね合いもさることながら、タウング化石の二倍の脳を持つジャワ原人（一八九一年発見、後述）ですら、一部の先進的な研究者の間でようやく人類の祖先として認められだしたばかりの頃である。ダートは専門家たちの批判や、さもなくば冷たい無視の包囲の中で孤立してしまった。自説を証明しようと、化石を持ってロンドンまで出かけたりもしたが、タウングの化石を「ダートのベイビー」とからかう声まで出始め、傷ついた彼はやがて化石人類学の世界から身を引いてしまう。そして、一時はマスコミを賑わしたこの発見も、ほぼ時を同じくしてはるか東アジアの北京郊外で始まった、いわゆる北京原人の発掘のほうに専門家の関心が移っていくことで、急速に忘れ去られていくのである。

ブルームの魔術

しかし、ただ一人、ダートの発見に注目し、その価値を証明しようと自ら化石探索に乗り出した老研究者がいた。それは、町医者稼業の傍ら古生物学研究ですでに世界的に名を知られていたロバート・ブルームという人物で、彼はダートのタウング化石に関する発表直後に研究室にやって来て自分の目で確認して以来、ダート説に対するただ一人と言ってもいい支援者になっていた。永年にわたる町医者生活を止めてトランスヴァール博物館での研究生活に入った時（一九三四年）、彼はすでに六八歳になっていたが、タウングの化石の意義を学会に認めさせるには幼児ではなく大人の化石を発見する他ないと考え、以後、ダートに代わって驚異的な精力で化石を集めだす。

後にアメリカの人類学者ハウエルズが「ブルームの魔術」と評するように、彼は次々と貴重な発見を重ねていったが、しかし世界の多くの学者たちはアウストラロピテクスを類人猿の一種とみなす姿勢を容易に崩そうとしなかった。転機は第二次世界大戦後に訪れた。一九四七年、ステルクフォンテインで後に「プレス婦人」とあだ名されるほぼ完全な頭骨を始めとして、骨盤や四肢など全身各部の骨が掘り出されるに至り、もはや学会の権威者たちもブルームの主張を無視する訳にはいかなくなった。それはピルトダウン人とは正反対にヒト的な顎にサル並の頭という組み合わせが人類進化の道だったこと、その小さな脳しか持たない時点ですでにしっかりした二足歩行を始めていたことを明確に示すものであった。そしてその頃には、あのダートもまた、ブルームのこうした一連の研究に力づけられてマカパンスガットでの発掘を開始していた。

オルドヴァイ峡谷――ジンジの発見

南アフリカでブルームがダイナマイトまで使う大胆な発掘で次々と化石を発見し続けている頃、東アフリカのタンザニアの奥地、オルドヴァイ峡谷ではルイス・リーキーとその家族

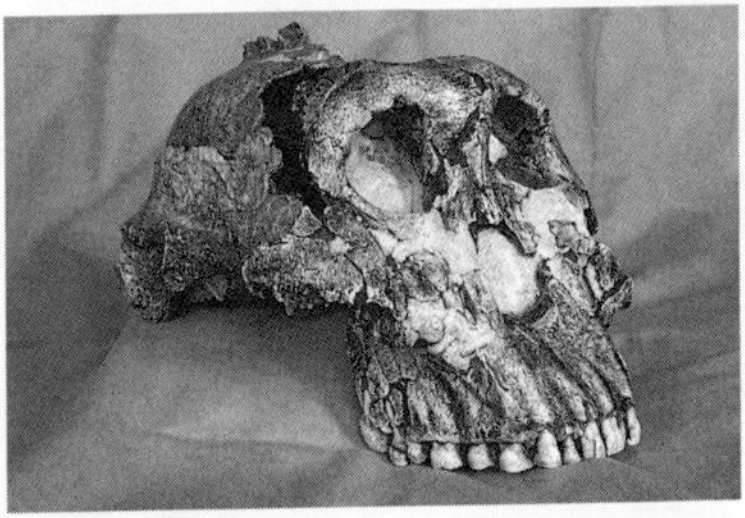

図11　ジンジ（ジンジャントロプス・ボイセイ）

が悪条件の中で苦闘していた。深さ九〇メートルほどあるその峡谷は、以前から動物化石の豊富な一帯として知られていたが、一九三一年に家族とわずかな作業員による発掘を開始して以来、さまざまな動物化石やオルドワン式と称される粗雑な礫石器《れきせっき》などは豊富に出土したものの、リーキーの切望する人類化石は容易に発見できないでいた。しかし調査開始から二八年後の一九五九年、ついにその労苦が報われる日がきた。皮肉にもその日、ルイス・リーキー自身は体調不良でキャンプで寝込んでおり、一人調査に出たメアリー夫人が峡谷の底の一番古い地層から多数の破片に砕けた頭骨化石を発見したのである。興奮して戻ってきた夫人の叫び声をテントの中で聞いたとき、ルイスはてっきり妻が毒蛇に嚙まれたのだと勘違いしたと言う。駆け込んできた妻の知らせに、ルイスは病気も忘れて飛び出して行った。

四五〇もの破片を繋ぎ合わせて復元されたその頭骨は、かつてブルームが南アフリカで発見した頑丈なタイプのアウストラロピテクスよりさらに大きな奥歯を持ち、脳容量は五三〇ccぐらいで、ゴリラのように頭頂部には前後方向に走る矢状隆起も見られた。リーキーはついに手にしたこの化石に、東アフリカを意味する古いアラビア語と、資金を提供してくれた恩人、チャールズ・ボイズの名を組み合わせて、ジンジャントロプス・ボイセイと名づけた（図11）。

この「ジンジ」発見に関連して、もう一つ化石人類学の世界に大きな変革がもたらされた。かつては古い化石の絶対年代を決める正確な手法がなく、リーキーも「ジンジ」の所属年代を当初はほとんど当て推量で約六〇万年前としていた。更新世の長さそのものが約一〇〇万年と考えられていた時代であり（現在はおよそ二六〇万年）、他の古い化石にしても似たような年代しか与えられていなかった。しかし、リーキーと組んだカリフォルニア大学の二人の研究者がカリウム・アルゴン法という、放射性同位元素の自然崩壊を利用した新手法を用いて「ジンジ」の年代を調べてみたところ、約一七五万年前という、当時としては途方もない古さの年代がはじき出された。人類の進化の歴史は一気に二倍以上も引き延ばされることになったのである。

ホモ・ハビリス――器用なヒト

ともあれこの発見で一躍世界の有名人となったルイス・リーキーのもとには、枯渇しかかっていた調査資金もあちこちから寄せられるようになり、オルドヴァイではその後かつてない規模で発掘調査が進められていった。そうした中で、やがてリーキーはまた世界を驚かす発表をする。先に「ジンジ」を発見した時には、以前から同一地層で見つかっていた礫石器

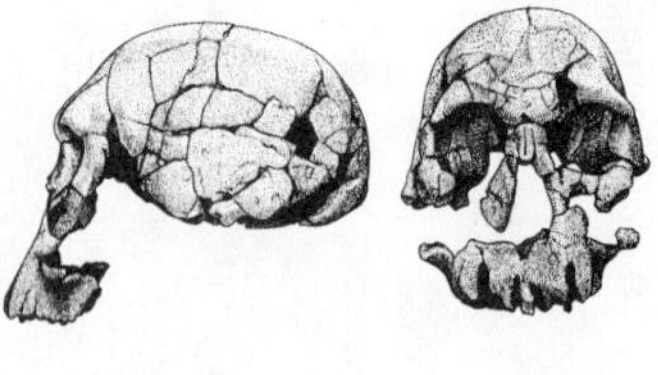

図12　ホモ・ルドルフェンシス（KNM-ER1470、イアン・タッタソール『化石から知るヒトの進化』三田出版会、1998）

をこのゴリラ並の脳しか持たない化石に結びつけ、彼こそが人類最初の道具製作者だとしていた。しかし、そのわずか数年後の一九六四年、リーキーは前言をあっさり翻して、彼がその後に掘り出してホモ・ハビリス（「器用なヒト」の意味）と名づけた、ジンジよりも一回り大きな脳（六〇〇～七〇〇cc）を持つ化石人類こそが真の石器製作者だと言いだした。ジンジはたまたま同じ時代に生きてはいたが、石器製作とは関わりなく、より進化したこの最古のホモ属によってやがては滅ぼされる運命にある絶滅種だというのである。

　自説を簡単に変えてしまったことに加え、形態的にも特に華《きゃ》奢《しゃ》なタイプの猿人、アウストラロピテクス・アフリカヌスとの区別が曖昧で、これを別種にするほどの違いがあるのかどうか、この発表を聞いた当時の学者の多くはリーキーへの不信感を隠さなかった。それからすでに半世紀余りを経た今日、当初は化石リストからすぐにも消えてしまうかにみえたホモ・ハビリスは、現在もなお我々の重要な祖先種としてその名を不動のものにしつつある。そうした認識を学会に広げるのに大きく貢献したのは、他ならぬリーキーの次男、リチャードであった。彼は、父の亡くなった同じ年、一九七二年にケニアのトゥルカナ湖東岸のコービフォラで、ＥＲ一四七〇号として知られる、脳容量が八〇〇cc

近くにも達する化石を発見した（図12）（近年の再検討ではおよそ七〇〇cc程度とされる）。ほぼ一九〇万年前のもので、この発見は、次の進化段階であるホモ・エレクトスと区別しがたいほどに脳の発達した化石種が、約二〇〇万年前にはすでに出現していたということを決定づけた。さらに一九九七年には、その祖先である可能性を持つアウストラロピテクス・ガルヒが、エチオピア・ミドルアワシュの二五〇万年前の地層から発見され、このタイプの出現がもう少し古く遡る可能性も指摘されている。

進化の道筋

ケニアのコービフォラではその後、一七〇万〜一八〇万年前の古い地層から、脳が一〇〇〇cc前後に達した原人段階の化石（ER三七三三号）も掘り出され、ホモ・ハビリスからホモ・エルガスター（アフリカの初期原人を、アジアの原人ホモ・エレクトスと区別する呼び方。異論もある）へという進化の道がみえてきた。一方では小さな脳しか持たず、形態的にも原始的な特徴をより多く残す頑丈なタイプのアウストラロピテクス・ボイセイとロブストス（南アフリカの同類の化石群の呼び名）が、ずっと後の約一四〇万年前あたりまで生息していたことも明らかにされたため、結局ほぼ二五〇万〜一四〇万年前までの間には、頑丈型のボイセイらとホモ・ハビリス、もしくはその子孫とおぼしきホモ・エルガスターとが共存していたことになる。原人のほうはその後の我々の祖先とつながりそうだが、同時代にいたはるかに原始的な頑丈型猿人はどうやら脇道に外れてしまった絶滅種と考えるほかないようだ。

では、これらホモ・ハビリスや頑丈型猿人の先祖は何だったのだろうか。ずっと遡って行けば、いつかは両者の共通の祖先もいたはずだが、それは一体どういうもので、いつから、どうして進化の道を別にし始めたのだろうか。化石標本が増え、研究が進めばそのあたりの問題も整理され、はっきりしてくるように思えるが、実際には逆にますます混迷の度合いを深めているような感がある。図13には、現在提出されているいくつかの案の一例を示した。今までの経緯を考えれば果たして五年後、一〇年後にこの図のどの部分が生き残っているか甚だ心もとない話だが、意見の割れる問題点の一つは、現生人類へとつながるホモ属の起源とその仲間をどう整理するかにある。今のところこの図のようにガルヒからアファレンシスへと遡らせる意見が有力だが、一方ではアフリカヌスと結びつける考えも根強い。というか、ホモ・ハビリスが登場した折にも物議をかもしたように、もともとホモ・ハビリスとアフリカヌスとの差異は微妙であり、今もかろうじてホモ属では歯や顎がより華奢になる傾向があることを捉えて分けているような状況にある。おまけに近年のセディバ猿人（約二〇〇万年前）の発見によって、リー・ベルガーのように改めてホモ属の起源を南アフリカに求める意見が出され、議論を呼んでいる。

このセディバ猿人化石は二〇〇八年に南アフリカ・マラバ地方の洞窟で発見された一〇代

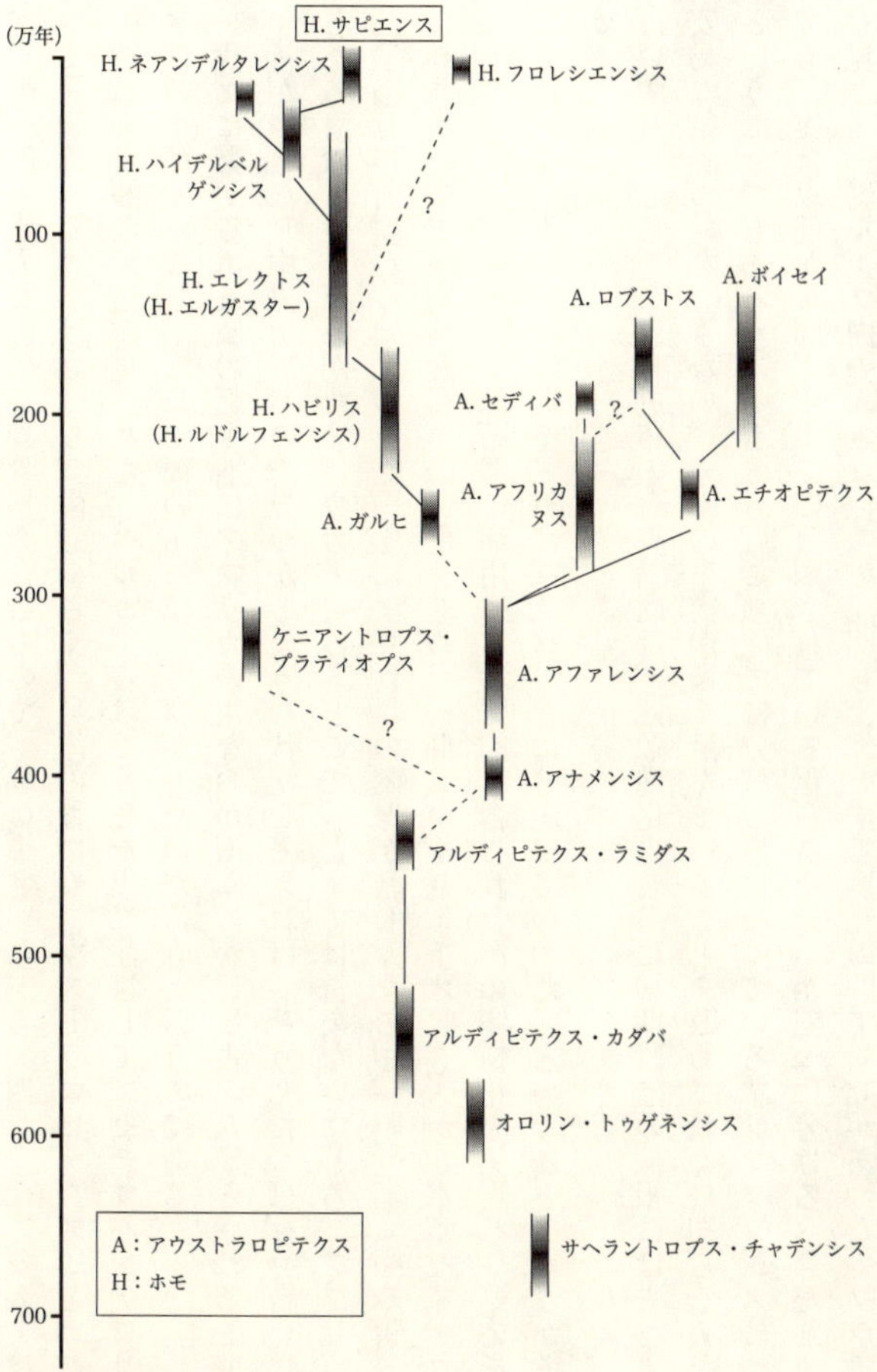
(万年)
100
200
300
400
500
600
700
H. サピエンス
H. ネアンデルタレンシス
H. フロレシエンシス
H. ハイデルベルゲンシス
?
H. エレクトス
(H. エルガスター)
A. ロブストス
A. ボイセイ
A. セディバ
?
H. ハビリス
(H. ルドルフェンシス)
A. アフリカヌス
A. エチオピテクス
A. ガルヒ
ケニアントロプス・プラティオプス
A. アファレンシス
?
A. アナメンシス
アルディピテクス・ラミダス
アルディピテクス・カダバ
オロリン・トゥゲネンシス
A：アウストラロピテクス
H：ホモ
サヘラントロプス・チャデンシス

図13　人類系統樹

前半の子供と成人女性の全身骨格を含むもので、脳は小さいながら（四二〇cc）猿人とは違って前頭葉の発達が目立つし、歯も小さく、身体の骨にもアウストラロピテクス属とホモ属の特徴の奇妙な混淆が見られた。ベルガーらはこうした点に注目して、セディバをアフリカヌスの子孫とみなし、これが後のホモ属へと繋がったのだろうと言うのである。

我々に繋がるホモ属の誕生地はアフリカの東なのか南なのか、最古の人類とされるトゥーマイがいきなり中央アフリカで見つかるような状況を考えれば、そうしたつばぜり合いにさしたる意義は見いだしがたい。今のところ、どこで、とまでは言えないにしろ、アフリカで三〇〇万年前頃から始まった乾燥化により食料の確保が厳しくなる中、咀嚼器（顎や歯）をより強大にして植物性食料への特化を進めた一群（つまりエチオピクスからボイセイ、ロブストスへ）と、おそらくは石器の活用によって肉を含む食資源の多様化を実現し、適応を果たした一群（ガルヒからホモ・ハビリスへ）とに分かれていった、ということではなかろうか。

いずれにしろ、これら近年の調査動向は、人類進化のとくに初期段階の様相にはまだまだ安易な結論づけを許さない、未知の事実が多く潜んでいることを改めて我々に知らしめた、ということでもあろう。そもそも、この図では分岐の核になっているアファレンシスについても、実は以前から同グループに分類されている化石群を二つか三つに分けるべきだとする意見と、一グループ内の大きな性差で説明しようとする意見の間で対立があった。プラティオプスの発見に加えて、アルディがもたらした性差に関する新知見は、今後こうした議論をどう動かしていくのだろうか。もしアファレンシスが二グループに分かれてしまえば、たとえばホモ属と頑丈型猿人の系列もその分岐の根を一気に遡らせることになりかねないし、さらに言うならば、そのアファール猿人とトゥーマイの間が一本道であったとも考えがたく、まだ誰も見たことがない、子孫を残さずに消えていった系統や、あるいはそれこそが祖先かもしれない化石が今もアフリカの大地に埋まっているに違いない。一九世紀に始まったミッシング・リンクへの挑戦はまだ当分終わりそうにない。

4　アフリカからユーラシアへ

原人――ホモ・エレクトスの登場

おそらく二五〇〇万年ぐらい前から人類は脳の拡大を始め、ホモ・ハビリス（ホモ・ルドルフェンシス）からやがてホモ・エレクトス（原人）へと進化していくが、この段階になると脳容量は我々の三分の二ぐらい（一〇〇〇cc前後）まで大きくなり、眼窩上の隆起は屋根の庇《ひさし》のように突出して、独特の顔貌を見せ始める。トゥルカナ湖畔では約一六〇〇万年前に遡る火の使用の痕跡が報告され、石器もオルドワン型の粗雑な礫器からやがてはアシュレアン型の握斧《ハンド・アックス》で代表されるかなり精巧な作りのものへと進歩していった。さらに一九八四年にトゥルカナ湖西岸、ナリオコトメのおよそ一五〇万年前の地層から発見された通称トゥルカナ・ボーイは、一〇歳前後の子供なのにすでに一六〇センチメートルを超える高身長で研究者たちを驚かせた。成人すればおそらく一八五センチメートルぐらいにも達したと考えられ、少なくとも体格だけは（脳は約九〇〇cc）、現在この地に住むスレンダーな手足を持った長身の人々とほとんど変わらないところまで進化していた。

そして、これら原人たちについて忘れてはならないもう一つの重要な点は、遅くともこの段階になって初めてアフリカ以外の世界各地から同タイプの化石がぞくぞくと発見され始めるという事実である。人類はようやく自らの揺籃の地、アフリカを出て広大なユーラシア大陸へと足を踏み入れ始めたのである。

ジャワ原人の発見

一九世紀の終わり（一八八七年）、オランダの若き解剖学者ユージン・デュボアは、家族とともにはるか東南アジアを目指して船出して行った。アムステルダム大学医学部での職を捨て、一軍医として当時のオランダ領インドネシアのスマトラに赴任するためである。彼が生まれた一八五八年は、ダーウィンの『種の起源』出版の前年であり、まさに彼は進化論を巡るその後の大騒ぎの中で成長したことになる。当時、ドイツのエルンスト・ヘッケルはその著『自然創造史』の中で、サルとヒトをつなぐ連鎖の失われた部分、ミッシング・リンクとしてピテカントロプス・アラルス（「言葉なき猿人」）なるものを想定し、そうした人類の祖先がアジアやアフリカの熱帯域の第三紀層に埋もれているだろうと予言していた。ヘッケルの信奉者であった若きデュボアは、大学の解剖学者としての将来を捨てて、少年の頃から育んできた夢の実現に賭けた。そして、スマトラからジャワへと化石を求めて駆け回った彼は、当時「地獄のトリニール」と言われていたソロ河畔において、ついに念願の頭骨化石を発見する。オランダを出てから四年めの一八九一年九月のことであった。

人類化石というものは、包含層に関する情報が豊富な現在ですら、掘り当てるのは至難のわざである。当時の何もかも白紙に近い状況を考えれば、四年の年月をかけたとはいえこの発見はまさに彼の一途な情熱にほだされて運命の女神が微笑みかけたと言う他ない。実際、ジャワではその後これをきっかけに繰り返し大規模な調査が実施されたが、一九三一年のソロ人発見まで四〇年ものあいだ、一個の頭骨すら発見されていないのである。化石発見の報を受けたヘッケルは、デュボアに向けて「ピテカントロプスの存在を予想した発明者から好運な発見者へ」と、祝電を送ったという。

しかし、発見者の喜びはここでも永くは続かなかった。一八九四年、デュボアはこの化石にピテカントロプス・エレクトス（直立猿人）と名づけ、これこそが人類の遠い祖先だと発表した。最初にヘッケルのつけたアラルスではなく、エレクトス、つまり「直立した」という言葉に変えたのは、頭骨と同じ地層から出土した大腿骨から見て、まっすぐ立って歩いて

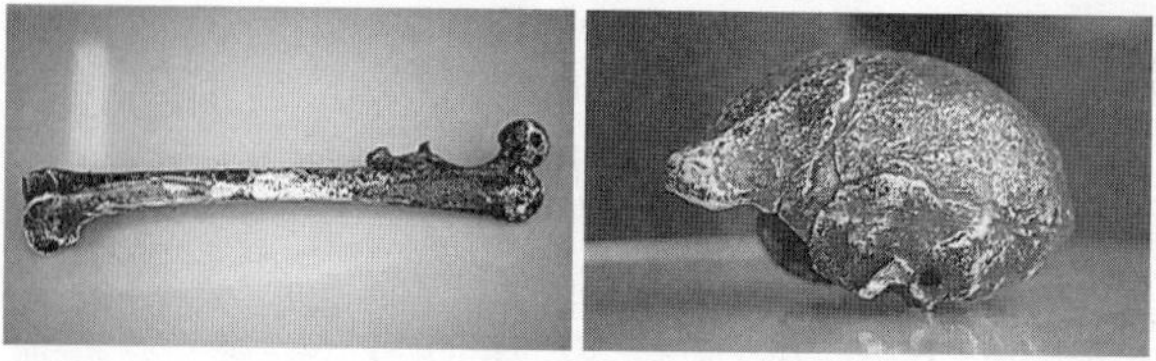

図14　ジャワ原人の頭骨と大腿骨

いたことが明らかだと考えたからである。しかし、翌年ドイツで行われたジャワ原人に関する討議集会の席上、議論が集中したのはこの大腿骨と頭骨の関係だった（図14）。

つまり、頭骨は上から押しつぶされたように平べったく、眉の部分には強い骨の突出部（眼窩上隆起）が見られ、脳容量も九〇〇ccくらいしかなくて、先に問題になったネアンデルタール人以上にサルに近い。にもかかわらず、その大腿骨は骨体がまっすぐで、頭とは逆に、やや彎曲した脚しか持たなかったネアンデルタール人よりもはるかに現代人的に見えるのである。ようやく人類の進化を真剣に考える気運が高まっていたとはいえ、当時の学者たちにとってこの頭と脚の組み合わせは何とも不可解であり、両者は別個体のもの、いや別種のものでは、と疑う意見が強かった。万物の霊長たるヒトは二足歩行よりも脳の拡大が先行したと考える学者の多かった当時にあっては、なおさらである。結論は容易に出そうになかったが、ここでもまた、かつてのネアンデルタール論争の時のように、病理学者フィルヒョウの発言が大きな影響を与えた。この大腿骨には治癒した腫瘍の痕があるのだが、原始人ではそれが治癒するはずはなく、現代人としか考えられない。頭骨は巨大なギボンのものであり、大腿骨とは同一個体ではなく無関係だ、というのである。

デュボアは、オランダのライデンやパリ、あるいはロンドンでも化石を見せながら自説を主張して回ったが、どこでも議論は紛糾し、賛同はなかなか得られなかった。憤慨した彼は、ついに自宅の食堂の床下に化石を埋め込んで誰にも見せようとしなくなったという。後年、研究が進んで彼の主張の大筋は次第に世に受け入れられていくが、しかし皮肉なことに、その頃すでに彼自身の考えは変わってしまっていた。多くの学者が直立二足歩行の初期人類の存在を認めだした中で、彼自身は、なぜか自分の発見した化石はサルの一種で巨大なギボンだった、と言い出したのである。

いったい彼の中で何が起きたのだろうか。ジャワ原人をヒトとサルをつなぐミッシング・リンクとするデュボアの考えは、その後、より原始的な猿人化石の発見によって修正を迫られ、問題になったジャワの頭蓋と大腿骨を別個体とみる意見は現在でも消えないが、しかし、彼がその進化上の意義を看破してつけたエレクトスという呼び名は、現在も同グループの化石人類の学名、ホモ・エレクトスとして定着している。脳の発達よりも二足歩行を先行させるという、おそらく当時幅を利かせていた権威者たちの誰一人想像もしなかったような進化の道筋を示したデュボアの慧眼《けいがん》には、その化石の発見と同じくらい敬服すべきものを感じる。その彼が、晩年になって、かつて自説の普及に大きな障害となった論敵、フィルヒョウの説に屈したような考えに到ったことは、運命の皮肉と言うにしても少々わさびが利きすぎていよう。容易に他の研究者を寄せつけなくなったデュボアは、一九四〇年、第二次世界大戦の混乱の中でひっそりと世を去った。

北京原人の発見

ジャワ原人に永いあいだ冷たい視線を浴びせ続けた頑迷な学会の雰囲気を変える上で決定的な影響をおよぼしたのは、同じアジアの中国、北京郊外の周口店《しゅうこうてん》における新たな一連の発見であった。デュボアのジャワでの発掘からすでに三〇年余りもたった一九二〇年代のことである。

中国では古くから動物の化石は「竜骨」と呼ばれ、漢方薬の原料として珍重されてきた。その「竜骨」がたくさん出るという情報に引かれて、一九二一年、オーストリアの古生物学者ズダンスキーは北京の南西約五〇キロにある周口店へと調査に赴き、一本のすり減った大臼歯を発見する。後に「北京原人の家」と言われるほどに大量の化石が出土し、世界を驚かすことになる周口店竜骨山《りゅうこつざん》での、それが最初の発見であった。この発見にいち早く注目したカナダの人類学者、デビッドソン・ブラックは、一九二七年、ロックフェラー財団から資金を得て周口店での本格的な発掘作業を開始した。そして好運にもその年に掘り当てた一本の小臼歯の研究から、彼はまだ歯しか出ていない未知の人類に対して、シナントロプス・ペキネンシス（北京原人）と名づけた。

この大胆な命名には当然批判も多かったようだが、ブラックの考えが証明されるのに、しかしそれほどの時間は要らなかった。翌年には成人と子供の下顎骨片が出土し、二年後の一九二九年には現場の発掘主任をしていた裴文中《はいぶんちゅう》によってついに頭骨化石が発見された。立て続けの発見の報に、世界の目は周口店に集中し始めた。とにかく、それまで世界各地で断片的、散発的にしか得られなかった貴重な化石資料が、この周口店では嘘のように毎年ぞくぞくと追加されていくのである。しかも、新たにもたらされた化石とジャワ原人との類似性は誰の目にも明らかであった。確かに数十万年前のアジアに、このように脳の大きさがヒトの三分の二くらいしかなく、眉弓部がサルのように突出した人類がいたのである。

失われた北京原人化石

しかし、やがてこの北京郊外での発掘調査にも暗雲が立ちこめ始める。一九三四年三月一六日の朝、心臓に持病のあったブラックが、研究室の椅子に座ったまま死んでいるのが発見された。机の上には研究中の原人化石が乗っていたという。彼の後を継いだユダヤ系アメリカ人、ワイデンライヒによって調査はなおも大きな成果を上げ続けるが、当時の世界を覆っていた戦雲は、ついに北京での原人研究にも決定的な打撃を加えてしまった。一九三七年、日本軍による盧溝橋《ろこうきょう》事件の勃発を機に北京周辺の世上不安が高まり、周口店での発掘作業も中断せざるを得なくなってしまった。やがてアメリカとの開戦が噂されだした一九四一年春にはワイデンライヒも帰国してしまい、あとに残された化石資料を日本軍の手から守るため、急遽アメリカへ送ることになった。一九四一年一一月の末頃、それまでに周口店から出土していたすべての化石資料は二人の中国人によって厳重に梱包され、北京協和医学院総務長、ボーウェンの部屋に運び込まれた。翌日、その大きな白い二個の木箱はF楼の四号金庫室に運ばれ、さらに翌日には、アメリカ大使館へ持って行かれた。そこまではわかっている。しかしその後、この化石の詰まった二個の箱は忽然と姿を消してしまう。

計画では、当時中国にいたアメリカ海兵隊をハリソン号という船で撤収させる予定で、化石も一緒に積み込む手はずになっていたという。しかし、日米の開戦は予想以上に早く、上海から秦皇島《しんのうとう》へ向かっていたハリソン号は、一二月八日の真珠湾攻撃を知ると、日本軍の拿《だ》捕《ほ》を恐れて船を長江河口の浅瀬に座礁させてしまった。一説にはこのため化石は長江の川底に沈んでしまったといい、別の説では日本軍が接収してしまったとも、いや、まだその船には化石を積み込んでいなかったはずだ、とも言われるが、事実はともあれ、結局この期を境に化石は行方不明になってしまうのである。

戦後、この事実が公表されると、中国政府はもちろん、アメリカを中心とする欧米諸国でも時には賞金までつけて捜索を続け、消失の謎は繰り返し新聞紙上を賑わしたり幾冊もの本にもなった。しかし今日に到るまで、その行方は依然不明のままである。二つの木箱には、四〇体近くにもおよんでいたすべての原人化石と、後期旧石器時代人である後述の山頂洞人《さんちょうどうじん》も含まれていた。事件から半世紀以上たった現在もなお、一遺跡からこれほど大量の原人化石が出土した例は世界のどこにもない。

ドマニシの衝撃

この北京原人やジャワ原人の存在が示しているように、人類がすでにこの段階には脱アフリカを成し遂げていたことは明らかだが、その具体的な年代について近年また新たな展開が見られた。従来はジャワ原人などの年代から、脱アフリカはおよそ一〇〇万年かそれより少し前くらいと考えられてきた。しかし、一九九〇年代に入って、まずジョージアのドマニシで発見された下顎骨に一八〇万～一六〇万年前という年代測定値が与えられ、続いてジャワのモジョケルトの頭蓋にも約一八〇万年という年代がつけられた。

過去にも何度かアフリカ以外の土地で出土した化石や石器に驚くほど古い年代が与えられたことがあるが、そのほとんどは再検討の過程で消えていった。しかしドマニシについては最初の発見以後も保存良好な化石が次々と追加され、その年代も別法による検証を重ねてさらに補強されていった。加えて、ドマニシの頭蓋群には五四六㏄という、アフリカのホモ・ハビリスに較べてもその最小レベルの脳容量の持ち主が含まれるなど、かなり多様で原始的な特徴が見られること、さらに彼らが使った石器もあの東アフリカのオルドヴァイ出土の礫石器に類似することもわかって、当初は強い疑いの目で見られた年代の古さはむしろその蓋然性を高めていったのである。

ドマニシ遺跡は黒海とカスピ海に挟まれた地域の、緯度でみれば周口店にも近い北緯四〇度あたりに位置する。こうした新たな年代値に従って考えるなら、アフリカで原人が生まれた直後には近東から現在の温帯域にまで一気に拡散し、ひょっとするとはるか東南アジアにまで到達していた可能性も出てきたことになる。この状況は、あるいは脱アフリカの時期がさらに遡る可能性を暗示しているとも言えよう。そもそもドマニシは、従来の想定を覆す古い時期の脱アフリカを証する最初の発見例ではあっても、最初の脱アフリカ者かどうかはまだわからないのである。

ホモ・ハイデルベルゲンシス

ともあれ脳容量がわれわれの三分の一から半分程度に拡大したころ、人類は熱帯以外の多様な環境にも適応できる能力を増して、ようやく自らの揺籃の地であるアフリカを出て行ったということなのだろう。一〇〇万年前以降になると人類の痕跡はヨーロッパにも現れ始め、九〇万年前のイタリアのチェプラーノ、八〇万年前のスペインのアタプエルカ・グラン・ドリナなどを始めとして、ドイツのマウエルやシュタインハイム、ギリシャのペトラローナ、フランス南西部のアラゴ洞窟など各地から更新世前期末～中期頃の比較的古い化石が発見されている。

　ただ、このように人類の分布域がアフリカからヨーロッパ、アジアへと広がると、当然それぞれの異なった環境下で生き続けている間に次第に形態的な地域差を見せ始めるようになる。実際のところ、多様さを増す世界各地の化石をどう分類、整理し、人類進化をどのように系統づけるかは依然としてむずかしい課題だ。たとえばホモ・ハビリスの後継者とされるホモ・エレクトスを、アジア（北京原人など）やヨーロッパの化石（アタプエルカなど）に見られる多様で大きな変異を包括した一つのグループとして考えようとする（前掲図13）動きがある一方、アフリカの最古の原人グループについては、前述のようにホモ・エルガスターの名を与え、その後を継ぐものにホモ・ハイデルベルゲンシスを据えて、そこからホモ・サピエンスやネアンデルタール人が分岐したとする意見もある。

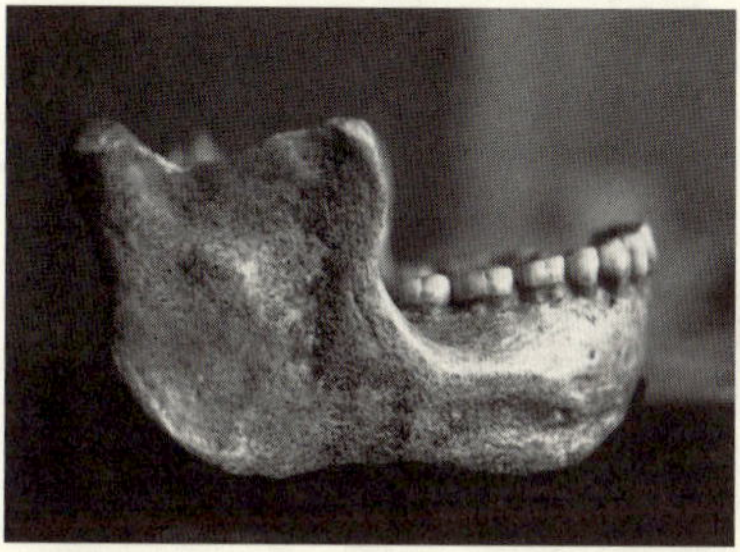
図15　ハイデルベルク原人

　このホモ・ハイデルベルゲンシスというのは、一九〇七年にドイツのハイデルベルク近郊の河畔で発見された保存の良い下顎（図15、約六〇万年前）に由来する名で、エレクトスよりも脳の拡大（一〇〇〇〜一四〇〇cc程度）が進んだ化石をこの分類名の下に一括しようという訳だが、具体的にどこまでハイデルベルゲンシスに含めるかではまた研究者により意見が分かれる。

　各化石をどう呼ぶかはともかくも、たとえばヨーロッパのおよそ三〇万年前とされるアタプエルカやアラゴなどの化石には、同時代の北京原人等とは少し違った、後にこの一帯に広がるネアンデルタール人につながる特徴が見られることは事実である。一方のアジアの北京原人にしても、切歯裏面に凹みのある、いわゆるシャベル状切歯や頬骨が前面を向いた扁平な顔立ちなどにおいて、後の東アジア人にも共通する地域特性を早くも見せ始めている。おそらく後世の人種形成の萌芽は、こうして広く世界各地に分布し、そこでのさまざまな環境に適応する過程で生み出されていったのだろう。

謎の新発見――ホモ・フロレシエンシス

　人類の進化にはしかし、これまで長年にわたる検証を経て構築されてきた既存の考えでは容易に説明できない闇の部分がまだ多く残されているようだ。二〇〇三年、インドネシアのフローレス島、リャン・ブア洞窟で、脳がわずか四〇〇cc程度で身長も一メートル余りしかない、ひどく小柄な女性の全身骨格が発見された。一緒に発見された動物化石や石器類から見て、このチンパンジー並の脳の持ち主がかなり精巧な道具を使いこなし、小型化はしているもののステゴドンゾウなどを狩猟対象にして暮らしていたらしいのである。脳サイズや体格だけみれば、あの三〇〇万年以上前のアフリカにいたルーシーに似ているのだが、明らかにされたその年代値はさらに世界の研究者達を驚かせた。わずか約七万四〇〇〇～一万七〇〇〇年前のものだというのである（図16）。

化石の年代についてはその後、一〇万～六万年前、石器は一九万～五万年前のものと修正

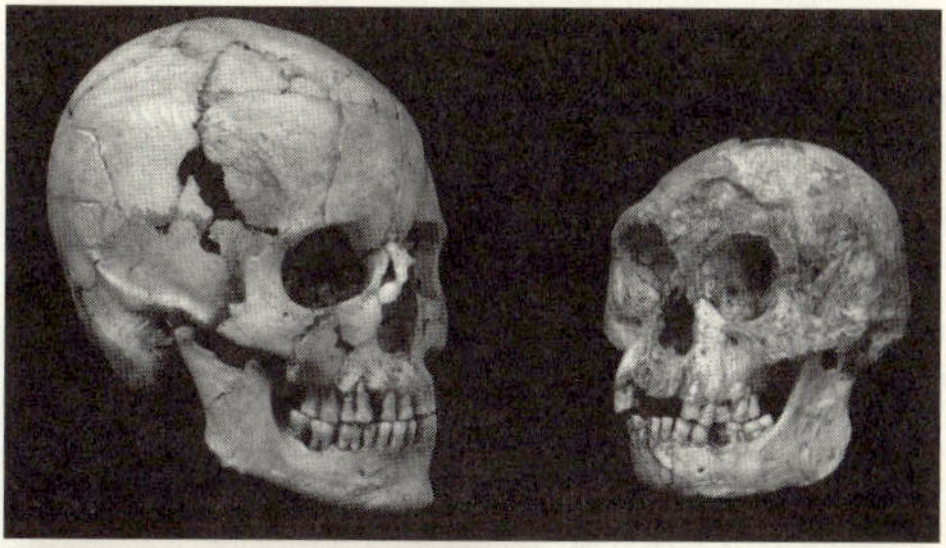

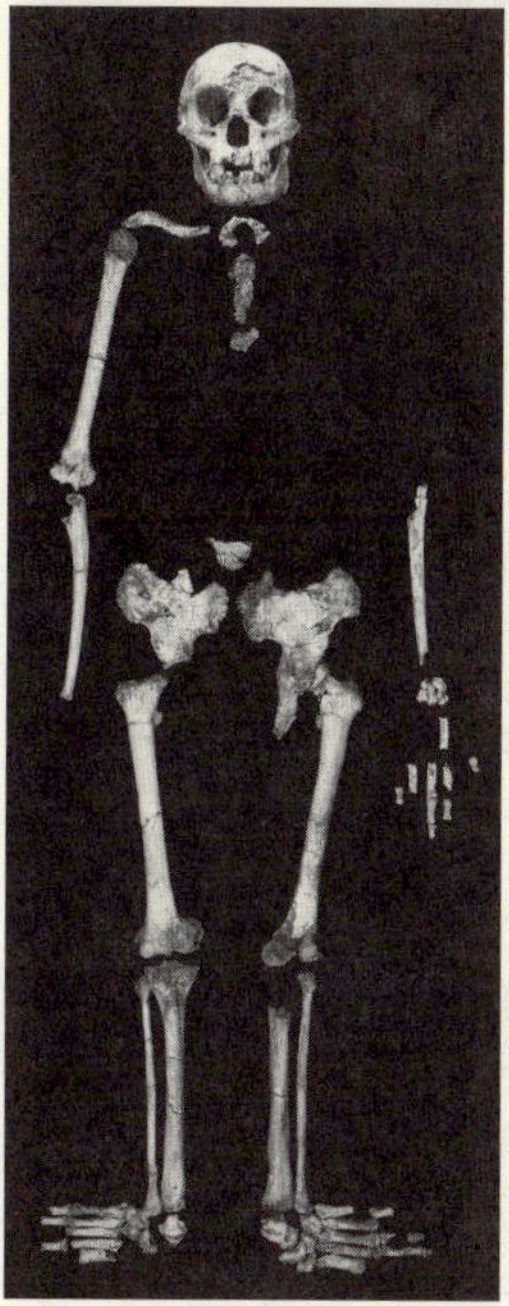

図16　ホモ・フロレシエンシス（上図右・下図、上図左は縄文人）（いずれも海部陽介氏提供）

されたが、それにしても、これほど原始的な特徴の持ち主がアフリカから遠く離れた東南アジアの離島に数万年前まで住んでいたというのだから、直ちには信じられないような発見であった。フローレス島の西方、ジャワ島にはおよそ一二〇万年前から（一八〇万年とする意見もある）ジャワ原人が住み着いていたが、彼らの脳は八〇〇〜九〇〇cc前後、身長も一七〇センチはあったとされている。つまり、数百万年にわたって追跡され、確立されてきた人類進化の通念からすれば、時代的にはるか後世のフローレス原人の特徴は、まるで進化を逆行したかのようである。

当初、こうした特徴の原因として、単なる病変ではないのかという意見も出された。脳が小さいのは小頭症、身体が小さいのはラロン症候群や甲状腺機能障害に因《よ》るのではないかというのである。しかし、化石の詳細な研究が進むと、そうした解釈では説明し難い様相もみえてきた。フローレス原人には奇妙な特徴の混在が見られ、たとえば、脳は猿人並だが、顔面の突出度は猿人ほどではなく、鼻の形や眼窩上隆起の発達具合などには原人に似た特徴も見られる。一方、身体の上・下肢長の比率をみると猿人に似て下肢が相対的にかなり短く、しかもその短い脚にしてはひどく大きな足（約二〇センチあり、大腿骨長の七〇パーセントに達し、ボノボに近い。現代人では五五パーセント程度）の持ち主で、さらには先のアルディと同様、扁平足だった。前述の病気ではこんな原始的な形態が混ざり合った症例は報告されていない。

病変ではないのなら、では何なのか。今のところ、フローレス原人の矮小化については、島嶼《とうしょ》効果に原因を求める意見が有力である。離島のような狭く限られた資源しかない環境では、大型動物は生存に有利なように小型化したり、天敵がいなければ小型動物が逆に大型化したりする現象が知られている。このフローレス島でもステゴドンゾウが肩高一・五メートル（通常は二〜三メートル）まで小さくなり、一方でハゲコウというコウノトリ科の鳥は体長一・八メートル（通常は一・二〜一・五メートル）にもなったりしている。原人達もまたこの閉ざされた環境下で、身体を小さくして何とか生き延びたということだろうか。

ただ、それにしても、なぜ脳まで原人の半分かそれ以下にまで縮小してしまったのか。他の島嶼化の例では、脳は身体の縮小率ほどには小さくならないのが普通だし、上記のような猿人に近い特徴まで混ざっていることもあって、フローレス原人の祖先として、ジャワ原人ではなく、より古いホモ・ハビリス段階の人類の拡散を想定する意見も出された。もしホモ・ハビリスが祖先なら、脳や身体もそれほど劇的な縮小率を想定する必要はなくなるし、前述のドマニシ遺跡のように、原人よりも古いタイプの人類の脱アフリカを想起させる例がないわけではない。しかし、そうなると、今度はどうして東アジアでは他のどこにもホモ・ハビリスを思わせる化石が見当たらず、このフローレス島にいきなり現れるのか、という疑問が浮上してくる。

二〇一四年、同じフローレス島の中央部、ソア盆地のマタ・メンゲで、こうした疑問への答えになりそうな新たな発見がなされた。フローレス原人よりもさらに小さく原始的な特徴を持つ、七〇万年前の下顎や歯の化石が発見されたのである。この化石にはホモ・ハビリスよりも初期のジャワ原人との強い類似性が見られ、しかも、フローレス原人とも共通するところが多いので、おそらくはその祖先である可能性が高いと言う。ソア盆地からはおよそ一〇〇万年前の石器も見つかっており、つまりはその頃にジャワ島から渡ってきた原人が、遅くとも七〇万年前にはすでに矮小化を遂げ、その子孫がほんの数万年前までこの島で生きていたということらしい。

近年、脳が身体の縮小率以上に小さくなる現象が、マダガスカルのカバやマジョルカ島のヒツジでも起きていることが明らかにされ、少しは島嶼化説の援護射撃にはなったが、それにしても、こんなに小さくなってしまった脳で、一体どの程度の事ができたのだろうか。事実として向き合わねばならないのは、彼らが当初は進歩的で後期旧石器かと見紛われた石器(その後の検討で、技法的には初期原人の古い単純な技法の応用)の製作者であったことである。アフリカでもっと原始的な礫石器を作っていたとされるホモ・ハビリスに較べても、フローレス原人の脳は一回り小さい(ホモ・ハビリスは六〇〇〜七〇〇cc)。また、氷河時代にも海で隔てられていたはずのこの島に(ジャワ島とフローレス島の間には動植物相の地理的境界としてよく知られたウォレス線が走っている)、原人がどうやって渡ってきたのかも謎のままである。これらの化石の研究に携わった海部《かいふ》陽介《ようすけ》は、その紹介記事を以下のような文で結んでいる。「フローレス原人発見の最大の意義は、我々がアジアの人類史をまだほんの少ししか理解していないという事実を再認識させたことにあるかもしれない。」

5　新人の起源を巡る論争

ネアンデルタール人

およそ二〇万年前以降になると、地方型の一つとして、西ヨーロッパを中心に独特の形状をもつ化石グループが現れる。ネアンデルタール人の登場である。長大な頭とよく発達した眼窩上隆起、突き出た顔面に大きな前歯（本章冒頭図版参照）、そして筋肉のよく発達した頑丈な身体を持つ彼らは、死者を埋葬し、精巧な剝片石器を特徴とするムスティエ文化の担い手としていくつかの動物を絶滅に追いやるほどのハンターでもあった。

一八五六年の発見以来、このネアンデルタール人ほど史上さまざまな議論を呼んだ化石人類は他には見当たらないだろう。二〇世紀に入ってようやく化石人類としてその存在が認められるようにはなったが、彼らの進化上の位置づけには異論が絶えず、それどころか、一世紀以上経った現在もなお、ネアンデルタール人を巡る議論はますます過熱して容易に迷路から抜け出せないでいる。

ブールが自説を発表した当時、この研究をバネに勢いを強めた人類進化のモデルは、簡単

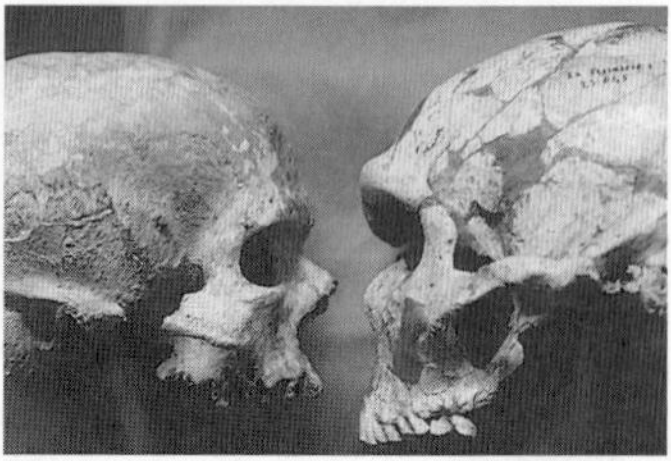

↑図17　クロマニオン人（左）とネアンデルタール人（右）

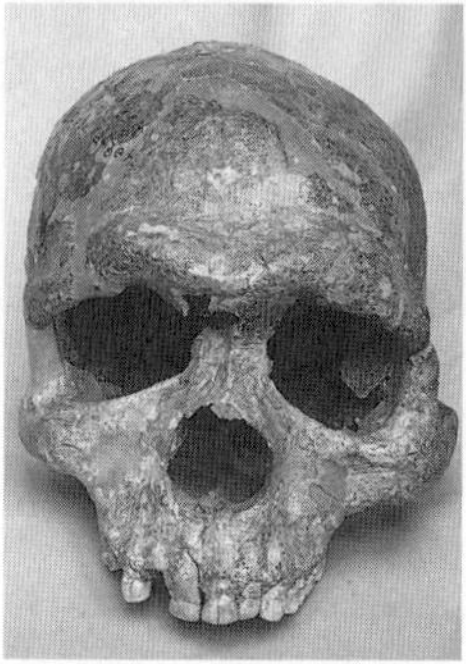

←図18　カフゼー洞窟出土化石（6号）

に言うと、特殊化して進化の袋小路に迷い込んだネアンデルタール人を、より進化して高度の文化を持ったクロマニオン人たちが東方からやってきて滅ぼしてしまう、というものであった。もちろん、現代人の祖先は後から来たクロマニオン人のほうだというのである。いわばネアンデルタール人対クロマニオン人というこの図式は、一九六〇年代から七〇年代にかけて、ネアンデルタール人を原人と新人（現生人類）の間をつなぐ進化途上の人々と位置づけるアメリカのヘルチカやブレイスらとの議論の中で、かなり様変わりをしていった。ブレイスらは、クロマニオン人との間に見られる大きな形態的ギャップも（図17）、石器文化の急激な進歩とそれにともなう生活急変の影響を考慮すれば説明可能だとし、ネアンデルタール人を絶滅種とみなしたがるのは、何か自身とは異なる原始的な化石が出てくると、すぐにそれを自分たちの祖先から除外して真の現生人類はどこか別にいたはずだと考えたがる、古い宗教的悪弊に染まった単なる願望の所産ではないかと批判した。中近東で発見された化石（イスラエルのカフゼー［図18］やスフール洞窟など）が、一時期、両者の中間的な形態を持っていると指摘されたことも手伝って、一九七〇年代まではこうした考えに賛同する研究者も少なくなかった。

多地域進化かイブの子孫による置換か？

しかしその後各地で新しい化石が追加され、年代測定法の急速な進歩もあって、この問題を巡る議論は急速に装いを変えていった。大きな転機になったのは、一九七九年、フランスのサン・セゼール遺跡での発見である。この化石は後期旧石器文化の影響を受けた石器（シャテルペロニアン）をともなっており、時代的にも三万一〇〇〇～三万四〇〇〇年前（近年の再分析では約四万年前）という従来は絶滅したとされていた年代にもかかわらず、形態的には明らかにネアンデルタール人だったのである。当初は少なくとも数千年はあるとされていた両者の時代差はなくなってしまい、形態も時代も古いネアンデルタールから後世のクロマニオンへ、という図式は理論上描きにくくなってしまった。

それに追い打ちをかけるように、以前から揉めていたイスラエルのカフゼー洞窟発見の化石の年代が、九万年前まで遡るという驚くべき結果が発表された。この地域では別にタブーンやアムッド洞窟から明らかにネアンデルタールの特徴を持つ化石も見つかっていたが、このカフゼーについては、ネアンデルタール人と同じ中期旧石器をともなっていたものの顔面の突出の弱さやオトガイの存在など形態的に新しい面を持ち、前述のように一時は旧人から新人への移行を示す証拠とされたこともあった。しかしその後、フランスのバンデルメルシュらによる追加発見もあって、明らかに新人に入れるべき化石であることがはっきりしてきたのだが、ただ年代がよくわからず、当初はネアンデルタール人より新しい三万～四万年前の位置に据えられたりしていた。ところがその化石がいきなり九万年前まで古くなってしまったのである。こうなると西ヨーロッパでネアンデルタール人が姿を消すはるか以前から、少なくとも中近東では新人が数万年にわたってネアンデルタール人と隣り合わせに住んでいたということになる。

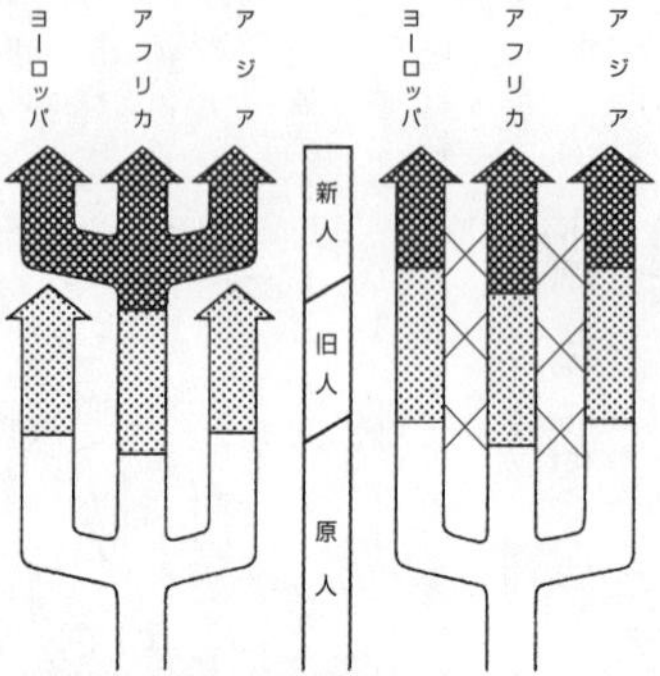

図19　新人アフリカ起源説（左）と多地域進化説（右）（山口敏1992を改変）

こうした研究動向は、ネアンデルタール人の絶滅説ばかりか、現代人のアフリカ起源を主張する声を勢いづかせることとなった。それは、現代人の祖先は各地に分布した原人や旧人たちではなく、アフリカでいち早く進化した新人が新たに十数万年前に中近東を経て世界中に広がり、原人の子孫である土着の人々と入れ替わった、とする考えである（図19）。こうした説が力を得た背景には、じつはもう一つ、遺伝子分析から寄せられた結果があった。遺伝子といってもこの場合は核内のＤＮＡではなく、細胞質にある小器官、ミトコンドリアのＤＮＡ（ｍｔＤＮＡ）で、その塩基配列に見られる変異の数や内容を世界各地の現代人やさらに類人猿まで含めて分析した結果、すべての現代人は一四万〜二九万年ぐらい前にアフリカに住んでいた女性を起源とする、という結論に達したのである。アメリカのアラン・ウィルソンとレベッカ・キャンによる、この「イブ仮説」とも言われる大胆なモデルは、一九八七年に発表されるや多くの研究者たちの注目を浴び、世界中の研究者を巻き込んだ激しい論争へと発展していった。

ウィルソンらが用いたミトコンドリアというのは、細胞のエネルギーを生産する発電所のようなもので、核の遺伝子とは別に独自の遺伝子を持っている。約一万六五〇〇個の塩基対からなり、核ＤＮＡ（約三〇億塩基対）に較べてずっと小さくて分析しやすい上に、一個の細胞に数百個もあるので、たとえば古人骨のように保存がむずかしい場合でも、一揃いしかない核ＤＮＡよりは分析可能な形で残っている確率がはるかに高い。また、核ＤＮＡは世代交代の度に両親のＤＮＡが複雑に混ざり合うが、精子のミトコンドリアは受精時に卵細胞内に入らないため、母親由来のＤＮＡのみが子孫へと伝えられることになり（母系遺伝）、祖先をたどるときにモデルを単純化できるという利点もある。

ｍｔＤＮＡの持つこうした特性を利用して、ウィルソンらは広く世界各地の現代人を調べていった結果、前述のようにすべての現代人の起源はおよそ二〇万年ぐらい前のアフリカ人女性に行き着くこと、そしてその後、アフリカ生まれの新人が新たに脱アフリカをして各地で置換現象を起こした、と主張したのである。この説に従えば、たとえばこれまで問題にしてきたヨーロッパのネアンデルタール人問題はもちろん、アジアでも北京原人やジャワ原人は我々の直接の祖先ではない、ということになる。

多地域進化説——ウォルポフの反論

本当にそんなことが実際に起きたのだろうか。こうした新人アフリカ起源説を頑強に否定しているのは、先に紹介したブレイスの弟子であるアメリカ・ミシガン大学のウォルポフら多地域進化説の信奉者たちである。

ウォルポフらは、人類のアフリカ起源には異論がないものの、その脱アフリカの時期はずっと古い一〇〇万年以上前の原人の時代であり、各地に分散した彼らがそれぞれの環境に適応し、地域色を強めながら現生人類へと進化してきたのだと主張する。たとえばこれまで新人アフリカ起源説の根拠とされてきた南アフリカのボーダー洞窟やクラシーズ河口などの化石資料（九万～一一万年前とされ、新人的特徴を持つ）は、いずれも出土地層が不明確だったり断片的なものばかりで、これといって決め手になる証拠がない。また、もしアフリカ起源の新人が世界中に広がったのなら、各地でその時代を境に形態的にも文化的にも急変して、以前のものと断絶が生じ、化石や文化にアフリカ色が見られ始めるはずである。しかし、現実にそうした証拠はなく、むしろ逆に過去のものとの連続性が各地で示されており、とりわけ東アジアでは、ジャワ原人からソロ人、そして新人のワジャク人へと連続する流れが見て取れる。中国でも、シャベル状切歯のような現代の東アジア人にもつながるさまざまな特徴が北京原人以降連綿と受け継がれてきており、文化的要素も含めて、何らかの新来の要素によって断絶したような痕跡は見あたらない。各地でほぼ一斉に新人へと進化したようにみえるのは、人類集団が互いに隔離されることが少なく、広く移動、拡散を繰り返して交雑し、遺伝子を交換し合ってきたからであり、加えて他の動物にはない文化という急速に伝播し得る媒体を通した交流とその身体への影響が加味されて起きた結果であろう。これが彼らの主張の骨子である。

迷走する現代人起源論争

果たしてどちらが真実に近いのだろうか。われわれ現代人の祖先をたどっていけば結局アフリカに行き着くことについてはどちらも異論があるわけではない。問題は、その祖先たるべきアフリカ人というのは、つい数万年前の、あるいはせいぜい一〇万年余り前のアフリカ人なのか、それともはるか二〇〇万年近くも前に脱アフリカを成し遂げて世界各地に拡散した人類なのか、さらに言えば、われわれと同じ進化レベルに達した新人が最初に生まれたのはアフリカなのか、その彼らが新たな脱アフリカを成し遂げて世界各地で置換現象を起こしたのか否か、ということである。

「イブ仮説」の発表後、その分析について統計的な不備やデータ不足を指摘する声も寄せられたが、しかしその後、核DNAを使った研究などでも、同様に現代人の起源の新しさとアフリカからの拡散を示唆する結果が寄せられ、ウィルソンらの考え自体はむしろ補強を重ねていった。とりわけ、一九九七年に「セル」という科学誌に発表された論文は世界の研究者たちを驚かせた。それは一八五六年に発見されたあのネアンデルタール人化石から直接mtDNAを抽出し、四〇〇塩基近い長さにわたってその配列を決定することに成功したというのである。誰しもこの問題の解決にはネアンデルタール人の遺伝子を直接分析するのが早道だとはわかっていた。しかし、それまでアメリカや日本などで数千年前のミイラや骨から遺伝子を取り出した結果は報告されていたものの、ネアンデルタール人のような古い化石の遺伝子分析はほとんど不可能だろうと思われていた。ところがドイツやアメリカの研究者達は、この予断を見事にひっくり返して見せたのである。

彼らの分析によると、通常、現代人の間ではmtDNAの塩基配列に平均八個の違いが見られるが、しかしネアンデルタール人と現代人の間ではその三倍の二四個も違っており、おそらく六〇万年かそれ以上前に両者の系統は分岐していただろうというものであった。これだけ古く分岐していたのでは、たしかに数万年前にネアンデルタール人から新人へと進化したというような図式はとても描けそうにない。その後この分析結果は、ロシアのメッツマイスカーヤやクロアチアのヴィンディヤなど、各地の化石で繰り返し裏づけられた。そして二〇〇三年には、さらにクロマニオンと同時代の新人化石のｍｔＤＮＡ分析にも成功して、改めてネアンデルタール人との遺伝的距離が確認された。

これだけではない。今度は遺伝子ではなく化石のほうでも新たな証拠発見を伝える論文が二〇〇三年の「ネイチャー」誌を飾った。アフリカのエチオピア、ミドルアワシュで一六万年前に遡る、ほぼ完全な頭骨が出土したというのだ。脳容量は現代人並の一四五〇cc、まだ少し原始的な特徴も残していて新人化石といえるほどではないが、ネアンデルタール人的な特徴は見られず、形態的にも時代的にも従来の空白を埋める資料だという。この発見によって、ネアンデルタール人がユーラシアから消えるはるか以前から、アフリカではいち早く新人への進化をとげつつあったことが裏づけられた、というのが発見者ホワイトらの見解である。

一方ではしかし、アジアで最も化石のそろっている中国の研究者たちは、各時代の化石には現代人まで繋がる形態的な連続性が見られることを繰り返し指摘している。東南アジアでも、ジャワ原人から約一万年余り前のオーストラリア・カウスワンプ出土化石に至る連続的な変化が繰り返し強調され、多地域進化説の有力な拠り所となってきた。しかし二〇〇三年、このアジアでも、国立科学博物館の馬場悠男らによってジャワのサンブングマチャン出土頭蓋化石の分析から形態的な連続性を否定する見解が寄せられるなど、議論の全体を見渡してみると、新人アフリカ起源説の圧倒的な攻勢の前に、やはりウォルポフらの劣勢は否めない。

学説の大きな転換期には、多くの情報がなだれを打って一方向に収斂するような現象が起きる。しかし時間を隔てて冷静に振り返ってみると、かなりの行き過ぎや誤り、単なる調子合わせなどが混じっていることも少なくない。この場合はどうだろうか。これでこの問題は決着したということになるのだろうか。ネアンデルタール人についてだけいえば、あるいはそうかも知れない。この状況下で彼らをクロマニオン人の祖先に据えれば、やはり不合理と言われても仕方がないだろう。結局、ネアンデルタール人とは、西ヨーロッパの寒冷地帯において原人段階から徐々に特殊化を強め、いわば進化の脇道に迷い込んだ人々だったということなのだろうか。

置換？　どうやって？

ウォルポフらが当初から指摘し、その後もなお解答がみえてこない疑問点の一つは、もし本当にアフリカ起源の新人が世界各地で土着集団と置換、もしくはそれに近いことを起こしたとすると、それを可能にしたのは何だったのかということである。確かにこれに近い現象は過去数世紀の間にアメリカやオーストラリア大陸で起きてはいるが、それは圧倒的な武器や生活文化全般にわたる大きな差、それに新たに持ち込んだ疫病などが総合的に作用した結果である。中南米ではそれでも結局、置換現象は起きず、土着集団との濃密な混血が起きて現在にいたっている。更新世末期に起きたとされる置換劇には、もちろんこうした近世紀の要因をそのまま当てはめるわけにはいかない。それでも置換に近い現象が本当に起きたのなら、アフリカ起源の新人集団には、土着集団を圧倒する何らかの身体的、文化的な優位性がなければならないだろうが、しかしそれを証明するデータは今も見当たらない。

たとえばアフリカ、旧ザイールのカタンガで九万年前に遡る骨製銛《もり》や精巧なナイフ類の存在が報告され、また南アフリカのクラシーズ河口洞窟やピナクルポイントでもそれに近い年代の地層から、ユーラシアではせいぜい二万〜三万年前にしか出現しない細石器包含層が検出されている。しかしこれらがもし、その製作者集団の拡散に有力な文化要素になったのなら、まずはそれ以後のアフリカ各地に伝播、普及したはずだろう。しかし現実にはそうした現象は確認できないし、アフリカの出口、中近東発見の新人化石であるカフゼーやスフール人の石器文化が、ネアンデルタール人と同じ中期旧石器文化のそれであるという事実も、アフリカ起源の何らかの革新的な文化要素の関与を否定している。

あるいは、文化ではなく、身体のほうに何か変化が起きたのだろうか。その可能性の一つとして、言語機能の革新を挙げる声があるが、確かにもし言語能力に格差があれば、あらゆる側面に大きな影響力をおよぼしたはずで、これが置換現象の遠因になったとしても不思議ではない。この点について、一時はネアンデルタール人の頭蓋底が平坦であることから我々と違ってその声帯が喉のかなり上に位置した可能性が高く、言語能力が未成熟であったろうという指摘もあった。しかしその後、ケバラ洞窟から、言語発声に必須である舌の動きと直結した舌骨が出土し、現代人と変わらぬ形態を持つことが明らかにされた。舌骨の形が同じだからといって、それが同等の言語能力を証明するわけではないにしても、もし舌の動きが微妙に異なれば舌骨形態にも変化が現れる可能性は否定できず（現にチンパンジーや猿人の舌骨はかなり違う）、議論はまた仕切り直しを余儀なくされている。

残された疑問

言語の問題はともかくも、西ヨーロッパのネアンデルタール人とクロマニオン人を比較する限りでは、その生活能力、行動パターンに違いがあったことは事実だろう。ネアンデルタール人が一〇万年以上もの長いあいだ同じ石器を使い続けたのに対し、クロマニオン人の後期旧石器時代に入ると洞窟壁画や装飾品などが急増する一方、石器製作技術も一段と高度化、多様化をとげてその変化を一気に加速し始める。また、石器素材の移動距離をみてもネアンデルタール人が狭い限られた範囲でかなり閉鎖的な生活を続けていたのに対し、クロマニオン人は他地域の集団との接触、交流を強めたらしく、時には数百キロにおよぶ交易も実現したとされている。その背後には、たしかに我々と同じ知性、感性をもった人類の存在を想起させるが、しかし今問題にしているのは、そうした後期旧石器時代の開始よりもずっと以前にアフリカから拡散し始め、その出口である中近東ではネアンデルタール人の隣人として数万年にわたって古い生活用具を使い続けたような人々が、世界各地でどのような形で土着集団を圧倒し、入れ替わったのかということである。そもそも、彼らはなぜアフリカから出て、このような空前の拡散現象を起こしたのだろうか。

そうした疑問への一つの説明として、先のカフゼーなどの新人は脱アフリカに失敗していったん絶滅したグループで、後に新しい石器文化（アフリカの後期石器文化、いわゆるＬＳＡ）を開花させた人々が、これを武器に改めて脱アフリカと各地での置換現象を起こしたとする考えも出されている。さらには、脱アフリカのルートも、シナイ半島経由ではなく、紅海の南端、現在のジブチからイエメンに渡るルートを挙げる意見も出始めた。確かにそうしたことが本当なら、中東のカフゼーなどの新人が古い石器を使っていた事実の説明に少しは好都合かも知れないが、なにやら一方的なつじつま合わせが進行しているような気もして釈然としない。

蘇ったネアンデルタール人

あるいは、新人のアフリカ起源と各地での置換現象を主張する遺伝子分析に問題はないのだろうか。母系遺伝するｍｔＤＮＡや男性だけが持つＹ染色体の遺伝子分析では、ほぼ地球全体を住み処とするわれわれ現代人の遺伝的多様性は、人類と同じ共通祖先を持ちながら今やアフリカの一部にしか残っていないチンパンジーに較べてもはるかに小さい。遺伝子の変異は時間の経過と共に蓄積されていくものなので、こうした変異の少なさから考えれば、アフリカから拡散し始めたのはせいぜい一〇万年前かそれより後のことに過ぎないと言う。

また、もう一つのユーラシア各地での置換現象についても、それを理論づける遺伝子分析の結果というのは、要するに、もしアフリカ起源の新人と土着集団との混血が起きれば、一〇〇万年以上前の原人段階から土着集団の中に徐々に溜め込まれてきた遺伝的変異が混血した子孫にも伝えられるはずなのに、現代人の遺伝子にはそんな痕跡は見られず、非常に均一で起源の浅いことを示しているからだという。ここで気になるのは、人類の誕生以来ずっと遺伝的に連続しているはずの現代アフリカ人ですら、その変異の程度は同じアフリカに住み続けたチンパンジーに較べてはるかに小さい点である。本来なら人類と最後に分岐したチンパンジーとは同程度かそれに近い変異があって当然なのにである。

この点については、チンパンジーのように安定した熱帯雨林ではなく多様な環境下に住み始めた人類にはボトルネック（ビンの首効果）と呼ばれる遺伝的変異を一気に減らすような現象が起きたためではないかという意見がある。しかし、もしそうしたことがアフリカで想定できるのなら、はるかに多様で厳しい環境下にあるユーラシアに踏み出していった原人やその子孫たちにはもっと頻繁にボトルネックがかかったと考えても不自然ではあるまい。当然、その都度、彼らの遺伝的多様性は失われ、それが現代人の起源を実際より浅く見積もらせる要因になってはいないのだろうか。

二〇一〇年、こうした議論を一気に霧散させる新たな遺伝子分析の結果が発表された。先に紹介した、ｍｔＤＮＡの分析によってネアンデルタール人を現代人から遠く隔てて絶滅種としたスバンテ・ペーボ率いるドイツのマックス・プランク研究所のチームが、今度は同じネアンデルタール人化石から核ＤＮＡを抽出し、その分析に初めて成功したというのだ。その結果はペーボらが一〇年余り前に公表した結果を自ら覆すものであった。つまり、ネアンデルタール人はアフリカ起源の新人と交雑して、その遺伝子を現代人のなかに残している（約二パーセント程度）というのである。

ほぼ同じ頃、二〇〇八年にアルタイ山中で見つかったデニソワ人化石（約四万年前の子供の小指）の核ＤＮＡ分析の結果も発表され、その固有の遺伝子もまた現代人（メラネシアや中国南部の人）のなかに混入していることがわかった。さらに二〇一五年には同遺跡出土の別個体の歯もＤＮＡ分析に附され、この地で少なくとも数万年にわたって「デニソワ人」が暮らしていたこと、同時期にはユーラシアを舞台にネアンデルタールや現生人類も共存していて、互いに交雑していたような状況まで描き出された。つまり、これまでに見つかっている数万年前の異なった特徴を持つ各人類集団はいずれも遺伝子交換が可能な仲間だったというわけである。つい最近までｍｔＤＮＡ分析の結果を柱にして描かれていた世界とはなんという変わりようだろうか。

二〇一六年には約四三万年前に遡るスペインの化石（アタプエルカ、シマ・デ・ロス・ウエソス）でも核ＤＮＡ分析が成功しており、今後も分析技術の発展によって従来のｍｔＤＮＡ分析ではみえなかった事実が次々と明らかになっていくだろう。それは、現時点ですでに使えなくなってしまった進化モデル（前掲図19）をどのように変えていくことになるのだろうか。二〇一五年には中国南部の福岩洞窟から一二万〜八万年前の明らかに現代人の特徴をもつ歯が多数発見され、これまで五万年前とか三万年前といった数値まで飛び交っていた脱アフリカの時期を一気にまた遠くへ遡らせそうな雲行きになっている。カフゼーなどを最初の失敗した脱アフリカの事例だとしていたクリス・ストリンガーなども、この新発見には困惑を隠せず、自説の見直しをほのめかしているが、さらにその動きを後押しするかのように、二〇一八年には、イスラエル・ミスリヤ洞窟出土の現生人類の顎化石が、約一八万五〇〇〇年前に遡るという分析結果も発表された。

そして、二〇一八年の春には、スペイン北部のラパシエガ洞窟の壁画が六万四八〇〇年以上前のもの、つまり、これまで言われていたようなホモ・サピエンスの作ではなく、ネアンデルタール人が描いたものだとする発表が世界を騒がせた。しかも、その壁画には抽象的な考えを具体的な図形などで表現する「象徴表現」の可能性すら指摘され、われわれ新人しか持たないとされてきた認知能力の発現まで遡らせそうな動きになっている。もしそうした解釈が正しければ、ネアンデルタールを圧倒したとされる新人の優位性がまた一つ消えることになろう。

脱アフリカの時期やその経路、要因などについては今なお活発な議論が続けられているが、現代人の起源をアフリカに求め、その大拡散を想定したアフリカ単一起源説は、今や定説のように取り扱われ、流布している。しかし、この問題を決着済みとするのはまだ時期尚早であろう。上記のようなさまざまな疑問が残されたままであり、その最終的な解決には何よりもユーラシア各地での二〇万～数万年前の化石資料を充実させることが不可欠である。果たしてアフリカ単一起源説の予測するような形態や遺伝子上の変化、不連続性などが確認できるのかどうか。新人が本当にアフリカ起源かどうかも、各地における旧人から新人への時代変化の様相を比較して初めて実証できるはずのものである。この二〇万年ほどの間に、アフリカからユーラシア全域にわたる広大な地域を舞台としていったい何が起きたのか、次々と微妙に変化する、時には大きく異なった結果を紡ぎ出す遺伝子分析の発展を目の当たりにする限り、まだ当分は識者の頭を悩ませる状況が続きそうだ。

第三章　アジアへ、そして日本列島へ

1　東アジアの更新世人類

アジアへ、そして日本列島へ

現在、世界の総人口の過半が住むアジアは、人類の進化史において第二の故郷とも言われる地域である。領域の広さもさることながら、ジャングルの広がる熱帯域から酷寒のツンドラ地帯、広大な砂漠や空気も希薄な高山域、さらには大海に浮かぶ無数の島々に至るまでその自然環境はきわめて多様であり、人類もまたそうした環境下でさまざまな特徴を持つ人々へと進化していった。そして永い更新世の間、極東の洋上で次第にその形を浮かび上がらせてきた日本列島にも、や

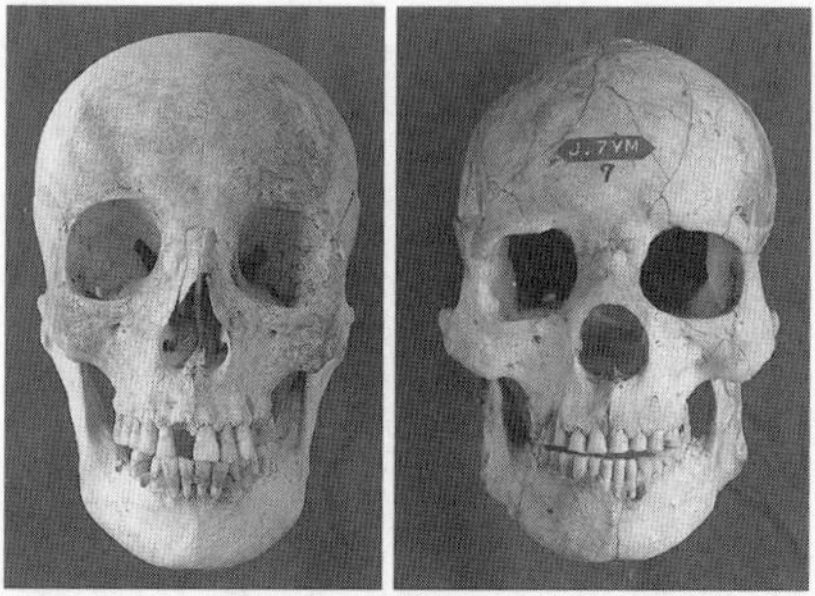

隈・西小田遺跡弥生人（左）と山鹿貝塚縄文人（右）

がて人類が足を踏み入れ始める。

ドマニシにおける相次ぐ発見は、このアジアへの人類拡散が従来の推測を大きく越えて遅くとも二〇〇万年近く前まで遡る可能性を示した。まだハンド・アックスを知らず、粗雑な礫石器に頼るしかなかったはずのその頃の人類が、黒海とカスピ海にはさまれたジョージアにすでに一八〇万年前に到達していたのなら、日本列島の位置する東アジアの温帯域にも、それに近い時代に拡散してきたと考えても不合理ではあるまい。

そうした推測を後押しする研究結果が、二〇一三年、「ネイチャー」誌上で報告された。北京の西方およそ一五〇キロにある泥河湾盆地（上砂嘴［Shangshazui］遺跡）の石器包含層の年代が、高分解能古地磁気層序法による検討によって約一七〇万～一六〇万年前に遡ることが明らかになったのだと言う。この地では一九七二年からオルドワン型（アフリカのオルドヴァイ峡谷で最初に発見された原始的な石器タイプ、ホモ・ハビリスなどが使用）を思わせる粗雑な石器が大量に発見され、その年代が注目されていたのだった。しかしこれだけではない。二〇一八年、今度は陝西省の上陳（Schangchen）遺跡で、中国とイギリスの共同チームによってさらに古い二一〇万年前の石器包含層の存在が明らかにされた。ドマニシより三〇万年も遡る時代にすでに東アジアまで人類が拡散していたというのである。この両調査に用いられた古地磁気を利用した年代推定は、これまで研究者間の食い違いによって議論になることもあったので、今後のさらなる検討が望まれるが、もしこれらの年代値に大きなくるいがなければ、近在の藍田原人（約一六〇万年前）はもとより、以前から古すぎるとして物議を醸していた中国南部、雲南省発見の元謀《げんぼう》原人の年代（約一七〇万年前）も、大いに蓋然性をもって再浮上することになろう。

当然、こうした状況は、日本列島への人類の流入、つまりは最古の日本列島人の追求にも大きく関わってくる。いつ頃、どのルートでどんな人類が初めて日本の地を踏んだのか、その探索の有力な手がかりになるべき前期旧石器は、二〇〇〇年秋の捏造発覚によってすべて吹き飛んでしまった。その後、たとえば岩手県の金取《かなどり》遺跡（八万～九万年前）や、島根県出雲市の砂原《すなばら》遺跡（約一二万年前）で中～前期旧石器の発見が報じられたが、まだ異論もあって宙に浮いたままである。ただ、古生物学の河村善也《かわむらよしなり》によれば、日本各地で見つかっているナウマンゾウなどは、おそらく四〇万年余り前の原人の時代に、現在の朝鮮半島や東シナ海経由で流入した可能性が強いという。さらには約五〇万年前にトウヨウゾウが、一〇〇万～一二〇万年前にはシガゾウの流入も確認されており、いずれもその頃に大陸と日本列島が陸橋で繋がっていたことを示唆している。

人類化石も、北京よりさらに日本に近い遼寧省で約二〇万～三〇万年前の金牛山人《きんぎゅうざんじん》が発見されており、お隣の朝鮮半島でも四〇万～六〇万年前に遡る石器の他、実際に平壌市の力浦遺跡で旧人段階ではあるが七～八歳くらいの小児化石の発見が報じられている。流入ルートをここだけに限定する訳にはいかないだろうが、さまざまな動物たちとともに、そうした大陸の前期～中期旧石器時代人の一部が、日本列島にも流れ込んでいたとしても何ら不自然ではない。むしろ、もしこの状況下で当時の日本列島だけが無人であったなら、逆にその理由を説明する必要が出てこよう。原人化石はもとより、まだ確たる前期旧石器すら発見されていない現状では、こうした推測ははなはだ現実味に乏しい絵空事と言われても仕方がないが、いつか近い将来、石器や動物化石だけではなく、人類化石そのものが発見されることは決して夢物語ではない。

後期旧石器時代の日本列島人

激しい寒暖変化を繰り返しながら二〇〇万年以上も続いた更新世が終焉を迎えようとする頃、今からおおよそ一万八〇〇〇～二万年前、ヴュルム氷河期最後の最も寒冷な気候が地球を覆っていた。海水面は現在に較べて一〇〇～一三〇メートルも下がり、大陸棚のかなりの部分が干上がって多くの島が陸続きになっていた。東南アジアにはスマトラ、ジャワ、ボルネオが一帯となった広大なスンダランドが出現し、オーストラリア大陸もニューギニアとつながってサフルランドと呼ばれる大陸になっていた。

日本周辺も例外ではない。北では間宮海峡（タタール海峡）が完全な陸橋となってシベリアと樺太をつなぎ、オホーツク海峡まで陸化して北海道とも一帯になっていた。南でも東シナ海のかなりの部分が干上がり、日本の本州、四国、九州はほぼひと続きの陸地になっていたが、ただこの時期、水深が一三〇メートル以上ある朝鮮海峡や津軽海峡では、陸地化せずに狭いながら海峡でへだてられていたと考えられている。その結果、たとえば前出の河村善也らによる動物化石の研究によると、北海道と琉球列島を除く日本列島内の当時の動物は温帯域の固有種が多く、大陸やシベリアの動物相とはかなり異なっていたようだ。一部に大陸に共通するステップバイソンやオオツノシカ、オーロックスなどの化石も日本から出土しているが、当時の大陸やシベリアの「マンモス動物群」に最も典型的なプリミゲニウスゾウ（いわゆるマンモス）やケサイなどは北海道以外では発見されておらず、この最寒冷期に大陸から渡ってきたと言えそうな種類もほとんど見あたらないのだと言う。

陸橋の有無は、少なくとも動物の移動には大きな影響を与えたようだが、ヒトはどうだったのだろうか。後述の旧石器の動きが示唆しているように、永い更新世が終わりに近づいたこの頃、ようやく日本列島でも人類化石が発見されるようになる。とは言っても、本土域では化石年代の見直し作業が進むにつれ、次々とリストから抜け落ちるものが出てきてかなりお寒い状況になってしまった。前述の明石原人はもとより、東海地方の三ケ日《みっび》人骨は縄文時代のものと判明したし、かつては化石リストの筆頭にわが国唯一の旧人段階のものとして掲げられていた愛知県の牛川人《うしかわじん》も、動物骨ではないかとの疑義が出されて姿を消しつつある。

さらには一九六二年に日本で唯一、旧石器をともなって出土した大分県の聖岳人《ひじりだけじん》についても、一九九九年の再発掘によってその年代や形態に関する疑問が噴出してしまった。当初、

名　称	発見年	場　所	時　代	遺存部位
浜北人	1961 ～ 62	静岡県	更新世後期	頭骨、鎖骨、上腕骨、腸骨、脛骨
港川人	1968	沖縄県	更新世後期（約1.8万年前）	5 ～ 9体分、うち1体はほぼ全身骨
カタ原洞人	1962	沖縄県	更新世後期	頭骨
大山洞人	1964	沖縄県	更新世後期	下顎骨
桃原洞人	1966	沖縄県	更新世後期	頭骨
山下町洞人	1968 ～ 69	沖縄県	更新世後期（約3.2万年前）	7歳児の大腿骨、脛骨
ピンザアブ人	1979 ～ 83	沖縄県	更新世後期	頭骨他
下地原洞人	1983	沖縄県	更新世後期	幼児の全身骨
白保竿根田原洞穴人	2007 ～ 16	沖縄県	更新世後期（約2.7万～1.5万年前）	19体分以上、うち4号人骨はほぼ全身骨

表1　日本の人類化石

この後頭部の破片は中国の山頂洞人との類似性が指摘され、しかもその生活用具も一緒に出土したことから、日本の旧石器時代における大陸との関係を探るための貴重な資料とされてきた。しかし、追加資料の発見を期して実施された再調査は、思いも寄らぬ皮肉な結果を招いてしまった。この再調査によって、断片的ながら新たにかなりの人骨片が出土したのだが、しかし洞窟内は予想以上に堆積の乱れが激しく、炭素年代測定法がはじき出した人骨の年代は、いずれも中世から近世を指し示していた。さらには過去の調査で発見された後頭部の破片についても、馬場悠男らの再検討によって形態的には山頂洞人などとの類似性は弱く、ずっと後世の近世人であってもおかしくはないという報告がなされた。

あるいはこれも東北の石器捏造事件の余波

なのだろうか。こうした状況を受けて一部の週刊誌が以前の調査に対する捏造疑惑を報道したため、その発掘当事者であった賀川光夫《かがわみつお》別府大学名誉教授が身の潔白を訴える遺書を残して自殺するという事態を招いてしまった。研究の進展にともなって過去の仕事の誤りが指摘されるのは、ある意味で研究者の宿命のようなものであろう。しかし、捏造ということになると、まるで意味が違ってしまう。誤りをバネに飛躍した研究者は多いだろうが、捏造疑惑はそれまで積み上げてきた過去の業績まで一切合財を葬り去り、研究者生命はもとよりその人物の全否定にまでつながりかねない。この問題はその後、遺族によって名誉毀損の訴えがなされ、結局二〇〇四年の夏、週刊誌側の敗訴が確定した。生前、同氏は骨の一部を削ってでも炭素年代測定法を始めとする理化学的な手法による年代の確認を願っていたという。裁判の結果はともかく、その遺志を継いで学問的な意味でも明確な答えを出すことは残されたものの責務である。

琉球列島の更新世人類——港川人

ともあれ、こうした近年の再検討の結果、本土域でたしかな旧石器時代の化石として残されたのは、わずかに東海地方の浜北《はまきた》人骨だけになってしまった。しかしこれも残念ながら小さな断片でしかなく、詳しい特徴は知るべくもない。一方、このような本土域とは対照的に、南の琉球列島ではかなり保存良好な化石が各地で発見されている。特に沖縄本島の港川《みなとがわ》と、さらに南の石垣島・白保《しらほ》竿根《さおね》田《た》原《ばる》洞穴《どうけつ》からはほぼ完全な全身骨格を含む多数の更新世人類化石が発見された。

沖縄本島南端の港川採石場で、一九六八年、大山盛保《おおやませいほ》はほぼ完全な全身骨格を含む五〜九体分の人骨を発見した。世界の化石発見者の多くがそうであるように、大山氏もアマチュアの研究者である。自宅の庭石に動物化石が混じっていることに気づいた同氏は、その石が掘り出された港川に熱心に通い続けてこの大発見に至ったのだという。

約一万八〇〇〇年前のものとされる港川人は、やや寸詰まりで彫りの深い顔立ちをした、ひどく背の低い人たちであった。最も保存の良い一号男性（図20）の顔を見ると、頬骨が強く横に張り出した低・広顔傾向の強い輪郭がまず目につく。眼球の入る眼窩の形も同様に低く幅広で、その間の鼻根部は強く落ち込み、しかも鼻筋が通っているので、かなり立体的な顔立ちになっている。また、額が狭いが、それはこの部分に付着する側頭筋《そくとうきん》（咀嚼筋《そしやくきん》の一つで下顎をつり上げるように働く）の発達の良さと関係しており、頬骨が強く横に張り出すのも強大な側頭筋がその内側を通るためである。つまり、顎をかなり酷使したらしく、歯もそのほと

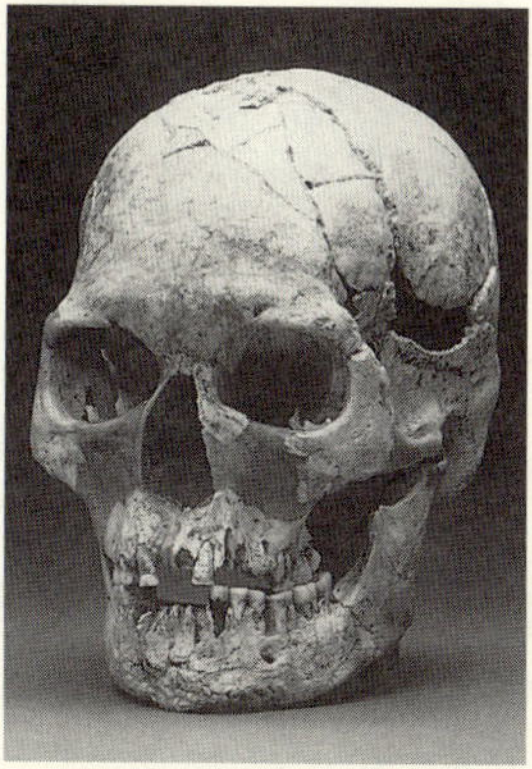
図20　港川人（馬場悠男氏提供）

んどが根元近くまですり減っていた。一方、脳を包む骨は現代人のほぼ二倍も厚く、中身の脳容積は一三九〇ccとやや小さくなっている。そして、推定身長は男性の平均でも一五三センチメートル、女性では一四四センチメートル程度しかなく、非常に低い。

港川人を最初に研究した鈴木尚《すずきひさし》は、こうした特徴が程度の差はあれおおむね後世の縄文人と共通していることに注目し、港川人のような化石人類が縄文人の祖先であろうと考えた。そして、同じような低・広顔、低身長を特徴とする中国南部の柳江人《りゅうこうじん》との類似性から、おそらく大陸南部を源とするグループが、氷河時代の陸橋づたいに日本列島へと流入したのではないかと推察した。しかしその後、新たに港川人をアジア各地の化石と比較した馬場は、大陸南部というよりは、更新世後半の大陸沿岸部や離島に分布していた人々との関係を重要視した考えを公表した。たとえば港川人の四肢骨には、鎖骨が短く、大腿骨の柱状性、脛骨の扁平性が弱いこと、あるいは前腕や下腿が相対的に短い点など、柳江人を始めとする大陸の同時代人や縄文人とは大きく異なった特徴がみられる。また頭蓋でも、港川人はその低・広顔性では柳江人との共通点も示すが、額の狭い点やラグビーボール状の頭の形など、全体的にはむしろジャワのワジャク人のほうに近い。馬場はこうした比較結果から、かつて更新世末期の太平洋沿岸部や島嶼部には、大陸内部と違ってより古い形態を留めた初原モンゴロイドとでも呼ぶべき人々が互いに交流しながら分布していたと想定し、当時の日本列島の住民も、そうした東南アジアを含む太平洋沿岸部の人々との繋がりで考えるべきではないか、と述べている。

　日本列島の初期住民の源郷をアジア南部に求める考えは、アメリカの人類学者ターナーによる歯の研究からも導き出されている。彼は東アジアの人々の歯が、大きく南方系のスンダ型歯列（スンダドント：咬頭《こうとう》や歯根の形態が比較的単純で、上顎切歯のシャベル形成が弱い）と北方系の中国型歯列（シノドント：形態がやや複雑で、明瞭なシャベル型切歯を持つ）とに分けられることを示し、港川人や縄文人はスンダドントの系統に分類できるとして、おそらく三万年前ごろから、海水面の低下によって陸化した大陸棚や島づたいにスンダ大陸から沖縄へ、さらには日本本土まで拡がったのが港川人や縄文人であろうと主張した。

　ところが近年、この港川人を巡ってまた新たな展開が見られた。港川一号の下顎には破片の接合時に歪みが生じていることを突き止めた海部陽介や河野《こうの》礼子《れいこ》らは、まずＣＴスキャンによって三次元デジタルデータ化し、それをもとにコンピュータ上で正確な復元を実現した。もちろん実物の下顎を修正できればそれに越したことはないのだが、骨が非常に脆く、固着した接着剤を外したりしていると壊してしまう危険性が高かった。しかしコンピュータ上での復元なら、歪みや接着時のずれの修正だけではなく、たとえば後述の白保人骨のように、顔が半分欠けている場合でも画面上で現存部を反転して原形に近い形に復元することも可能である（図22、一三五頁）。

　さて、こうして得た正確な復元像を基にした再分析は、改めて悩ましい疑問を呼び起こす結果となった。下顎形態でみる限り港川人はオーストラリア先住民やニューギニア人に類似する一方、縄文人とは明確な違いのあることが浮かび上がってきたのである。同じような縄文人とのへだたりを示す研究は、眉間部の膨らみを高解像度レーザースキャンで三次元的に比較した結果でも出されており、従来のような港川人を縄文人の祖先に据える考えに見直しを迫る動きとなっている。この種の系統問題には遺伝子情報が有効だが、残念ながら港川人骨にはDNAを含む有機質がほとんど残っておらず、せっかくの新手法も今のところ威力を発揮できそうにない。それどころか、じつは港川人には以前からやっかいな疑問がつきまとっていた。本当に更新世人類なのかどうか、という疑問である。骨にコラーゲンなどの有機質が残っていないため、DNAどころか、炭素年代測定法も使えず、やむなく化石の周辺から出たという木炭片などを使って一万八〇〇〇年前という数値をはじき出していた。しかし、発見時の記録が不十分だったため、それが骨の年代と合致するかどうか疑う意見が根強く、それに加えて沖縄では旧石器が未発見だという事実が地元の考古学者のさらなる不審を誘っていたのである。確かに、アルディのようなまだ石器が発明されていなかった時代の猿人ならいざ知らず、更新世末期の段階でこの必須の生活用具を持たないということになると、不自然な感は否めない。

サキタリ洞と白保竿根田原洞穴

こうした疑問を払拭する朗報が、沖縄本島南部の港川にも近いサキタリ洞からもたらされた。一万四〇〇〇年前の石英製の石器（図21）が人骨片と共に発見されたのである。石英は石器か否かの判定が難しい素材だが、沖縄では島の中北部にしか産出せず、それがこの洞窟で発見されたこと自体、人が持ち込んだ物であることを示しており、さらに発掘者の山崎真

図21　サキタリ洞出土の旧石器（上、1.4万年前）、貝器（中、2万年前）、貝製釣り針（下、2.3万年前）（沖縄県立博物館・美術館提供）

治らは石英片を用いた実験を繰り返して、出土した石英片にも打撃を加えた加工痕が見られることを明らかにした。二〇〇九年から沖縄県立博物館・美術館の調査チームによって始められたこのサキタリ洞での発掘では、他にも沖縄最古の九〇〇〇年前に遡る土器や埋葬人骨、二〇一四年には約二万年前の貝製道具（貝器）やツノガイ製ビーズなどの装飾品、さらに二〇一六年には約二万三〇〇〇年前の、世界でも最古と目される貝製釣り針と三万年前まで遡る幼児骨など、次々と重要な発見が続いている。旧石器時代の沖縄では豊かな貝資源を活用した生活が営まれていたようで、長く旧石器が未発見だったのもこうした南海特有の生活文化のなせるわざだったのかもしれない。

　サキタリ洞での発見に並行して、さらに南の先島諸島・石垣島で待望の所属時代が明確な人類化石が発見された。新石垣空港の建設が進む中で危うく消滅しそうになっていた洞穴（白保竿根田原洞穴）に貴重な人類化石が埋まっていることを明らかにしたのは、沖縄鍾乳洞協会の山内平三郎《やまうちへいざぶろう》である。以前からこの洞穴の重要性を訴えていた同氏は、二〇〇七年の暮れ、古生物学者らの協力を得て洞穴から掘り出された土砂を精査し、大量の動物化石に混じって九片の人骨の存在を明らかにした。ＡＭＳ法（加速器質量分析計を使った放射性炭素〈^{14}C〉年代測定法）によって年代を探ってみると、その内の三片の骨から約二万年前、一万八〇〇〇年前、一万五〇〇〇年前という数値がはじき出された。

　にわかに注目を集めることになったこの遺跡では、その後数次にわたって大規模な発掘調

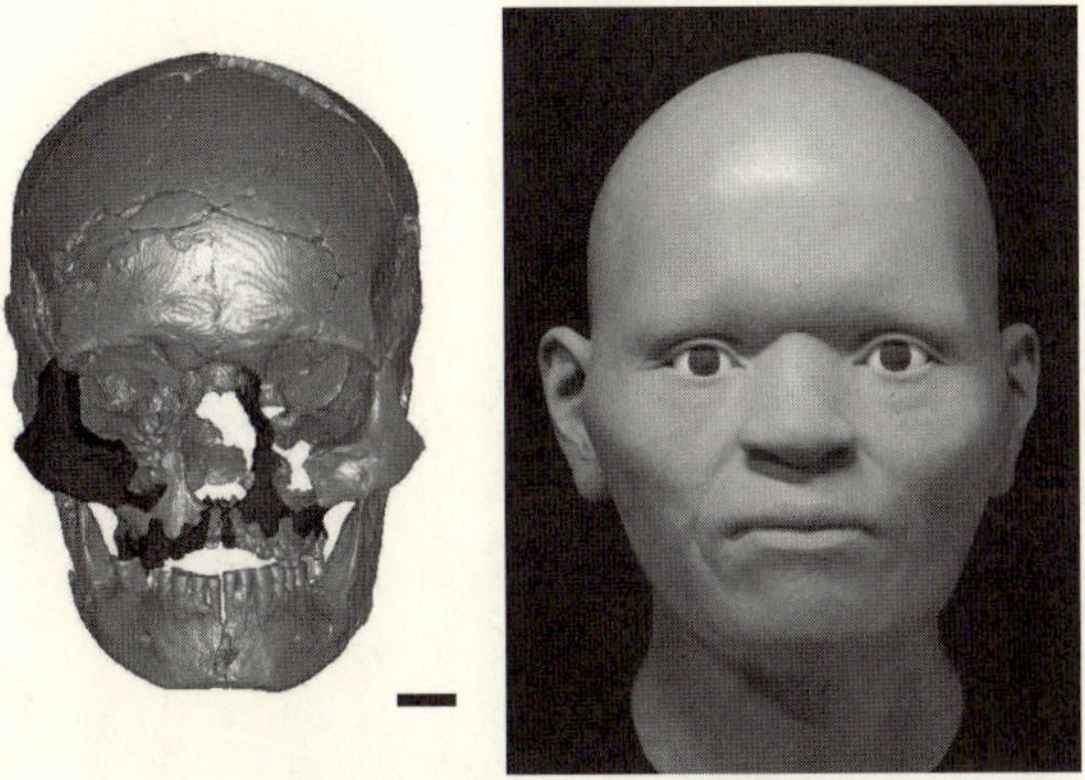

図22　白保4号人骨の復顔（河野礼子ほか2018を改変）

査が実施され、少なくとも一九体分以上の人骨が次々と発見される結果となった。その中には、二万七〇〇〇年前の、ほぼ全身骨が揃った男性人骨（四号人骨）も含まれている（図22）。岩の間に仰向けに、膝を胸の前で折り曲げた姿勢で発見されたもので、国内では最古の埋葬例である。沖縄では以前から岩陰などに死者を葬る風葬の存在が知られているが、その起源ははるか二万年以上前にも遡るのだろうか。

目下（二〇一八年）、諸分野にわたる分析が進行中であり、いずれその全容が明らかになるだろうが、すでに予備的な形態分析やｍｔＤＮＡ分析でも台湾など南方との繋がりを示唆する結果が公表されている。おそらく今後は核ＤＮＡの分析も進められるだろうし、琉球列島の人類史、ひいては日本人の起源問題にどのような新知見がもたらされるのか、大きな期待が寄せられている。

それにしても、危ういところであった。人骨発見後も工事による洞穴破壊はやまず、しばらく後に二万年前という年代値が公表されて詳しい調査、保存への気運が高まるまでの間に、たとえば山内らが「人骨のホール」と呼んでいた洞穴などは地上から削り取られてしまったという。開発の名の下に消されてしまった貴重な遺跡はそれこそ全国に無数にあるのだろうが、それにしても、一人の研究者の洞穴調査、化石人骨発見にかけた一途な情熱がなければ、この世界的に見ても希有な遺跡も滑走路の下に永久に埋まったままだったろう。

ともあれ、白保竿根田原洞穴人の発見は、これまで港川人のみに頼らざるを得なかった議論に強力な新風を吹き込むものであり、今後、日本人の成り立ちを考える上での重要な手がかりになろう。ただ、言うまでもないことだが、沖縄以外の化石資料がほとんど欠落している現状では、日本列島の更新世人をこれら南島の人々で代表させるわけにはまだいくまい。上記のような港川人と縄文人との関係に見直しを迫る近年の研究動向を考えれば、改めて本土集団との関係を見極める作業が必須になるだろうし、それにまた、これらの存在がただちに当時の日本列島への主要な流入ルートが南島経由であったことを意味するわけでもない。

北方ルート

列島の南に目を向ける研究者がいる一方、大陸北方からの更新世人類の流入を重視する意見も根強い。以前から根井《ねい》正利《まさとし》や尾本《おもと》恵市《けいいち》らおもに遺伝学者によって主張されていた考えだが、それは日本列島への流入問題に留まらず、アフリカに発した人類の東アジアへの拡散経路そのものについて、大陸南岸づたいのルートの他に、ヒマラヤの北、あるいはシベリア南部をかすめる北方回廊を想定したもので、東アジアの我々の祖先はこうした南北両回廊をやって来た人々から構成されているというのである。

人類がかなり早い段階で北方へと居住域を広げていたことは、たとえばシベリア南部のアルタイ山系に散らばる洞窟遺跡に、西ヨーロッパでネアンデルタール人が使っていたものと同じムスティエ型石器が分布していることからも知られていた。実際に二〇〇七年にこの地のオクラドニコフ洞窟から出土した化石が、ｍｔＤＮＡ分析によってネアンデルタール人と判定され、その後さらにデニソワ洞窟やチャギルスカ洞窟でも同様の発見が続いている。石器包含層の年代からみておそらくは一〇万～七万年前にはこのロシア、モンゴル、中国が国境を接するあたりまでネアンデルタール人がやって来ていたことはほぼ間違いない。

次の新人の時代になるとさらに北の、アルタイ山系から西北に一二〇〇キロはなれたウスチイシムで、四万五〇〇〇年前の人の大腿骨が発見されている。こちらもＤＮＡ分析によってホモ・サピエンスのものとされたのだが、この年代が正しければ、西ヨーロッパで初めて後期旧石器文化の開花が確認される頃、その石器文化の創始者と目される新人の一部は、すでにはるかシベリアの北緯六〇度に近い地点まで進出していたことになる。さらに二〇〇一年には北緯七一度の、北極海にも近い位置で三万年余り前のヤナRHS遺跡が発見されており、遅くともこの比較的温暖だった間氷期には広大なシベリアのほぼ全域が人類の生息域になっていたことがわかっている。

新人アフリカ単一起源説に従えば、これらシベリアの現生人類は、かつてアルタイ山系に住んでいたネアンデルタール人たちではなくて、六万〜八万年ぐらい前に新たにアフリカを発した新人を祖先とすることになる。しかし、たとえばアルタイ山脈のカラ・ボム遺跡では、綿密な層位学的な検証によってネアンデルタール人の使った典型的なムスティエ型の中期旧石器から石刃《せきじん》技法の発達した後期旧石器へと非常にスムーズに移行していることが明らかにされている。もしこの地の住人にも入れ替わりに近い現象が起きたなら、その生活用具にも激変が起きたはずであり、長年この地で調査を続けている考古学者達は、そうした解釈に強い疑念を呈している。

ともあれ、これらシベリアに展開した人々はどのようにして厳しい環境下で生き抜いたのか、少し時代が下るがバイカル湖の西に位置するマリタ遺跡で（およそ二万三〇〇〇年前）、彼らの創意工夫にあふれた生活の一端が明らかにされている。どうやらこの、冬にはおそらく零下三〇度以下まで下がる酷寒の地で越冬までしていたようで、炉を備えた五軒から一〇軒程度の竪穴式住居を連ね、トナカイや時にはマンモスなどの大型獣を狩るほか、冬期には良質な毛皮の得られる北極キツネを狩っていたことなど、一年を通じてその生活状況が詳しく復元されている。

　注目されるのは、彼らシベリアの後期旧石器人たちが、こうした生活の中で遅くとも二万～三万年前頃には、石器をさらに小型化した細石刃《さいせきじん》文化を生みだし、それが日本にも流入しているという事実である。今から一万八〇〇〇～一万四〇〇〇年前にかけての頃、日本列島にも北のサハリン経由、あるいは朝鮮半島経由でこの文化が流入し、急速に広がるのである。石器文化の拡散にどの程度の人の移動がともなうかはむずかしい問題だが、少なくとも北海道ではマンモスの化石も発見されているので、卓越したマンモスハンターであった彼ら自身もやって来た可能性は高い。一方の朝鮮海峡はこの時期には陸地化していないが、石器の繋がりが示唆しているように、向こう岸が見える程度の海峡なら（一五キロ程度とされている）、この時期の人類にとっては克服不能な障害にはならなかったようだ。

　ただし、大陸の石器文化が日本に伝わったのはこれが最初ではない。その前のナイフ型石器の時代、さらには四万年近く前の、自然石の一端を打ち欠いただけの粗雑な礫器を含む先ナイフ型石器の時代からの交流も見られ、日本列島では今のところこれが確実な最古の旧石器人類の痕跡とされている。興味深いことには、およそ三万年前以降のナイフ型石器文化の時代になると、日本列島では本州中央部を境に東西両地域で石器の製作技法に違いが見られだす。それは後世の細石刃文化の時代になっても同様で、先行のナイフ型石器文化の東西差の上にちょうど重なるように、東にはくさび型細石刃核を持つ文化と、西には半円錐型細石刃石核を持つ文化が分布するようになる。

なぜこのような地域差が生み出されたのか、その原因としてまず流入経路の違い、つまりサハリンと朝鮮半島という二つの流入口から、やや地域差を持った石器文化が入ってきた可能性が挙げられている。もしそうだとすると、列島への流入経路として、朝鮮半島や南島経由に加えて北のサハリン経由の道が開かれるのは、細石刃文化の前の段階、遅くとも三万年かあるいはそれ以前のナイフ型石器文化の時代に遡ることになる。この後期旧石器時代に列島の東西に文化圏を分けて住み着いていたのは、どういう人たちだったのだろうか。彼らの生活文化の東西差には、各々の地域住人の系統上の違いも絡んでいるのだろうか。化石で直接議論ができないことは歯がゆい限りだが、たとえば最後に流入した細石刃文化の担い手にしろ、文化の源流が同じだからといって、これらサハリンと朝鮮半島経由の流入者が同じ特徴の持ち主だったかはまだわからない。少し地域が外れるが、ともに後期旧石器人である北京山頂洞人と中国南部の柳江人とではすでにその特徴にかなりの違いが見られる。こうした差は当然、列島へ流入した人々にも反映されたはずであり、後述するように縄文人の特徴には少し東西差が見られるのだが、あるいはその遠因はこのあたりにあるのかもしれない。

いずれにしろ、細石刃文化のようなシベリア起源が明らかな新しい石器文化の拡散、流入経路は、日本列島人の成り立ちを考える上で見逃せない情報となる。最新の生活用具を持ち込んだのがどういう人々だったのか、特徴のわかる化石資料が未発見のためもどかしい状況が続いているが、今も我々日本人とそっくりな人々が住む東シベリアは、日本の後期旧石器人、ひいては後世の日本列島人の形成史を考える上で重要な地域であることは間違いない。

日本の更新世人類の起源については、今のところ以上のように南島域以外は石器などの文化面から追求するしか術がなく、当時の人々の姿やその由来を明確なイメージで描くことはまだ困難である。最初の流入時期がいったいどこまで遡るのかもよくわかっていない。本章の冒頭で紹介したような中国における近年の発掘情報からすれば、可能性としてははるか二〇〇万年前の人類の流入を想定することも、もはや荒唐無稽な空論ではなくなりつつあるのが現状と言えよう。おそらくその初期の流入は大陸の中〜南部からのものであったろうが、そこに更新世末期になって北の樺太経由の流入が加わり、それらルートや時期、それに遺伝的な特性も異なったさまざまな人々が、この狭い坩堝《るつぼ》のような地域の中で時代とともに解け合っていったはずである。はるか更新世の昔、いつ、どこから、どのような人々がやって来たのか、そうした具体的な追求はすべてこれからである。

2　縄文時代の日本列島人

氷河時代の終焉――縄文人の誕生

およそ二万年前頃をピークとして、地球は再び温暖化に向かう。高緯度地域を覆っていた氷床や氷河が溶けだして徐々に海面が上昇し始め、今から一万三〇〇〇年前頃になると、ようやく我々が現在の地図で見ているような日本列島の形が極東の洋上に浮かび上がってくる。もはや大陸との繋がりは絶たれ、各地からやって来た狩人たちは、この狭い列島内に閉じ込められて、次第に人と文化の両面で独自性を強めていくことになる。

先に触れた更新世最後の細石刃文化が流入し、生活用具として盛んに使われだしていた頃、日本列島では世界でも最古級の土器が出現する。近年のAMS法によると、長崎県の福《ふく》井《い》洞穴《どうけつ》や青森県の大平山元《おおだいやまもと》Ｉ遺跡から出土した土器の年代は、少なくとも今から一万六〇〇〇年ぐらい前まで遡るという。南中国やロシアのアムール川流域などからもほぼ同時期の土器が発見され、しかもそれぞれの土器形態に繋がりが見られないので、どこが起源地なのかはまだはっきりしないが、ともあれ日本列島ではこれら土器文化の出現を契機として、いわゆる縄文時代が始まる。

縄文土器の美しい文様や見事な造形美に魅せられた人は多いだろう。大規模な集落跡をともなう青森県の三内丸山《さんないまるやま》遺跡や鹿児島県の上野原《うえのはら》遺跡など、近年、従来の縄文観を覆す発見が相次いでいる。一万年余りもの永い間にわたってほぼ日本列島の隅々まで行き渡り、地方色豊かな文化を開花、発展させた縄文人たちは、後世の日本列島人とは異なる、いくつかの共通した独特の特徴の持ち主であった。最初に、彼ら縄文人たちが具体的にどういった顔、体つきの人々だったのか、骨からうかがえる特徴を少し説明しておこう。

縄文人骨の特徴

縄文人の頭蓋骨でまず目につくのは、彼らが相当な大頭だったという点である。高さはやや低いが前後長、幅とも現代人よりかなり大きく、おそらく我々のかぶるような帽子ではたいてい頭の上にちょこんとのっかる程度だったろう。長さと幅の比率で言うと、いわゆる中頭型（示数、七五〜八〇）で、この点でも強く短頭に傾く現代人とは差が見られる。

顔は全体的に見て、高さが低い割に横幅が広く、いわゆる低・広顔傾向が強い。眉間や眉弓部が強く膨隆する一方、その下の鼻根部はくっきりへこみ、さらに鼻骨の彎曲が強くて太めながら鼻筋が通っているので、立体的な彫りの深い顔立ちになっている。また、頰骨が強く横に張り出し、下顎角、つまり顎のエラの発達も目立つので、四角くごつい印象を与えるものが多い。眼球を入れる眼窩の形は、後世の人骨では上縁が丸みを帯びて弧を描くのだが、縄文人では直線的で丈の低い四角形に近い形をしている（本章冒頭図版参照）。

歯並びは整然としている個体が多く、後世の集団に較べて虫歯も比較的少ない。ただ、歯の磨り減りかたは激しく、中年以降になるとほとんど歯根だけしか残っていないようなことも珍しくない。また、あまりに急激な磨耗《まもう》のため、歯髄腔《しずいくう》が露出してその穴から細菌が侵入し、下顎の歯槽部がごっそりえぐられたように溶けてしまった例も散見される。時々、何に使ったのか、歯が竹槍の先端のように斜めに磨り減っていたり、上下の歯列の間に紡錘型の隙間のあるような、通常の食生活では考えにくい不自然な例も報告されている。未開社会では歯による革なめしの例などが知られているが、おそらくそれに似た使い方をしたこともあったのだろう。噛み合わせは毛抜きのように上下の歯先がぴったり合わさる鉗子状咬合《かんしじょうこうごう》がほとんどで、現代人のような鋏状咬合《きょうじょうこうごう》、つまり上顎歯が少し下顎歯の前にはみ出した噛み合わせは少ない。

歯の磨り減りかたが激しいことや、顎のエラが張りだしていることからも推察されるように、縄文人は現代人などに較べてはるかに物を噛むことが多かったし、その力も強かったと見られる。それは顎だけではなく、顔全体にも影響を与えていて、眉間や眉弓部の発達が良いこともその現れだ。人が物を噛むときの圧力は主に顔の鼻柱を通って前頭骨へと伝えられる。一方、顎を動かし、噛みしめる筋肉（側頭筋や咬筋）によって、前頭骨の両端には下に引っ張る力が働く。つまり、額の中央は下から突き上げられ、両端は引き下げられる訳で、前頭骨の眉間部や眉弓部は頑丈な梁《はり》のような構造となってこうした運動に耐えようとする。一般的に化石人類で眉間や眉弓部が岩のように突出するのはそのためである。

また縄文人骨では、健康な前歯を意図的に抜いてしまう抜歯風習の痕跡が認められることも多い。この風習については後でも詳しく触れるが、岡山県の津雲《つくも》貝塚や愛知県の吉胡《よしご》貝塚といった西日本の代表的な縄文後・晩期集団では、ほぼ全員が犬歯や下顎切歯等を抜いており、中には前歯に刻み目を入れた人や、一人で一四本抜いている例も見出された。今のところ、成人式や婚姻、あるいは出自に関係した儀礼行為だろうとされているが、それにしても、近世紀まで抜歯伝統が残っていた台湾などでは出血多量で死亡した例もあるほどで、現代人の目からすればずいぶん乱暴な風習が流行ったものである。

　さらにこの縄文人の歯について、従来の見方を覆す興味深い事実が明らかにされている。アメリカのローリング・ブレイスと九州大学の永井《ながい》昌文《まさふみ》によって、縄文人の歯が後世の日本人に較べてかなり小さいことが指摘されたのである。歯の大きさは、人類の進化にともなって徐々に小さくなってきており、ブレイスが調べた世界の諸集団でも、そうした変化傾向ではほぼ共通していた。その中で縄文人の歯は、不思議なことに現代人に較べてもなお小さく、それが次の弥生時代になるといきなり最大サイズの歯に変化してしまうのである（図23）。つまり、通常の進化では考えにくいようなことが起きている訳で、この事実は後述するように、いわゆる日本人の起源論にも大きな影響を与えることとなった。

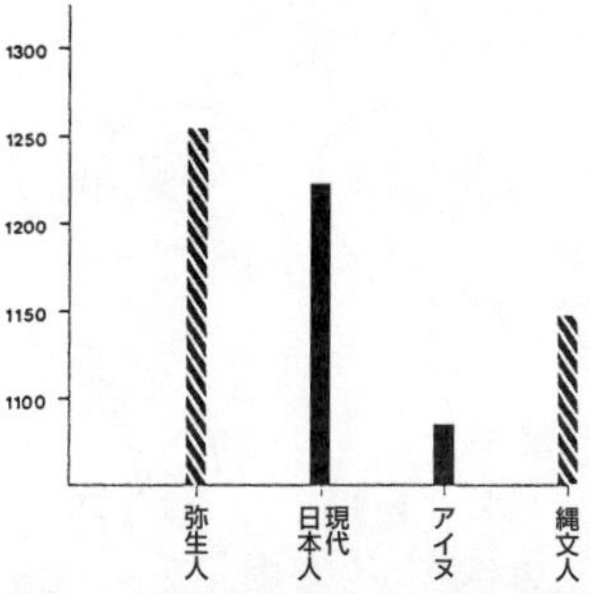

図23　歯のサイズの時代変化
(Brace・Nagai 1982を改変)

　一方、体つきについて見ると、まず身長は概して低く、男性では一六〇センチメートル弱、女性では一五〇センチメートルに満たない人が多い。ただ、全体的にがっしりした体格を持ち、骨の形状から察するに手

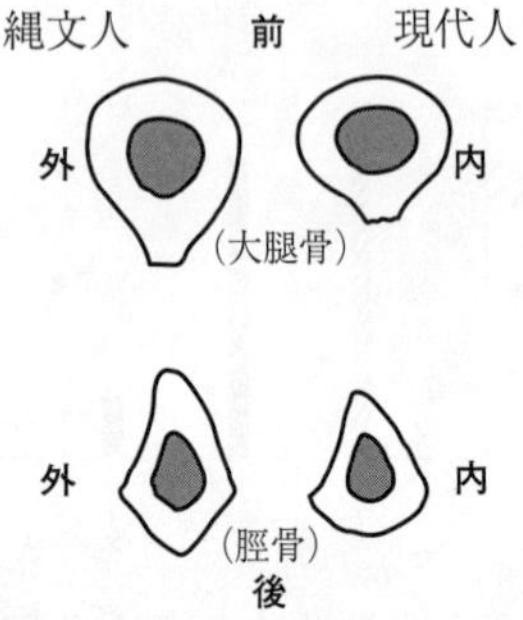

図24　大腿骨と脛骨の断面形

足の筋肉などは現代人よりはるかに発達していたようだ。骨の太さだけなら、後世の弥生人等に較べて特に優っている訳ではないのだが、ただ、筋肉の付着する部分の発達が非常に良好で、そのため骨の断面が独特の形状を見せる。たとえば大腿骨では、後面の粗線《そせん》という、大腿の筋肉がつく部分が突出するため、図24のように西洋梨のような形になっている（柱状大腿骨）。また脛骨《けいこつ》では、左右の幅が狭い割りに前後の厚みが増した、いわゆる扁平脛骨を持つ人が多い。脛《すね》の骨には後面のふくらはぎの筋肉の働きで前後方向に曲げる力が強く働くためで、前後に厚みのある骨体は、そうした力に少ない材料で最も効果的に耐え得る、力学的にみて非常に合理的な構造である。

　また縄文人は、手足のプロポーションでも後世の我々と違う特徴を持っていた。たとえば日本人はよく胴長短足と言われるが、確かにヨーロッパ人やアフリカ人に較べると、特に脛のあたりの短さは被い隠しようもない。この手足の末端部、つまり腕なら前腕、下肢なら脛の部分が短いという特徴は、おそらく我々の遠い祖先が大陸北方の寒冷気候に適応した結果だろうと考えられている。それは一般的にアレンの法則と呼ばれる動物全般に見られる現象で、寒いところでは凍傷などを防いで体温を維持するため、できるだけ体表面の凹凸をなくして、四肢末端などが短くなる傾向がある。逆に熱射病の恐れのある熱帯域などでは、できるだけ四肢を長くしたほうが、熱の放散が容易になるだろう。どうやら現代日本人は、その成立過程でこの寒冷適応タイプの遺伝的影響を強く受けたらしいのだが、しかし、縄文人にはこのような特徴が見られず、前腕や下腿が相対的に長いということがわかった。縄文人の脛の相対長は、クロマニオン人など後期旧石器時代のハンターたちにも似ており、これは歩いたり走ったりする時にスピードでもエネルギー効率からいっても有利な特徴でもある。つまり、縄文人は、彼らの祖先である旧石器時代人たちから狩猟採集民として適応したその体型を受け継ぎ、維持していた人々だったということもできよう。

縄文人の時代変化

ここでみた縄文人の特徴は、じつは最も資料の豊富な後・晩期人で一般的に認められるもので、一万年余りも続いた縄文時代のあいだ、人々の特徴にも多少の変化はあったようだ。図25は小片保《おがたたもつ》が模式的に描いた、縄文早・前期人と中・後・晩期人の違いである。縄文初期の人骨はまだまだ少ないが、ここで比較に用いられた早期の人骨は、愛媛県の上黒岩岩陰《かみくろいわいわかげ》や広島県の帝釈観音堂洞穴《たいしゃくかんのんどうどうけつ》、栃木県の大谷《おおや》寺《じ》洞穴などで出土したものである。全体的に小柄で著しく華奢な個体が多く、男性でも女性と見まちがいそうなほど繊細な四肢骨の持ち主が目立つという。近年、埼玉県の妙音寺《みようおんじ》洞穴から出土した男性でも同じような傾向が見られ、手足の筋肉の発達はそう悪くはなかったようだが、特に上肢骨などは現代女性程度の太さしかなく、身長もわずか一五三センチメートルであった。

ただ、この時代の資料にはそうした華奢な個体だけではなく、長身で屈強な例もいくつか発見されている。たとえば大分県の枌洞穴《へぎどうけつ》で見つかった早・前期人はかなり長身だし（早～前期の男性九例の平均は一六二～一六三センチメートル）、長野県の栃原岩陰《とちばらいわかげ》遺跡でも一六五センチメートルに達する長身例が、また大谷寺の男性は巨大な下顎骨で著名であり、鈴木尚が調べた神奈川県の平坂《ひらさか》や夏島貝塚《なつしまかいづか》でも比較的長身で頑丈な早期人の存在が明らかにされている。

山口敏《やまぐちびん》は、日本の縄文初期の人骨に見られるこうした個体変異の大きさに注目し、その原因を旧石器時代に北や南から異なった特徴の人々が流入した名残ではないかと推測している。資料数が少ないと個体差が目立つことも多いのでまだ正確な判断はむずかしいが、上述のように時代や経路、そしておそらくは遺伝的特徴も異なったいくつもの集団が繰り返し流入した可能性を考えれば、確かに大陸から離断されて間もない頃の日本列島に、各々の祖先の特色をまだ色濃く残した住人がいたとしても不思議ではない。そしてもしそうなら、縄文初期の各地の住人の地域差を詳しく調べれば、彼らの祖先である旧石器人の由来を明らかにする有力な手掛かりにもなるだろう。しかし、残念ながら当時の資料はまだあまりにも少なく、そうした研究はほとんど手つかずのままである。

いずれにしろ、全体的な時代傾向として見れば、縄文早・前期の人々は後半期に較べてより背が低く華奢で、低顔性が強く、歯の磨り減り方もいっそうひどかったようである。ここで言う縄文前期と中期の境は今から約五〇〇〇年ぐらい前のことだが、どうしてこのような変化が起きたのか、その原因を小片保は主に環境変化に求めている。氷河期から抜け出したばかりの頃は、気候がまだ不順で食糧資源に不足をきたしがちであり、人々の身体は華奢にならざるを得なかった。しかしその後、気候の温暖化にともない食糧資源も豊かになって生活が安定し、それが全身骨格の頑丈化をもたらしたのではないかというのである。

花粉分析などから推定された縄文時代の気候変動をみると、確かに初期の頃は寒の戻りが襲ったりしてかなり変動が激しいが、その後確実に温暖化が進み、約六五〇〇〜六〇〇〇年ぐらい前（縄文前期）にはヒプシサーマル（気候最適期）と呼ばれる高温期に入る。現在に較べて気温は年平均で二〜三度高くなったとされ、それまで本州の大半を覆っていた

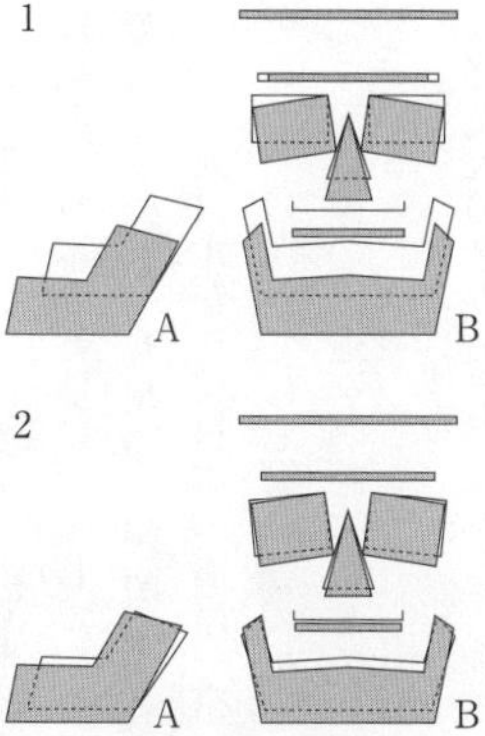

図25　縄文早期人と中期人との頭蓋の比較模式図　1．男性　2．女性　左図は下顎骨を左側から、右図は頭蓋（舌骨を除く）を前から見たもの。白の部分が早期人、黒の部分が中期人

ブナやミズナラを主とする冷温帯落葉広葉樹林は大きく北に後退していった。変わって以前は主に西日本の低地に分布していたクリ、コナラを主とする暖温帯落葉広葉樹林が東日本まで広く拡大し、九州や本州南岸にしか分布しなかったカシやシイの照葉樹林（常緑広葉樹林）も西日本から東日本の沿岸一帯に広がるようになる。海面も二〜三メートルは上昇したとされ、貝塚がしばしば現在の平野のかなり奥まったあたりで発見される事実は、当時の大幅な海岸線の後退を明確に示している。

縄文人の食生活

こうした環境のもとで、彼ら縄文人たちがかなり多彩で創意にあふれた食生活をしていたことが知られるようになってきた。たとえば日本各地に残る貝塚は、周知のように主に縄文人の食料廃棄物で形成されているが、あの膨大な貝の堆積を見ると、縄文人はずいぶん貝を好み、貝に頼った食生活をしていたと考えたくなるだろう。しかし、縄文時代の遺跡から出土する食糧資源について詳しいカロリー計算を行った鈴木《すずき》公雄《きみお》らによると、縄文人の主要なカロリー源はあの膨大な貝類ではなく、おそらくクリやトチなどの木の実やイモなどの根茎類だったろうと言う。縄文人が貝の味を愛で、相当量を好んで食べていたのは事実だろうが、貝類は重くてかさばるわりに食べられる部分が少なく（可食部分は一五〜二五パーセント）、カロリーも低いので栄養学的に見てそれほど多くは望めそうもない。それに較べると木の実やイモ類などは、同じ量を採ってきても、そこから得られる熱量がずっと多く、食糧資源としてははるかに効率が良いはずである。

通常の遺跡では、貝と違ってこうした植物性のものはほとんど残らないので、この推察を裏づけることはなかなかむずかしい。しかし、たまたま低湿地にあったため植物性遺物が大量に出土した福井県の鳥浜《とりはま》貝塚（縄文前期）での計算結果をみると、やはりどんぐり等の堅《けん》果《か》類が全カロリーの四割余りを占めて最も多く、それに次ぐのが魚や獣肉で、貝類の寄与率は二〇パーセントに満たなかった。この遺跡でも、イモ類などの食べかすはあらかた土中に消えてしまっただろうから、それらを加えると縄文人の主食は、世界の多くの狩猟・採集社会と同様、こうした植物性食料であったと考えて間違いなかろう。

安定同位体分析法

近年、こうした古代人の食生活の内容が、別の新手法によって裏づけられるようになった。それは安定同位体分析法と呼ばれる、古人骨から直接彼らの食べ物を採りだす方法である。動物の体を作るタンパク質は炭素や窒素を主要元素とするアミノ酸でできているが、自然界ではこの炭素や窒素に、質量が少し異なる同位体がごく微量ながら混在する。その中にはたとえば年代測定に使われる^{14}Cのように、時間とともに壊変して減少する放射性のものもあるが、^{13}Cや^{15}N（炭素の原子量は一二、窒素は一四）のように壊変しない安定同位体もわずかながら含まれている。しかもその含有率（同位体比）には、各動植物の間で違いがある。たとえば植物では、光合成経路の違いからコメやどんぐり、リンゴ、イモなどほとんどの穀類、果実、野菜を含むC_3植物と、トウモロコシやヒエ、アワ、キビなどの雑穀類（C_4植物）との間でかなりの差がある。また^{15}Nは食物連鎖によって動物の体内に蓄積される性質があるので、小魚を食べるマグロやサケなどは高濃度であり、オットセイなどの大型海獣類はさらに高い^{15}N同位体比を示す。

実際の分析でターゲットになるのは、骨に含まれるコラーゲンというタンパク質である。先史人が食べていた食物の違いは、それを材料として作られたこの骨中のコラーゲンの炭素・窒素同位体組成に写し取られているはずである。一九七〇年代に最初にこの手法を用いたフォーゲルらは、トウモロコシ（C_4植物）が高い^{13}C同位体比を持つことに着目し、アメリカ先住民の骨コラーゲンに含まれる^{13}C濃度の時代変化を明らかにして、狩猟採集民であった彼らの社会でトウモロコシ栽培が普及していく様相を鮮やかに描き出した。少し遅れて日本でも赤澤威《あかざわたける》・南川雅男《みながわまさお》がこの新手法に取り組み、その後も米田穣《よねだみのる》らが日本各地の先史住民の食性に関する興味深い結果を報告している。たとえば図26の結果をみると、同じ縄文人でも北海道と本州域ではその食性にかなりの違いがあり、北海道では特に海生哺乳類などを盛んに食べていたことが示されている。一方、東北北部の、文化的には北海道南西部と交流が多いとされる東道ノ上《ひがしみちのうえ》3遺跡の人々は図の左下、つまりC_3植物（木の実などの堅果類やイモな

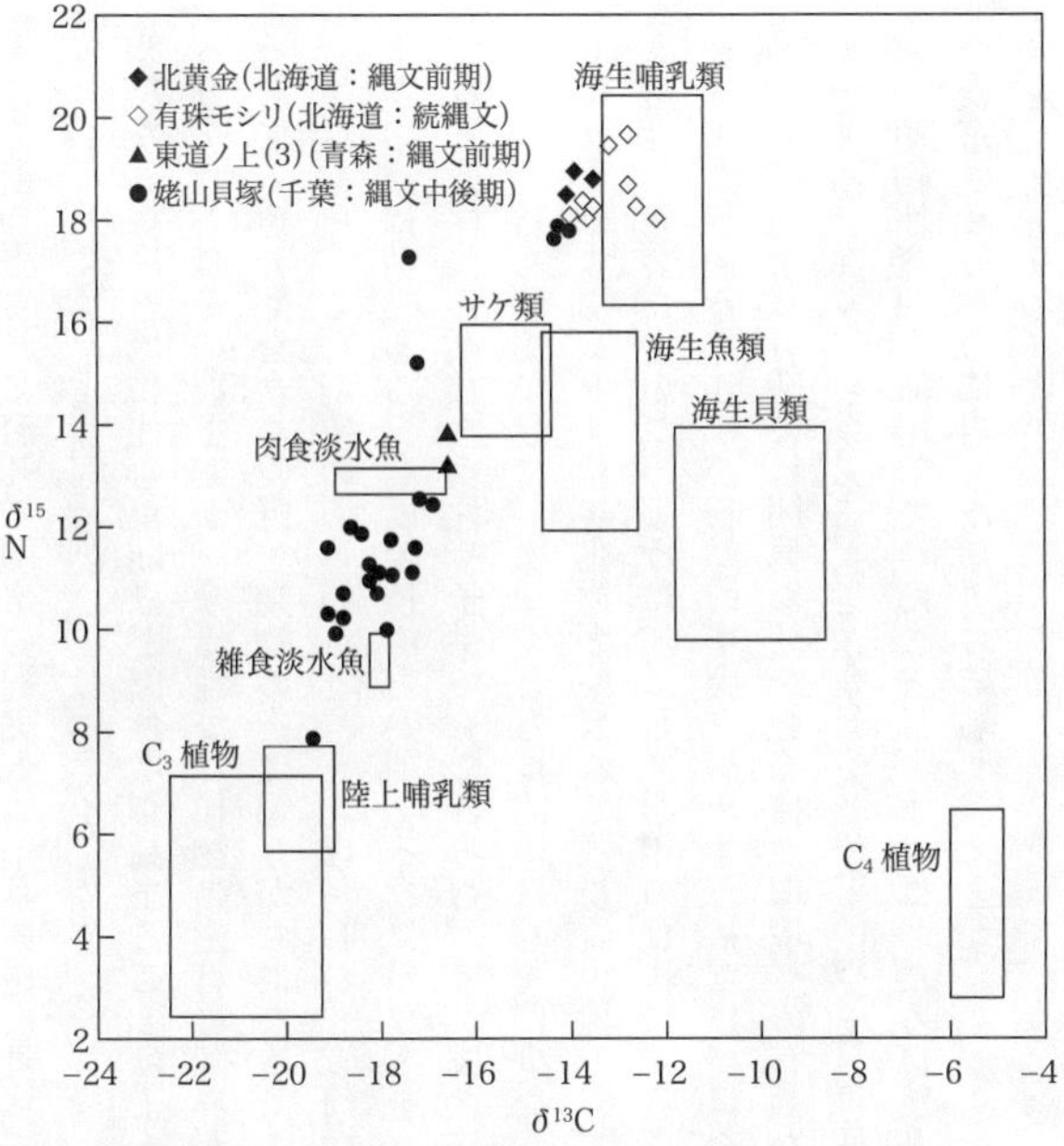

図26　北海道・青森・千葉の縄文時代と続縄文時代の古人骨における炭素・窒素安定同位体比（図では $\delta^{13}C$、$\delta^{15}N$ と表記）（米田2010）

ど）のほうに大きく引っ張られており、関東の縄文人（千葉県姥山《うばやま》貝塚）と同様に海生魚類（サケ、マス）やC_3植物に依存した食生活だったことがわかる。

一般的に、寒冷な高緯度地域に住む集団ほど肉食度が高まることはよく知られた現象である。前述のシベリアなどはその典型だが、寒冷地では植物の生育に限界があり、そこで生きていくにはどうしても魚介類を含めた野生動物の肉に頼りがちになる。ここでみた日本の北海道の人々の食生活もそうした現象のあらわれと言えよう。しかし、周囲に豊富な植物資源が望める環境下なら話は別である。高度の技能と熟練、それにパワーを要する狩猟活動とは異なり、木の実などの採集作業なら女性や子供でもできるし、アク抜き技術があればどんぐりやトチなど豊富な食材も利用できて、少なくとも量的には心配が少なくなる。これらはまた、保存したり縄文クッキー（パン状炭化物と呼ばれる澱粉質の塊で、木の実からとった澱粉に獣肉などを混ぜて焼いたもの）のように加工して通年の食料にすることも可能である。食材にバラエティーを与えることは、日々の空腹を満たすためだけではなく栄養学的な意味でも有意義だったし、何よりも時には凶暴な牙をむく自然環境への有効な対応策にもなったはずである。先史人が、サケ・マスを始めとする魚介類や獣肉を貴重な食糧源にする一方で、豊富で多彩な植物性資源を活用していたことは、永年にわたる自然との戦いの中で彼らが自身の生活を安定させるために培った知恵の結晶と言えよう。

縄文農耕

こうした縄文人の生活スタイルの中でもう一つ見逃せないのは、彼らが単に木の実などを近くの山林から採集していただけではなく、どうやら栽培にまで手を染めていたらしいことである。気まぐれな自然任せではなく、自分たちがその生育と収穫を管理すること、つまり栽培技術の有無は、彼らの生活にきわめて大きな意義を持つ。改めて言うまでもないが、この数千年の間に世界人口が飛躍的に増加し、各地に文明が誕生して今日の人類社会の繁栄を生み出した原点は、農耕・牧畜の開始にあった。当時、大陸ではいち早く黄河や長江流域を中心に新石器文化が開花していたが、縄文社会もまた決してそうした動きと無縁ではなかったことが近年の調査でわかってきている。

青森県三内丸山遺跡は、約五〇〇〇年前（縄文前期中頃～中期末）に遡る大規模な定住集落として、従来の縄文観を覆すさまざまな新事実を我々に伝えてくれた。直径一メートルを超す巨大なクリの木を使った建造物もその一つだが、遺伝学者の佐《さ》藤《とう》洋《よう》一郎《いちろう》は、この遺跡から出土するクリの実の遺伝子分析を行ってさらに興味深い事実を明らかにした。遺跡から出土したクリと山のクリ、各々二〇個のＤＮＡ塩基配列を比較したところ、山のクリの遺伝子は色々とばらつくのに対して、遺跡のものはかなり揃っていて多様性が小さくなっていると言うのである。一般的に野生種に比べて栽培植物や家畜ではＤＮＡパターンが揃ってくる現象が以前から知られていた。野生のものは永年の世代交代の繰り返しの中で突然変異を溜め込み、多様性が豊かになっているのに対して、栽培が始まるとそこに人為的な選択が働き、ある特有の性質を持ったものだけが選ばれて多様性が失われていくのである。

この他にも、縄文人が食糧資源を栽培していたことを示唆する考古学的な情報が急速に増えつつある。ヒエやマメ、ヒョウタン、エゴマなど、可能性を指摘されている植物は多いが、とりわけ近年、「レプリカ法」と呼ばれる、土器の表面に印された圧痕を利用する手法によって、ダイズやアズキの栽培が中部高地や西関東など東日本で六〇〇〇～七〇〇〇年前の縄文時代前期末には始まっていたことがほぼ実証された。縄文人が土器を作るとき、その粘土にたまたま異物が混入して、それが焼成時などに除かれると異物の形をそのまま写し取った圧痕が残ることになる。そこにシリコンゴムを入れて型を取り、走査型電子顕微鏡で観察すると、圧痕を残した植物体や虫などの同定も可能である。この手法だと、少なくとも考古遺物につきもののコンタミ、つまり別の時代の遺物の紛れ込みなどは心配する必要がない。いわばその土器が作られた時代からのタイムカプセルのようなものである。

この手法で縄文土器を調べていくと、東日本では縄文早期からツルマメの圧痕が出始め、それらが前～中期をへて大型化していくことがわかった。熊本大学の小畑弘己《おばたひろみ》は、この現象は縄文人がサイズの大きな種子を選んで畑の地中深く蒔くことを繰り返した結果であろうと言う。傍証として、土を耕す道具とされる打製石鍬が、中部地方や西関東ではダイズやアズキ資料の増加と歩調を合わせるように縄文前期末頃から増え始め、中期にピークを迎える。

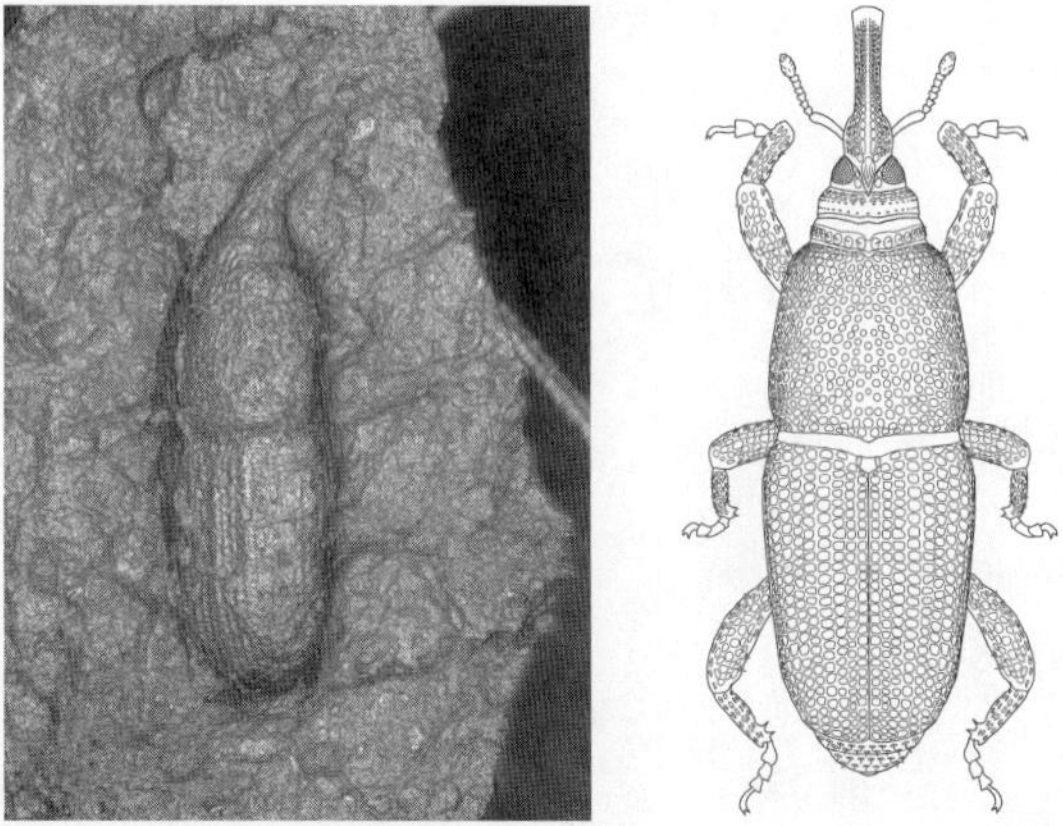

図27　コクゾウムシ圧痕のレプリカ（左）とコクゾウムシの図解（右・小畑弘己作）　北海道福島町館崎《たてさき》遺跡（縄文時代後期初頭）（いずれも小畑弘己氏提供）

そして、ダイズ類がその後西日本へと広がるにつれ、この石器も縄文後〜晩期にかけてその分布中心が西日本から九州へと移動するというのである。

　興味深いことに、このレプリカ法によって、クリや豆類を食べる虫の一種であるコクゾウムシの痕跡も各地の縄文土器から検出されている（図27）。当初この虫はイネを食べる虫として、いわゆる縄文稲作の根拠にされたりしていたのだが、小畑らの研究によって、イネとは無縁の約一万年前の縄文早期の土器（種子島の三本松遺跡）にもこの虫の圧痕が発見され、クリや堅果類にも寄生する虫であることが改めて確認された。さらに実験によってコクゾウムシがわき出すには餌になるどんぐりなどが数ヵ月単位で貯蔵されている環境が必要なこともわかり、それはつまり、この虫の存在自体が長期居住を示唆することにもなる。実際に前述の縄文早期まで遡る三本松遺跡は、竪穴式住居や平底の円筒土器などが出土した定住的な集落跡だというし、もちろん、三内丸山遺跡でもコクゾウムシの圧痕が多数発見されている。

定住縄文人の身体

縄文人が永年の間に培った食糧資源を多様な形で活用する知識と技術は、彼らの生活を安定させ、定住化への道を開くものでもあった。温暖な気候に恵まれた九州南部では加栗山《かくりやま》遺跡や上野原遺跡のような、およそ一万年前の縄文早期まで遡る多数の竪穴式住居を配した集落跡が発見されている。海産資源に恵まれた関東の沿岸部でも、やはり縄文早期の八〇〇〇～九〇〇〇年前ころから貝塚の形成が始まり、竪穴式住居跡も検出されてその可能性が指摘されている。一般的には温暖化が進む縄文前期ころに各地でそうした生活形態への移行が目立つようになるが、ともあれ定住化は縄文人の体にも影響を与えたようだ。

先に小片保による縄文人の時代変化に関する研究を紹介したが、池田次郎《いけだじろう》は、小片が調べた人骨資料の出土地が時代によって違うことに気づき、興味深い推考を発表している。縄文早・前期人骨は、ほとんどが山間部の洞穴や岩陰から出土したものなのに対し、後半期の人骨の多くは海岸の貝塚出土のもので占められている。しかも女性ではそれほど目立った時代変化がないのに対し、男性の、それも下肢骨よりは上肢骨に明確な変化が現れている。つまり、「洞窟—遊動—きゃしゃな上肢骨」と「貝塚—定住—頑丈な上肢骨」という対応関係があるというのである。この事実から池田は「縄文時代前期末にはじまる定住生活が食生活の安定をもたらすとともに、とくに男性の上肢に負担が重い労働強化を招き、それが後・晩期の貝塚人男性の上肢骨を頑強にした」として、縄文人の骨形態の変化に定住化とそれにともなう日常活動の影響も考慮する必要性を指摘している。少し時代が飛ぶが、後述の弥生人骨にも類似の傾向が見られ、海沿いの遺跡から出土した男性の上腕骨は特に逞しく発達している。おそらく池田の言う貝塚人の「定住生活」には、海で泳いだり丸木舟を操るなど漁労活動も強く関与しているのだろう。

縄文人の虫歯

木の実を始めとする植物性食料を多く食していた縄文人の生活は、その虫歯の発生率にも影響を与えていたらしい。食生活が虫歯の頻度と関係していることはよく知られているが、同じ縄文人でも北海道と本州ではずいぶん虫歯の頻度が違っていた。大島直行《おおしまなおゆき》が調べた結果をみると、北海道縄文人では二・二パーセント（観察した歯数に対する虫歯の比率）の発生率だったのに対し、本州縄文人では一四・八パーセントとかなり高頻度であった。しかも、北海道の中でも東北部ではほとんど虫歯が見られず、その傾向は後世まで続いて中世ごろに北方からこの地域に流入したと言われるオホーツク文化の人々では、なんと四〇〇本以上も調べた歯に一本も虫歯がなかった。それに対して南西部縄文人では二・八パーセントと少し高くなるが、それでも本州よりはずっと少ない。

どうして本州と北海道ではこんなに差があるのだろうか。虫歯は主に連鎖球菌などの口内細菌が代謝する有機酸が歯のエナメル質を侵食することによって起こるが、その細菌類は砂糖を始めとする糖質類を主な栄養源として繁殖する。だから砂糖をふんだんに使った甘いものを食べる機会の多い現代人に虫歯が多くなるのも当然で(現代日本人は四二パーセント)、イギリスでは、一九世紀に砂糖の輸入関税が引き下げられてその消費が急増すると、虫歯も一気に増え始めた現象が記録されている。直接砂糖を食べなくても、農耕によって穀物栽培が始まり、炭水化物を主要食糧にし始めると虫歯が増えたことが各地で明らかにされているし、逆に糖分の摂取量が少ない未開社会では虫歯が非常に少ないことも知られている。特に北方の、たとえば食生活を肉と魚だけに頼っていたグリーンランドのイヌイットでは、ヨーロッパ人との接触が始まるまではほとんど虫歯がなかった。

先に紹介したように、北海道縄文人は海産動物に強く依存した食生活を送っていたことが明らかにされている。また、その南西部では一部で穀物栽培の可能性すら取りざたされているのに対し、北海道の東北部ではより厳しい自然環境のおかげで植物性食料の採取には限界があり、それだけ獣肉や海産資源への依存度が高かったろう。一方また、本州縄文人では前述のように堅果類やイモ類を多く食べていたことがわかっている。大島はこうしたことを考え併せ、北海道と本州、あるいは北海道の東北部と南西部の虫歯発生率の違いは、結局、各地域の植物性食料への依存度の違いによって生まれたのだろうと推測した。

この問題についてもう一つ注目されるのは、本州縄文人の虫歯発生率の高さである。藤田《ふじた》尚《ひさし》が調べた本州各地の縄文人では平均八・二パーセントとやや低くなるが、しかしじつはこれでも、北海道のみならず世界の狩猟採集民に較べて著しく高いのである。ネイティブアメリカンやアフリカのバンツー族など各地の未開集団で調べられた結果では、平均でほぼ一〜二パーセント、高くてもせいぜい三〜四パーセント程度におさまっており、アラスカのアリュートのようにゼロか、それに近い集団も珍しくない。本州縄文人の虫歯発生率はほとんど農耕民に近いような、狩猟・採集民としては異例の高さだったことになる。この事実は、とりもなおさずこれまで述べてきたような本州縄文人の食生活の特徴、つまり彼らがいかに堅果類やイモ類など植物性資源に強く依存する生活をしていたかを如実に示している。

余談だが、現代人にとって虫歯を始めとする歯の病気は、少々やっかいだが特に命に別状はないちょっとした疾患、という程度の認識だろう。しかし、古代社会では決してそうではなかった。縄文人の顎を見ると、虫歯や歯周症、あるいは激しい咬耗が原因で歯髄が露出し、炎症が歯根部まで及んで顎の骨が溶けてしまった例など、現代人ではまずお目にかかれないひどい症例にしばしば出くわす。有効な治療法もなかった時代には、このような人たちは間断ない激しい痛みで日夜苦しみ続けたろうし、おそらくこれが原因で死ぬことも珍しくなかったに違いない。抗生物質が発見される以前の統計によると、虫歯を放置したためにその炎症が顎の奥にまで及び、不幸にして髄膜炎や口峡炎（ルドウィヒ・アンギナ）などを起こすと、その死亡率は五〇パーセントを越えたという。縄文人にとって、虫歯や歯周症は死にもつながる危険な疾患の一つだったのである。

ストレスマーカー

縄文人の虫歯の多さが暗示するような、彼らの食生活とそれに関連した栄養、健康状態を示唆するデータは、他にも骨に刻まれた疾病の履歴に関する研究からも寄せられている。骨はほかの軟部組織と同様、常に新陳代謝によって作り変えられている生きた組織である。そのため、特に成長期などにひどい病気や飢餓などに見舞われて体に激しいストレスを受けると、その影響は骨にも及び、いくつか容易には消えない痕跡となって残ることがある。ストレスマーカーと呼ばれるこうした骨変化としては、たとえば、鉄欠乏性貧血が原因で眼窩上壁が蜂の巣状に穴だらけになるクリブラ・オルビタリア（図28）や、四肢骨の成長が一時的にストップして、その痕跡がレントゲン写真上に横線となって浮かび上がるハリスの線、あるいは歯のエナメル質がうまく形成されなくなって、歯冠表面に横縞や穴ができるエナメル質減形成（エナメル・ハイポプラジア）などが知られている。

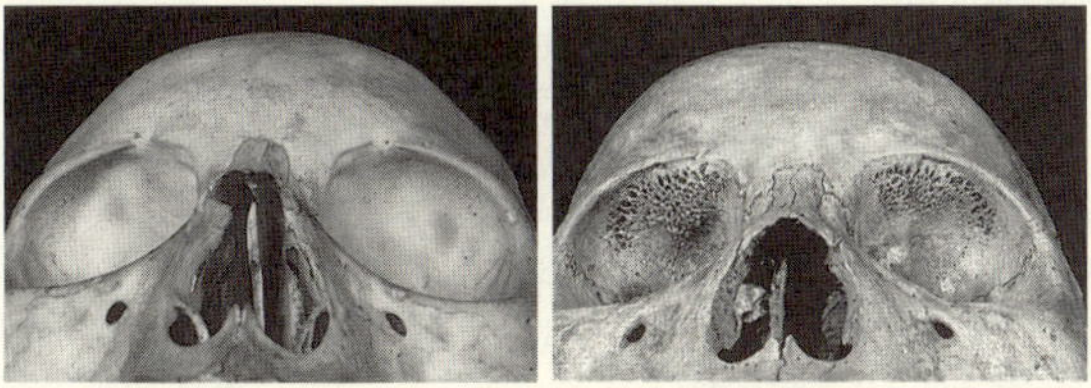

図28　ストレスマーカー　左：正常　右：クリブラ・オルビタリア（平田和明氏提供）

　このストレスマーカーについて調べた聖マリアンナ医科大学の平田《ひらた》和明《かずあき》らの研究（表2）をみると、縄文人の頻度は調査された各時代の集団の中でやや意外な位置にあることに気づかされる。エナメル質減形成では確かに近代人などに比べて少し高いが、クリブラ・オルビタリアでは、比較集団中、なんと最低の出現率になっている。そして、両病変とも、もっとも高かったのは大昔の縄文人ではなく、近世江戸の庶民であった。これらの数値をそのまま読めば、縄文人ははるかに文明が進んだ近代人と同程度か、むしろ健康的な生活を送っていたことになろう。が、話はそう簡単ではない。と言うのは、骨にこうした変化が残るには、人が飢餓や疾病に見舞われた時になんとかその危機を乗り越えて生き延びるか、あるいは少なくともしばらくの間耐え続ける必要がある。もしあっけなく死んでしまえば、歯や骨に病変が起きる間がなく、こうした調査をしても「病変ナシ」に分類されてしまって実状とは逆の結果を導き出してしまう。つまり、一つの解釈として、縄文人の頻度が低いのは彼らが健康だったからではなく、当時は医療も未発達だし栄養状

比較疾患 / 人骨数 / 各時代の人骨	エナメル質減形成		クリブラ・オルビタリア	
	出土人骨	症例数(%)	出土人骨	症例数(%)
縄文時代人	27	13(48.1)	44*①	4(9.1)
古墳時代人	22	8(36.4)	−	−
室町時代人	3	1(33.3)	57*②	14(24.6)
江戸時代人	43*③	28(65.1)	102	37(36.3)
近　代　人	38	15(39.5)	38	5(13.2)
合計(平均)	133	65(48.9)	241	60(24.9)

*①後・晩期の関東地方の貝塚出土人骨
*②室町時代の鎌倉由比ヶ浜出土人骨
*③江戸時代の一橋高校出土人骨

表2　エナメル質減形成とクリブラ・オルビタリアの時代別出現率
(山本美代子1988、平田和明1988による)〔佐々木1991〕

態も悪くて、少しひどい病気になったり飢餓に見舞われるとあっけなくその時点で死んでしまったからではないか、という意見がある。こういう現象は古病理的パラドックスと呼ばれ、ネイティブアメリカンの研究などでもよく似た現象が指摘されている。

一方ではしかし、この結果はある程度縄文人の健康状態を反映したものではないかという意見もある。表に示した比較結果の中で特に縄文人に較べてストレスマーカーが目立って多いのは江戸時代人であるが、じつは江戸の一般庶民の衛生、健康状態が実際にかなり惨憺たる状態であったことを示す記録資料が残されている。それは、現在の住民票にあたる「人別改帳」や寺院の過去帳、あるいはキリスト教廃絶を目的とした「宗門改帳」といわれるもので、これらを詳細に研究した速水《はやみ》融《あきら》によると、当時、世界でも有数の大都会であった江戸は、一種の墓場にも喩えられるほど死亡率の高いところであった。現代でも、発展途上国の大都市では、表通りだけは近代的な装いを見せても、一歩裏通りに入ったり近郊に出かけると、貧しい人々が過密状態で生活している、いわゆる都市スラムに出くわすことが多い。そうした場所では、栄養不良の人々が非衛生的な環境下で肌を摺り合わせるようにして暮らしているため、いったん流行病が広がり出すと手がつけられなくなるし、日常的にも特に子供の死亡率が非常に高いことが知られている。中・近世期の都市は世界のどこでも似たような状況だったようで、ヨーロッパでは人口史研究者達によって「都市墓場説」が唱えられているほどだし、速水も江戸を代表とする日本の近世都市の状況を「蟻地獄説」という言葉で表現している。つまり、当時の都市は、近郊農村から多くの人を引き寄せては非常な高死亡率で次々と殺してしまう、というのである。

幕府の調べでは、社会の底辺を形づくる農村出身の出稼ぎ人や奉公人が常に江戸の人口の三分の一から四分の一を占めていたという。しかし死の危険にさらされているのはおそらくそうした人々だけではなかったろう。江戸っ子は三代続かない、という言葉が残されていたように、当時の江戸では天然痘や麻疹《ましん》がしばしば流行したし、その他にも結核や梅毒、それに脚気などは「江戸やまい」と言われたほどで、とにかく人の命を縮める要素が蔓延、凝縮した場所であった。もちろん農村もそんなに甘い状況ではなく、生まれた子供の二割は五歳未満で死に、二〇歳まで生き残れるのは半数程度という厳しさだったが、それでも危険な幼小児期を乗り越えさえすれば、六〇歳や七〇歳まで生きる人が結構多かったことが記録に残っている。ところが一方の都市では、通常なら比較的安全な少年〜壮年期になっても死亡率があまり下がらず、要するにいつ死んでもおかしくない危険が生涯つきまとったのである。当然、江戸の住民の平均寿命は農村よりかなり短くなり、その結果、出生数よりも死亡数のほうが上回ってしまって、その人口減少分を恒常的に近郊農村から吸収しなければならず、その一方でまた、そうして引き寄せた奉公人や出稼ぎ人をばたばたと早死にさせる、という構図になっていたのである。まさに蟻地獄であった。

縄文人のストレスマーカーの頻度が低いと言っても、こうした江戸庶民に較べての話である。「古病理的逆説」の可能性を考えれば確かに表に示されたような数値を鵜呑みにするのは危険であろうが、しかし、時代がはるかに古く医療技術や生活文化に大きなへだたりがあるとは言え、少なくともこうした近世都市の住人よりは、自然の中でそれなりに創意と工夫にあふれた生活をしていた縄文人のほうがむしろ健康的であった可能性はあながち否定できないようにも思う。実際に彼らの骨格を比較しても、近世は日本人の身長がもっとも低くなった時期であり、頑丈な縄文人の骨に比べると細く華奢な、一見発育不良を思わせる人が多いのも事実なのである。

ただし、前述のようにそれはあくまでも相対的な話で、しばしば縄文人のことを「豊かな狩猟・採集民」といった言葉で表現したりするが、おそらく現代人の感覚で言う「豊かさ」

とは相当にかけ離れた状態であったことも忘れてはなるまい。たとえばクリブラ・オルビタリアでは縄文人が近代人よりも低い最低の頻度になっているが、ここで比較されている近代人には、じつは明治、大正頃に大学病院で亡くなって遺体の引き取り手がなかった、社会的に恵まれない人々が相当数含まれている。その点は近年、九州大学の古賀英也《こがひでや》によって分析された結果でも明らかで、当然、平均的な近代人との比較結果にはなっていない。一方のエナメル質減形成でも、古墳や中世はもとより、この近代人に較べても縄文人のほうが頻度が高く、総体的にみて決して「良好」な健康状態だった訳ではない。

東高西低の縄文人口

縄文時代の遺跡分布をみると、圧倒的に東日本に多く偏っていることに気づかされる。各地で発見された遺跡の数から縄文時代の人口規模を算出した小山修三《こやましゅうぞう》によると、八〇〇〇年前の縄文早期には全国で二万人に過ぎなかった人口が、前期には一〇万人余り、四〇〇〇年前の中期になると二六万人余りへと急増する。しかしその当時、近畿以西にはわずか一割にも満たない九五〇〇人しか住んでおらず、あとはすべて東日本に集中していたという。その中でも特に東北南部から関東、中部地方の落葉広葉樹林帯（ナラ林帯）の住人が大半を占め、当時のこのあたりの人口密度は、一〇〇平方キロあたり二〇〇〜三〇〇人に達していたらしい。ちなみに、豊かな狩猟採集社会を形成したことで知られるアメリカ西海岸のネイテイブアメリカンでも、せいぜい一〇〇～一五〇人程度であり、それを考えればこの人口密度は本格的な農耕導入以前の社会としては異例の高さといえる。

それだけ東日本の縄文社会は高度に環境適応を成しとげていたということなのであろうが、それにしても、この東西の落差は何に由来するのだろうか。小山の分析結果に対しては、遺跡密度と言うよりは発掘密度の差や遺跡の深さなどが影響して西日本の人口を過小評価しすぎているのでは、といった批判もある。たしかに遺跡数は毎年、いや毎月のように追加されており、奈良文化財研究所によるその後の遺跡数の変化を加味した分析では、小山推計のような極端な東西差は減少する傾向にあるが、それでも東日本にかなり偏っている状況に変わりはない。佐原真《さはらまこと》は、日本の南北を縦断して進められた新幹線や高速道路の建設工事にともなう調査結果を見ても、縄文遺跡が圧倒的に東日本に多い事実は変わらないことを指摘し、遺跡数だけではなく、遺跡の規模や遺物の量、質においても東日本のほうが優っており、多くの文化要素が東日本にいち早く現れて西日本へと伝播していく様相が見られることを考えても、当時の縄文社会における東日本の優位性は動きそうもないという。

この東日本への人口偏在をもたらした一つの要因として、たとえば冬に葉の落ちる落葉広葉樹林は、常に緑葉で被われた薄暗い照葉樹林に較べると、居住空間として快適だし、狩猟、採集といった日常行動にも有利だったのではという意見がある。また、多くの研究者が一致してあげているのは、結局、当時の東日本の環境のほうがそれだけ豊かな食料供給源であったということである。東日本の優位性でまず思い浮かぶのは、サケ・マス漁であろうが、それだけではない。佐原は、サケ・マスに加えて、関東・中部地方では彼らの主要食料だった森の植物性資源が非常に多彩で、それにともない昆虫や鳥、獣類も豊富だった点を指摘している。前述のように、今から五〇〇〇～六〇〇〇年前頃になると、大まかに言って北海道には針葉樹林、東日本には落葉広葉樹林、西日本には常緑広葉樹林（照葉樹林）といった現在と同じような植生が広がる。その中で、クルミ、どんぐり、クリ、トチ等の収穫量を比較すると、日本の北ではクルミに、西では常緑性どんぐりにかなり偏ってしまうのに対し、両者にはさまれて複雑な植生を持つ関東・中部地方では、各木の実がまんべんなく採取可能である。多彩な植生は多彩な昆虫や動物の生存を許すことにも繋がったろう。量の豊富さはもちろんだが、常に不作に襲われる危険性のある縄文人の食生活を安定させる上で、こうした多種類の食糧源を活用することは非常に有効であり、それがこの地方の縄文文化を繁栄させる基盤になったのではないかというのである。卓見であろう。

しかし、この東西間のアンバランスな状況は、縄文時代の後半期、特にその終わり頃にかけて大きく様変わりしていった。気候の寒冷化によって縄文晩期には現在よりさらに気温が低くなった時期があり、各地の森や沿岸部の環境（海岸線も再び沖のほうへ戻っていった）が変化し始めて、とりわけ過剰な人口密度を抱えていた東日本の縄文社会に深刻な影響を与えたらしい。小山の算出データでは縄文時代の終わり頃の人口は全国を合わせても七万六〇〇〇人程度にまで激減したが（中期は二六万人余り）、中でも関東や中部地方では中期人口の一〇分の一以下にまで落ち込む惨状であった。それに対してもともと人口密度が低かった西日本では、人口のピークは中期ではなく後期に訪れ、晩期で少し減るものの、それでも中期に較べれば横這いかむしろ上回る人口規模が推定されている。

近年の実験で、落葉樹性の堅果類は、照葉樹のものに較べて異常気象に大変弱いことが明らかにされているが、おそらく環境が許す限界ぎりぎりの状態にまで肥大していた東日本の縄文社会、とりわけ、森の産物に強く依存していた中部山岳地帯の住民などは、寒冷化という自然の痛撃によって生活の柱である森の恵みが激減し、一種のカタストロフィーに陥ったのではなかろうか。

縄文人の地域差

こうした縄文社会の東西差は、そこに住む縄文人の骨格形態にもおよんでいたことが明らかになってきた。山口敏が、関東と愛知県の吉胡、岡山県の津雲の各縄文人を比較したところ、頭蓋の主要な計測項目のいくつかが、日本の東から西へ、あるいは西から東へと地理的な勾配を見せて変化していくことがわかった。ほかにも西日本縄文人のほうが顔面の扁平性が強いことや、身長が東でやや高いことなども指摘されており、同じ縄文人でも東西で多少の差があったことはほぼ間違いない。前述のように、植生をはじめとした自然環境の違いに加え、すでに後期旧石器時代のナイフ型石器文化圏で、東の杉久保《すぎくぼ》・東山《ひがしやま》型と西の茂呂《もろ》・国府《こう》型に区分けできるとされているし、この縄文時代でもたとえば晩期の東日本に広がった亀《かめ》ヶ岡《おか》文化圏と西の突帯文《とったいもん》文化圏の違いなどは以前からよく知られている。

これら自然、文化環境の東西差に対応するかのような縄文人形質の地域差は、何を意味するのだろうか。一つの可能性として挙げられるのは、自然環境の違いが当然そこに住む人々の生活文化の違いを生み出し、長年の間に人体にも影響を与えたのであろうという解釈である。しかしまた一方で、それら異なった文化がもともと異なった系統の人々によってもたらされた可能性も否定できないという意見もある。つまり、前にも触れたように縄文人の祖先である旧石器人の時代に、大陸の北と南から異質の文化と形質を持った人々が流れ込んできた結果ではないかという考えである。

さらにはまた、一万年余り続いた縄文時代の間、まったく大陸と無交渉だったかというと、そうとばかりはいえない証拠もある。たとえば縄文時代の特に日本海沿岸では、しばしば大陸系の遺物が出土して話題を呼んできた。山形県の三崎山《みさきやま》遺跡で中国の青銅製の刀が発見され、福井県の鳥浜貝塚でも中国江南起源とも言われる漆製品や玦状《けつじょう》耳飾りなどが出土するかと思えば、逆に隠岐産の黒曜石製品が対岸の沿海州《えんかいしゅう》あたりに分布するという事実もある。これら生活用品の動きにどの程度の人の動きが関与していたのかはよくわからないが、北陸・能登半島の真脇《まわき》遺跡縄文前期人を調べた山口敏は、その眼窩の形などに他地域の同時代人とは異なる特徴を見出し、縄文人を均質集団とみなすことへの疑問を呈している。

こうした散発的に発見される例は、単なる漂着の結果だという解釈もあるが、しかしその漂着を簡単に無視してよいものかどうか、最近の調査によると、時代はまったく異なるが、江戸時代の三〇〇年間に朝鮮半島から日本海沿岸へと流れ着いた漂着民の数は、役所に届けられただけでも一万人近くに上ったという。もちろん、時代がまるで異なるので単純な比較はむずかしいが、これに中国からの漂着民や、一万年余りも続いた縄文時代の長さを考えれば、彼らの遺伝的影響の蓄積が地域によっては無視できないレベルになった可能性もあながち否定できないだろう。西日本縄文人のほうが顔面の扁平性が強い点などは、当時の大陸に非常に扁平な顔面を持つ人々が広く分布していた事実と照らし合わせると、何やら関連がありそうで興味を引かれる。

はたして縄文人の地域差が、彼らの旧石器時代に遡る祖先の違いだけに因るのか、それとも長い縄文時代を通した大陸との交流の影響が多少はおよんでいるのか、はたまた単なる自然、文化環境への適応変化なのか、いずれにしろ問題解決には、まずは大陸の、特に北方の資料空白域を埋めた上での分析を実現する必要があろう。ただ注意すべきは、ここでみた縄文人の地域差の程度は、現代日本人の間に見られる地域差とさほど変わらず、それよりも後述する北部九州弥生人や現代日本人などとの時代差のほうがはるかに大きいという点である。近年、沖縄諸島や北海道の北端、礼文島などでも縄文人骨が出土し始めて、各々の地域性も明らかになりつつあるが、それでも彼らは前述のような本州域の縄文人と基本的な特徴を共有する人たちであった。まだ日本海側や四国などほとんど空白状態の地域がいくつか残されているし、日本列島全域を対象とした検討も十分ではないが、こうしたこれまでの分析結果から考えると、縄文人というのは多少の地域差、時代差はあるものの、後世の日本人とは明確に区別できる、かなり独特の特徴の持ち主だったと言えよう。

縄文人のルーツ問題

そして現在、縄文人については地域差の問題もさることながら、縄文人の由来そのものを問う動きが改めて活発化しつつある。大陸の古人骨情報が蓄積されるにつれ、縄文人が当時の東アジアでかなりユニークな存在だった事実が浮かび上がってきた。これまでのところ、東アジアのどこを捜しても縄文人に似た集団が見つからないのである。なぜ極東の島国に文化のみならず形質的にもこうしたユニークな人間集団が形成されたのか。いくつもの流入口をもつ日本列島の地理的環境を考えれば、さまざまに異なった特徴がこのルツボのような地で玄妙に練り合わされて独特の顔貌、体つきを生み出したのだろうとは想像するが、そのルーツ、つまりは原資となった人々の解明を目指すなら、当然、探索の手は旧石器時代にも広げねばなるまい。実際に縄文人は沖縄の港川人に類似するとし、さらには港川人をアジア南部と結びつける考えがあることはすでに紹介した。埴原和郎《はにはらかずろう》もまた、後述の日本人の形成に関する「二重構造モデル」で、縄文人の祖先をアジア南部に求める考えを公表しており、近年には、溝口優司《みぞぐちゆうじ》による頭蓋形態の比較分析でも、縄文人の祖先候補として港川人とともにオーストラリア南東部出土のキーロー人化石（後期更新世）があげられるなどしている。

一方、こうした南方起源説に対する異論も根強い。前述の尾本恵市は、アイヌの遺伝学的な研究から北方起源を唱えて従来の考えに修正を迫っていた。アイヌは、最後の章でも触れるように、縄文人の血をもっとも色濃く受け継いだ人々と考えられ、そのアイヌの遺伝子情報が大陸の南方よりも北方に結びつくことから、彼らの祖先である縄文人も北方起源と考えるべきだというのである。その後の安達登《あだちのぼる》、篠田謙一《しのだけんいち》らによる関東から北海道に至る地域の縄文人骨を用いたｍｔＤＮＡ分析でも、ニブヒやウリチ、ウデヘなどのアムール川下流域に住む人々との繋がりが明らかにされた。また、考古学分野でも以前から、前述の細石刃文化の流入をはじめとして、大陸北方からの影響を指摘する声は少なくない。

縄文人のルーツは大陸の北方なのか南方なのか。大陸と日本列島の位置関係を考えれば、縄文人形成の母体となったはずの旧石器人の流入口を、どちらか一方に限定する必然性はない。ただ、北と南ではその流入時期が違っていただけだろう。問題はそこからどのような人たちが流れ込んできたのかということだが、南方については前述のようにさまざまな候補者が浮かび上がりつつあるが、しかし北方については、いまだ資料欠落のため、明確な答えは望むべくもない。以前の尾本らによるアイヌの遺伝子分析にしろ、近年のｍｔＤＮＡに見られた沿海州先住民との繋がりにしろ、それぞれ貴重な知見ではあっても、これまでの数千年間にわたる、まだよくわかっていない大陸諸集団の移動、交流の歴史を考えれば、それを飛び越えて過去の集団関係まで言及することは容易ではない。おそらく縄文時代から現代に至る長い年月の間、北海道の住人は絶えず近隣の大陸北部からの遺伝的、文化的影響を受けつづけたはずであり、たとえばそうした人々の子孫である現代アイヌが遺伝的に東北アジア人に似ることは、当然の結果と言えなくもないのである。

縄文人骨の核ＤＮＡ分析

そうした資料上の課題が克服されたわけではないのだが、近年、ｍｔＤＮＡよりはるかに情報量が多く、人体のさまざまな特徴を決定する設計図でもある核ＤＮＡの分析結果が、縄文人骨でもついに実現された。東北の福島県三貫地《さんがんじ》貝塚（縄文時代後〜晩期）の縄文人骨を嚆矢として、その後、長野県湯倉洞窟（縄文早期）や青森県尻労安部《しつかりあべ》洞窟（縄文中期）の人骨などでも分析が進められたが、その結果は改めて縄文人の東アジアにおけるユニークな位置づけを再確認するものであった。

図29は、三貫地貝塚で初めて核ＤＮＡ分析を実現した神澤秀明《かんざわひであき》による分析図で、ＳＮＰデータ（Single Nucleotide Polymorphism：一塩基多型）、つまり各個人のＤＮＡの塩基配列には、およそ一〇〇個に一個くらいの頻度で別の塩基に置き換わって個人差を見せる部分

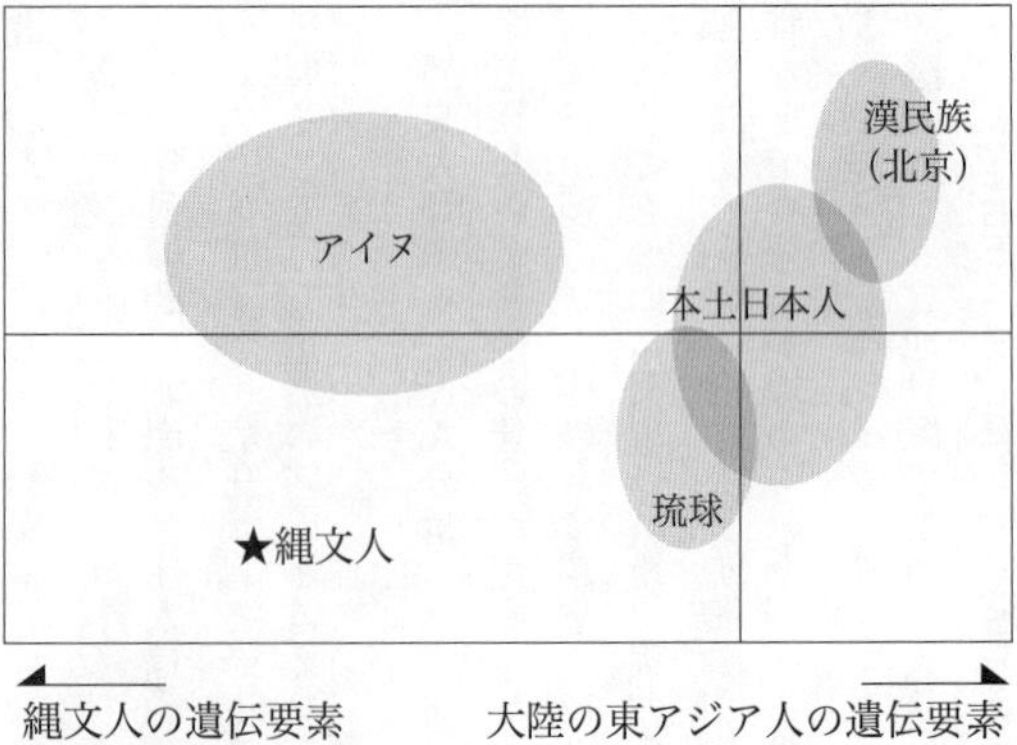

図29　核DNA分析（SNPデータ）による三貫地縄文人と現代東アジア集団との遺伝的関係（神澤ら2016を改変）

があるので、それらを多数集めて集団間で比較した結果である。これをみると、三貫地縄文人はアイヌと共に図の左側に位置して両者が比較的近い関係にあることがわかるが、それ以外の沖縄を含む日本人や中国人とは遠く離れた位置にある。アジアの他の集団を含めた分析でも同様に三貫地縄文人だけがポツンと遊離するような結果となった。

この研究を主導した斎藤成也《さいとうなるや》は、こうした結果から、「縄文時代人の祖先は、東アジアだけでなく、アフリカを出てユーラシア、さらにはオセアニアや南北アメリカ大陸に拡散していった現代人の祖先のなかでも、きわめて特異的な集団であったようだ」とし、「縄文人の祖先さがしが振り出しにもどってしまった」とも述べている。はたしてこの結果が、縄文人の祖先の特異性や分岐年代の古さ故なのか、あるいは前述のような、日本列島という、いわばルツボのようなところで時代やルート、形質の異なるさまざまな渡来人達の一種独特の混ぜ合わせによって生み出されたものなのか。

もどかしい疑問が錯綜する中、二〇一八年、また一歩前進した分析結果が、今度は愛知県伊川津《いかわづ》貝塚の縄文人女性（約二五〇〇年前）の全ゲノム情報からもたらされた。これまで触れてきた古人骨の核DNA分析というのは、その三〇億にも上る全塩基対の中で復元できた一部（たとえば三貫地では一億個余り）を対象としたものだったが、今度は全配列の、それもこれまでは困難とされてきた高温多湿地域（東南アジア）の古人骨二五体を含めた比較分析を実現したのである。その結果、伊川津縄文人は約八〇〇〇年前のラオスや四〇〇〇年前のマレーシア先史人に近い配列を持っていることが明らかにされた。

分析技術の驚異的な進歩を痛感させる注目すべき結果だが、ただし、これから直ちに縄文人の東南アジア起源を唱えるのは早計であろう。もうずいぶん前のことになるが、わが国の古DNA研究のパイオニアであった宝来聰《ほうらいさとし》が、似たようなmtDNA分析の結果を公表して、注目されたことがある。その後しかし、縄文人とアジア北方との繋がりを示す遺伝子情報が多く公表されて、宝来も結局は自説を修正する運びとなった。今回はどうだろうか。コペンハーゲン大学が主導したこの研究は、あくまでも東南アジアの人類史復元を主題としたものであり、分析にアジア北部の古人骨データは含まれていない。というか、もともと北域の古人骨そのものがほとんど欠落している状況に変わりはないのである。これまで述べてきたように、縄文人の生成にアジア南部の先史集団が関わった可能性をより明確に示し得たことは大きな前進だが、アジア北方の先史人を欠いた分析で言えることには自ずと限界がある。

ケネウィックマン

この空白のアジア北域の状況を窺い知る上で興味深い情報が、海を隔てたアメリカ大陸北西部からもたらされた。一九九六年にワシントン州のコロンビア川沿岸で発見された約九〇〇〇年前の人骨（ケネウィックマン）に、アイヌとも類似する特徴が指摘されたのである。アメリカ先住民の祖先は更新世末期（遅くとも一万五〇〇〇年前頃か）にシベリアから陸化したベーリング海峡経由で北米へと流入したと考えられており、おそらくその祖先集団にも近いケネウィックマンの発見はつまり、かつての極東アジアに縄文人、ひいてはアイヌにも繋がる彫りの深い顔貌の人たちが分布していた可能性を浮上させたことになろう。

一方でこのケネウィックマンを巡っては、地元の先住民から自分たちの先祖なのだから骨を返して欲しいとの要求が出され、裁判闘争にまで発展してしまった。ただ、当初の分析ではどの先住民集団と繋がるのかはっきりしなかったことも影響して、二〇〇四年、アメリカ政府は人類学者の研究を許可する裁定をくだした。ところが、ここでも最新のゲノム解析が威力を発揮した。ケネウィックマンが裁判闘争にも加わっていたワシントン州のある部族と近縁であることが明らかにされたのである。さっそくその部族は返還要求を強めているようで、科学の進歩がこの場合は逆に研究進展を阻みそうな、皮肉な雲行きになっている。先住民に対して永年にわたり迫害を続けてきた歴史を顧みれば、これもまた当然の帰結と言えなくもないのだが……。

ともあれ、こうしたDNA分析では、ケネウィックマンと形態面で近いとされたアイヌや縄文人との繋がりはまだ明らかにされていない。縄文人のゲノム情報が出始めたばかりの現状を考えれば、今後の展開に期待するしかあるまい。話がまたアジア側に飛ぶが、前述のバイカル湖に近い二万年余り前のマリタ人化石からは核DNAも抽出され、その分析では、ユーラシア西方の集団との繋がりと同時に、それがさらに東にも伝わって、アメリカ先住民の遺伝子の三分の一はマリタ人起源だという推測も公表されている。これがもし事実なら、あるいは類似の特徴を持つ縄文人にも西ユーラシアからの影響が及んでいたということなのだろうか。

筆者もかつて南米ペルーの先住民頭蓋を手にしたとき、少なくとも新石器時代以降の東アジアでおなじみの扁平顔とはほど遠いその顔つきを見て、これがアジア起源なのかと、驚いた経験をもつ。果たして、更新世まで遡ればベーリング海峡の西側にもこうした、縄文人の祖型になり得るような特徴の人々がいたのだろうか。前述のような事実をつなげていけば、そう考えても不合理ではないように思うが、それを証明するのは、やはり東シベリアの地中にまだ埋まっているはずの、ＤＮＡ分析に加えて形態的特徴も確認できるような保存良好な更新世人類化石である。

はたして、これら錯綜する情報の何処に解答が秘められているのか。問題解決には、まずは残された資料空白の地域と時代を根気よく埋めていく作業が求められている。

第四章　日本人起源論――その論争史

1　人類学の曙

神話の時代

北は北海道から南は沖縄諸島まで、ほぼ日本の隅々まで行き渡り、各地で一万年余の永きにわたって独自の地方色豊かな文化を育み、継承してきた縄文人たち。それではこの、我々とは異なる独特の風貌、体つきの縄文人たちが、現代日本人の祖先なのだろうか。すなわち、かつて日本中に広がっていた彼らの血が、そのまま弥生時代や古墳時代の激しい変革を越えて、後世の日本人に伝えられたのだろうか。

そのように想像することは容易だし、ある意味で自然な発想でもあろう。しかしじつは、日本人の起源を巡って一世紀以上も続けられてきた論争は、この縄文人たちをわれわれの祖先とみなすべきか否かを最大の争点としてきたのである。何が、どのように研究者たちを悩ませてきたのか、ここで古くは江戸時代にまで遡る論争の歴史をたどってみよう。

今から一〇〇〇年以上も前の八三九（承和六）年、出羽国（今の山形県）でのことだが、雷をともなう雨が一〇日余りも続いたあと、海岸に多数の石のやじり（石鏃《せきぞく》）が先端を西に向けて散らばっているのが発見された。地元の古老たちも今までそんなものは見たことがないという。驚いた郡司が朝廷にそれを献じて処置を請うたところ、朝廷は国境に不慮の災いがおよぶのを恐れて神仏に幣を奉った（『続日本後紀』）。

坂上田村麻呂《さかのうえのたむらまろ》による蝦夷地平定からまだ間もないころの話である。今では何の変哲もない石鏃や石槍も、当時はこれを人工品ではなく天から降ってきた神々の軍勢の武器ではないかと思ったようで、ようやく蝦夷地の安定支配にこぎ着けたばかりだった朝廷は、辺境の地にまた兵乱が起こる予兆ではないかと恐れ、神仏に祈ったというのである。

思いがけず地中から顔を出した古代の遺物やお墓を目にした人々が、驚き、かつ怪しんでさまざまな想像にかられるようなことは、古来、日本各地で繰り返し起きていたに違いない。情報のあふれた現代ならともかくも、なんの予備知識もない古代の人々にとっては、そうした経験はしばしば神話や伝承の世界につながったようだ。似たような、今から思えば想像力過多としか言いようのない話は、古代人のゴミ捨て場である貝塚についてもよく知られた文書記録として残されている。八世紀の和銅年間に編纂された『常陸国風土記』にある大串《おおくし》貝塚についての記載がそれである。膨大な貝の堆積を前にして、人々はそれを太古の巨人の食べかすが積もってできたものと言い伝えていたらしく、しかもその巨人というのは、足跡の長さが三十余歩、幅が二十余歩、小便の跡だけでも二十余歩もあったというのである。

こうした荒唐無稽な話は、しかしその後も長く人々に語り継がれ、江戸時代になってもこの伝説を裏づけるかのような巨大人骨を掘り出した話が各所に残されている。たとえば阿波国勝浦郡大原浦の古墳から発見された人骨については計測値まで示され、それがなんと顔の長さが一尺四寸、口の奥の幅も一尺四寸、鬼歯（犬歯）の長さだけで一寸五分もあったと記されている。一尺四寸といえば、ほぼ四〇センチメートルになるが、通常の頭蓋はどこをどう計ってもせいぜい二〇センチを超える程度で、こんなばかでかい頭はおそらく特殊な病変例でない限り世界中のどこを探しても見つからないだろう。目の当たりにした人骨への恐怖感も手伝ったのだろうが、前述のような巨人伝説や、特に五センチメートル近い犬歯というのは、おそらく鬼にまつわる伝承が影響してこのような大げさな記述になったのだろう。

ともあれ、こうした石器天降説や巨人伝説が一般庶民の胸に永く住み続ける一方で、すでに江戸時代から一部の研究者の客観的な目による洗い直し作業も進んでいた。石器が天から降ってきた神々の武器などではなく、古代の住人が作った人工品であるとして、その由来にまで考察を加えた一人に、たとえば江戸時代を代表する儒学者、歴史家、そして詩人でもあった新井《あらい》白石《はくせき》がいる。彼は、当時、石器の出土が東北地方に集中していること、それに中国の『孔子家語』などの文献や多賀城碑などに記載されていることを基に、中国の北方民族、粛慎《みしはせ》がかつて日本の蝦夷や佐渡に侵入した時に残したものではないかと考えた。

北方探検家として知られる近藤重蔵《こんどうじゅうぞう》も似たような考えを展開した一人だが、しかしその後こうした説は、石器が日本の南西部でも出土することが判明し、人工説はともかくも粛慎説そのものは次第に勢いを失っていった。そして松浦武四郎《まつうらたけしろう》や菅江真澄《すがえますみ》、あるいは石の長者として知られた木内石亭《きうちせきてい》らによって蝦夷地を中心とする各地の土器や住居址などに関する知識が集積されるにつれ、代わってアイヌと石鏃を結びつける説や、さらにはアイヌの伝承にある小柄な先住民族コロボックルの名まで登場させた議論が展開されていく。

シーボルトとモース――外国人研究者の活躍

幕藩体制の崩壊とともに訪れた文明開化の時代は、我々の遠い祖先を問うこの分野の研究にも大きな変化をもたらした。ポール・ブローカらによってパリに人類学会が創設されたのは一八五九年のことだから、当時、欧米でも人類学はまだその草創期にあったが、次々と日本へやって来た外国人の中には、そうした自国で芽吹き始めた新たな知的好奇心で日本人とその文化を眺めた人も少なくなかった。

その先駆者として、まだ厳しい鎖国体制下にあった一八二三年に来日したドイツ人医師、フィリップ・フランツ・フォン・シーボルトの名を挙げておく必要がある。いうまでもなくシーボルトは、長崎の出島を舞台に日本に西洋医学を伝えた功労者として著名だが、同時に、日本人やその歴史、風俗にも強い関心を寄せた人物であった。あまりに日本への関心が深すぎたのか、一八二八年には国禁の地図を国外に持ち出そうとしていわゆるシーボルト事件を起こし、国外追放処分を受けてしまうが、帰国後、彼はそれまで集めた資料をもとに『ニッポン』という大部な研究書を出版する。そしてその中で、日本の先住民はかつて全国に住んでいたアイヌであり、石鏃は彼らアイヌがのこしたものだが、やはり地中から出土する曲玉《まがたま》類は、後にアイヌを北方に追いやった現代日本人の祖先が遺したものだとする自説を展開した。このシーボルトの説は、後にオーストリア公使館員として来日した次男、ハインリッヒによって紹介され、小金井良精ら後の日本の学者にも大きな影響を与えた。

シーボルト父子とともにこの分野のパイオニア的な役割を果たした一人が、東京大学に招かれた動物学者、エドワード・S・モースである。一八七七（明治一〇）年、横浜に着いた彼は、東京へ向かう汽車の窓から、偶然、大森駅の近くに貝塚があることに気づき、着任早々のその年の秋、学生らとともに日本で最初の発掘調査を実施した。モース自身は、誰かに先を越されないかと随分気をもんだらしいが、当時の日本は、巨人伝説の名残こそあれ、貝塚を古代遺跡と認識するにはまだほど遠い状況にあった。後に彼はこの発掘の成果を、『大森介墟古物篇』（原著は英文）として出版するが、これが日本で最初の発掘報告書であり、大学から出た研究書、学術論文の第一号でもあった。

モースは、彼自身の手による見事な描画にあふれたこの報告書の中で、当時の日本人が想像もしなかったさまざまな事実を明らかにして人々を驚かせた。まず、出土した人の脛骨がひどく扁平で欧米の先史人骨に類似することから、この貝塚はかなり古い時期に形成されたものであること、しかも壊れた人骨がシカやイノシシなどの骨と混ざって出土することから食人風習の可能性があること、また、大量の土器が出土するので、貝塚人はすぐれた土器の製作・使用者であったことなどを指摘した。そして現代のアイヌが土器も作らず、食人風習も持たないことを根拠に、この貝塚を残した古代人は、アイヌでも現代日本人の祖先でもない、「プレ・アイヌ」とでも言うべき先住民であろうと主張した。つまり、アイヌの前にすでに先住民がいて、それがアイヌにとってかわられ、さらに後にはそのアイヌがまた日本人の祖先と入れ替わったというのである。

この説が公表されると、当然、アイヌ説を唱えるハインリッヒ（小シーボルト）らによって激しい反論が出され、外国人学者同士によるおそらく日本で初めての学術論争が展開されていった。アイヌ派にはイギリス人地質学者ジョン・ミルンや、一八七六（明治九）年に内科学担当として東京大学に招かれ、長年にわたって日本で医療、調査活動を展開したドイツ人医師、エルヴィン・ベルツも与していた。彼は三〇年近くにおよんだ日本滞在の中で、日本人は先住民であるアイヌを別にして大きく二つのタイプ、つまり、華奢な体つきで面長な貴族的特徴を持つ「長州型」と、ずんぐりした体軀で短頭、丸顔の庶民的な「薩摩型」に分けられることを見いだし、後に「ベルツの混血説」として知られる考えをまとめあげた。それは、かつてコーカソイド系のアイヌが住んでいた日本列島に、まず大陸北方から朝鮮半島経由で北方蒙古系の人々（長州型）が出雲あたりに流入し、ついで南方からマレー系の人々（薩摩型）が九州に上陸して、次第に日本各地に広がっていったのではないかというものである。

日本人をいくつか異なった要素の混合体とみるこうした考えは、当時この極東の島国を訪れた欧米人の多くが、そこに群れ暮らす日本人を目のあたりにして抱いた率直な感想でもあったらしい。ジュール・ヴェルヌは、『八十日間世界一周』を書くにあたって当時の欧米人の旅行記を参考にしたというが、彼はその中で、みんな同じ黄色い顔色をしている中国人などとは違って、日本人は顔色も容貌もじつに多様であると紹介している。単なる旅行者の感想とはいえ、各地を歩き回った人たちの何の予断もない目に映った日本人の姿は、その過去の生い立ちを解き明かす上で、案外、重要なヒントを与えてくれているのかもしれない。

アイヌ・コロボックル論争

ともあれ、明治も一〇年代から二〇年代に入ると、日本人の祖先を問うこの分野に、ようやく日本人自身が参画し始める。まだ東京大学理学部の二一歳の学生だった坪井正五郎が、アイヌ問題や古代遺物などに関心のある仲間を集め、「じんるいがくのとも」と名づけた研究集会を初めて開いたのは、一八八四（明治一七）年一〇月一二日のことである。集まった仲間はわずか九名、これがしかし、現在の「日本人類学会」の先駆けであり、以後、足かけ三世紀にわたって展開される日本人起源論争の新たな出発点ともなった。

坪井は、モースがただ「プレ・アイヌ」と呼んで具体的な名を示さなかった先住民として、江戸時代からすでに取りざたされていた「コロボックル」を再登場させ、外国人学者の多くが論陣を張るアイヌ説に対抗した。コロボックルとは、アイヌの伝承に出てくる「蕗《ふき》の下の人」という意味の、小柄な、竪穴住居に住んで土器も作っていたとされる人々のことである。坪井は遺跡から出土する土偶などの出土遺物やアイヌが語り継いできた話の内容から、彼らはおそらく現在のイヌイットに近い集団であろうとし、かつてはこのコロボックルが全国に住んでいたが、後にアイヌによって北方に追いやられ、そのアイヌがまた大陸から渡来した日本人の祖先によって北海道に押し込められた、と考えたのである。

坪井が自身の立ち上げた学会の機関誌、「人類学会報告」創刊号に、北海道の貝塚から出土する土器の製作者に関して、アイヌ等とともにコロボックルの名をその候補者として挙げると、これにすぐさま批判の矢を向けたのは、友人の一人で同じ学会の創設メンバーでもあった白井《しらい》光太郎《みつたろう》であった。M・S・という筆名で書かれたその論文タイトルは、「コロボックル果して北海道に住みしや」というもので、白井はこの中で、伝承などに頼ったコロボックル説は論拠薄弱ではないかと厳しく批判した。すると坪井はさっそく次の号に、「コロボックル北海道に住みしなるべし」と題した論文を発表し、コロボックルを日本の先住民の候補者と想定する自身の立場を初めて明確にした。白井もしかし黙ってはいない。次の号に今度は「コロボックル果して内地に住みしや」とたたみかけ、坪井がさらにまた次号に「コロボックル内地に住みしなる可し」と応じるといった具合で、論争は急速に過熱していった。

　後に「アイヌ・コロボックル論争」と呼ばれる明治の学会をにぎわしたこの大論争において、後に植物学のほうに関心を変えた白井に代わって坪井のより手強い論敵になったのは、同じ東京大学の医学部解剖学教室にいた小金井良精であった。考古遺物やアイヌの伝承類を基にしていた坪井とは異なり、小金井は専門の解剖学的な知識を生かして問題の古人骨の形態的な特徴から先住民問題に迫っていった。彼が特に注目したのは、石器時代人骨の腕や脛の骨（脛骨）が非常に扁平だという点で、その特徴が現代人よりはアイヌに類似することから、日本列島の先住民である石器時代人はアイヌであろうと考えたのである。現在ではごく基本的な小金井の手法は、当時にあってはまさに斬新な、坪井説に較べればより客観的な論拠を与えるものとして、次第に学会の支持を広げていった。

　それでもなおほとんど一人でコロボックル説を支え続けていた坪井に引導を渡したのは、皮肉にも彼の愛弟子、鳥居龍蔵であった。一八九九年、鳥居は、恩師の坪井説を裏づけるために千島列島へ調査に赴くが、そこでアイヌも最近まで土器や石器をつくり、竪穴住居に住んでいたことを発見してしまうのである。アイヌがそんな生活技術を持たないことを根拠にしていた坪井にとって、この新発見は致命的な痛撃となった。坪井はそれでもなお精力的に自身の説を補強する論考を発表し続けたが、しかし一九一三年、旅先のロシアで彼が客死するにおよび、コロボックル説はあっけなく論争の舞台から姿を消してしまう。

2　人種交代説から原日本人説へ

鳥居龍蔵の「固有日本人説」

初期のこうした論争では、日本の先住民をアイヌとするか否かで意見が割れていたものの、全体の骨組みとして、この列島に最初なんらかの先住民がいて、後に日本人の祖先となる人々が渡来してきて先住民を駆逐してしまう、という図式では共通していた。つまり人種交代が起きたというわけだが、考えてみると、なぜこうした極端とも言える考えが最初から基本図式として受け入れられていたのか、不思議な気がしないでもない。おそらく初期の論争をリードした西欧人が、アメリカやオーストラリアへの移住史を目のあたりにしていたことも一因だろうが、その前に、シーボルトなどが自説に織り込んだ日本の記紀神話自体に、天孫降臨や神武東征といった、先住民族を後来集団が駆逐するという話が含まれていたことも見逃せないだろう。そして、土器や曲玉、あるいは金属器など出土遺物が変化することは、そのままそれらの文化遺物を遺した民族の交代を意味するというのが当時の一般的な発想であり、一九一六（大正五）年に発表されて大正時代の学会で多くの賛同者を得た鳥居龍蔵の「固有日本人説」も、そうした基本概念に立ったものであった。

心ならずも恩師の説を否定するはめになった鳥居だが、彼はその生涯にわたって広く東アジア一帯を踏査した、当時としては希有《けう》なスケールを持った研究者であった。北や南の島々はもとより、満蒙やシベリアに至る大陸各地を歩いた彼が出した説は、当時ようやくその存在が明らかになりつつあった弥生文化は、それを担った民族が縄文文化とは違うものであり、後者は先住民であるアイヌの文化だが、前者は沿海州、朝鮮半島から渡来した人々（固有日本人）による文化で、その後さらに北や一部は大陸南部、東南アジアあたりからも時期や源を異にする渡来が続き、それらが混血して今日の日本人が成立した、というものであった。

原日本人説

この鳥居説を代表とするアイヌ先住民説、人種交代説が広く行き渡り、定着するかにみえた大正時代、早くも新たな批判的動きが頭をもたげ始めていた。その一つのきっかけになったのは、一九一六年に京都大学に日本で初めて考古学教室を開いた濱田耕作らの発掘調査によって、それまで不明確だった縄文時代と弥生時代の前後関係が明らかにされたことである。つまり縄文時代の後に弥生土器や金属器を出土する弥生時代がくるという、今では常識となった時代関係がようやく実証され、さらにその間の移行状況についても研究が進んでいくと、鳥居の言うように互いを不連続な別系統のものとして明確に区別することに疑問がもたれ始めたのである。

そうした中で、京都大学の清野謙次《きよのけんじ》と東北大学（後に東京大学）の長谷部言人という二人の人類学者から、日本人の祖先を後来の渡来人ではなく、もともとこの列島に住んでいた石器時代人にこそ求めるべきだという考えが唱えられだした。「原日本人説」と呼ばれるこの新説は、いずれも現代日本人が石器時代人を土台にして形成されたと考える点で共通するが、しかしその具体的な内容には大きな相違点もあり、この後、現在まで続く論争の火種を含んだものでもあった。

清野謙次の「混血説」

清野謙次は、大阪府立第一中学校に通っていた頃からすでに人類学や考古学に興味を持ち、坪井正五郎とも文通して、当初はコロボックル説を金科玉条として育ったという。人類学者になるのが夢だったが、その後、家庭の事情でやむなく京都大学医学部に進学することになり、卒業後は病理学を専攻した。ロシアで坪井が盲腸炎をこじらせて急死したのは、彼が初めてドイツに留学していた時のことである。帰国後、清野は生体染色に関する研究を大きく発展させ、学士院賞まで受けたが、風邪をこじらせて危うく命を落としそうになったことをきっかけに、残りの生涯を長年の夢であった人類学に捧げる決意をしたのだという。

清野は、それまで分野外ながら関心をもって眺めてきた日本人種論が、アイヌ説にしろコロボックル説にしろ主に文化面での議論に偏りすぎて、しかも文化の異同と人種の異同を混同しており、人種問題を論ずるのになぜもっとその人体の基本的な比較分析をしないのか、その点に強い不信と不満を感じていた。そして、わずかな資料を基にした小金井の分析では「いくらも役に立つものではないのだ」として、同じ大学の同僚で四歳年長の友人でもあった濱田耕作らの助言も得ながら、まずは石器時代人骨の収集に全力を注ぐのである。彼がその頃に教室員を動員して岡山県の津雲貝塚や愛知県の吉胡貝塚などから発掘した数百体に上る人骨群は、今も日本を代表する縄文人コレクションとして内外の研究者に利用され続けている。

清野はこうして集めた大量の石器時代人について、従来の考古・民俗学的な論証を極力省きながら、統一された計測法と統計手法を駆使して、あくまでも客観的な分析、考察を推し進めていった。当時としてはまさに画期的な試みであった。清野が最初に手がけた津雲貝塚縄文人の分析結果を基に、石器時代人、ひいては日本人の起源に関する自説を初めて発表したのは、一九二六年のことである。図30は、宮本博人《みやもとひろと》と共著で出したその論文、「津雲石器時代人はアイヌ人なりや」で示されたもので、この結果をみると、津雲縄文人とアイヌの距離に較べて、アイヌと畿内人の距離のほうが小さくなっている。もしアイヌ先住民説のように石器時代人（津雲）はアイヌだったとすれば、その両者より近い関係にあるアイヌと畿内人も同人種ということになるが、当時、そんな発想は誰の脳裏にも浮かばなかった。アイヌと日本人（ここでは畿内人）を別人種と考える限り、アイヌと津雲縄文人を同人種とするわけにはいかないし、しかも、畿内人と津雲貝塚人の距離はアイヌと津雲貝塚人のそれより遠いので、津雲人と畿内人を同人種とみることもできない。要するに、津雲縄文人は、アイヌでもなければ現代畿内人とも遠い別の人種であり、「石器時代人」とでも言うしかない人々である、というのが清野らの結論であった。

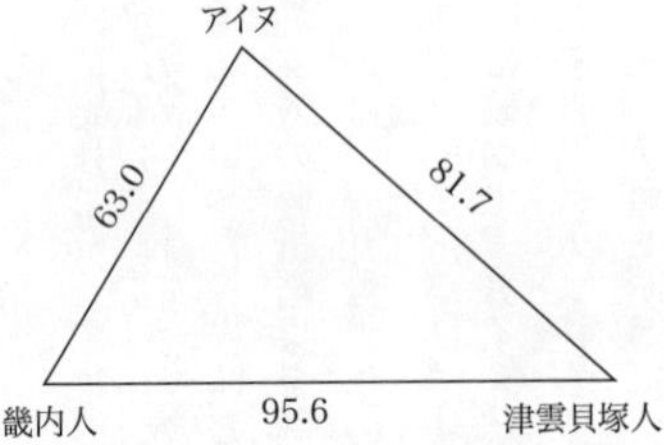

図30　縄文人、アイヌ、現代日本人の関係（頭蓋30項目による平均型差）（清野・宮本1926）

　清野は後に古墳人骨についても分析を進め、彼らが縄文人とはかなり異なって、形態的に現代人に近づくことを示し、その変化の原因は、渡来人との混血と進化によるものであろうと考えた。そして、石器時代人とはかなり異なるアイヌもまた、大陸北方民族との混血の影響を受けたのではないかとみなし、要するに、現代日本人もアイヌも、原日本人とでも呼ぶべき石器時代人（縄文時代人）を土台として、その後の進化と近隣集団との混血効果によって生み出されたものであろうと考えた。これが、清野のいわゆる「混血説」の骨子である。

長谷部言人の「変形説」

石器時代人は我々とは無縁の先住民ではない、と主張したもう一人の人類学者、長谷部言人は、清野とは対照的な手法でこの問題に迫っていった。長谷部は、計測や統計計算よりもまず骨をじっくりと観察し、骨の形と機能がどのように関係しているのか、そしてそれが時代や地域で変化するのはどういう要因によるのかを、当時はまだそれほど一般的ではなかった進化学的な視点を取り入れて解釈し、説明しようとした。

たとえば人類の進化の様相を眺めてみると、原人から旧人、新人へと進化する中で特に顎や歯などの咀嚼器の退化が顕著である。それは石器を始めとする彼らの生活文化の進歩によって顎を酷使する必要性が減ってきた結果であり、その顎の変化が顔面やそれにつながる頭蓋全体の形の変化も引き起こしているものと考えられる。従って、縄文人から古墳人への大きな形態変化についても、清野のように異人種との混血効果を想定しなくても、この間の文化的な進歩を考慮すれば説明可能ではなかろうか。つまり、世界の人類がそうであったように、日本人もまた、アジアの更新世人類から日本の石器時代人へと進化し、その石器時代人がまた生活文化の変化と連動しながら弥生人になり、さらには古墳人を経て現代日本人に至ったのであろう——これが長谷部のいわゆる「変形説」と呼ばれる考えである。

この清野と長谷部の研究は、それまでの日本の人類学を一新させたと言っても過言ではない。片や大量の古人骨を集めてそれを客観的に分析する統一した計測法や統計解析法を普及させ、もう一方もまた、当時の世界的な潮流でもあった進化論的、機能論的な解釈を日本の人類学界に導入して、その視野を大きく広げることに貢献した。これらの強力な新説の台頭によって、一時は定説化していたアイヌ先住民説もその姿を消していくほかなかった。そしてその一方でまた、前述のようにこの二人の登場は、新たなより激しい論争への出発点ともなった。その後の研究者を悩ませ、現代にまで至る長い論争へと駆り立てた最大の争点は、清野と長谷部によって新たに示された対立点、すなわち、縄文人と後世の日本人との間に見られる大きな形態的違いの原因をどう説明するのか、そこに清野のように渡来人との混血効果を認めるのか、それとも長谷部のように文化的な影響による進化現象と解釈するのか、という点にあった。昭和の初めから戦前、戦後にかけて、この問題を中心に古人類学や考古学はもとより、民俗学や言語学、あるいは遺伝学やウイルス学など、多くの関連分野を巻き込んで、より多彩で精緻な議論が展開されていくことになる。

3　戦後の日本人起源論争

金関丈夫の「渡来説」

清野と長谷部が自身の研究の集大成を発表したのは、奇しくも同じ一九四九（昭和二四）年のことであった。清野は『古代人骨の研究に基づく日本人種論』を、長谷部は『日本民族の成立』を発表して長年の研究から導いた各々の考えを世に問うた。戦後の人類学会でこの二人の学説を受け継ぎ、さらに大きく発展させたのは、金関丈夫《かなせきたけお》と鈴木尚の二人である。彼らの研究は現代の研究にも直結しているので、ここでその内容を少し詳しく見てみよう。

戦後の混乱も収まり、ようやく経済界にもめざましい発展の兆しがみえ始めた一九五四（昭和二九）年、日本の西端の九州や山口県から、この分野にも一つの朗報がもたらされた。長年の議論で欠落していた、しかし誰もが鍵になる時代とみなしていた弥生時代の人骨が大量に出土したというのである。それは佐賀県の三津永田《みつながた》遺跡と山口県の土井ヶ浜《どいはま》遺跡でのことで、教室員を動員して発掘を主宰したのは、九州大学医学部で解剖学を担当していた金関丈夫であった。

京都大学時代に清野の教えも受けた金関は、戦後まもなく台北帝国大学から九州大学に赴任し、以後は南島や西日本各地を舞台に精力的な調査活動を展開した。なかでも金関が特に力を入れたのは、弥生時代人骨の収集であった。新しい文化とともにやって来た渡来人との混血を重視する「混血説」はもとより、文化的影響を主張する「変形説」にしても、その文化的な激変が起きた弥生時代の人々の姿を明らかにすることは不可避の課題であった。しかし、その当時まで研究に使える弥生人骨は全国を見回してもわずか数例にすぎず、縄文人との比較を論じる場合も、やむなく古墳人や現代人を持ち出さざるを得なかったのである。争点が弥生時代にあるにもかかわらず、その時代の資料を欠いていたのでは、議論の進展にも自ずと限界があったろう。金関らによって新たに二〇〇体余りもの弥生人骨が議論の俎上《そじょう》に

時代(遺跡)	縄文 (津雲)		弥生 (土井ヶ浜)		古墳 (西部日本)
頭骨最大長 (mm)	186.4	↘	182.8	↘	181.6
頬骨弓幅 (mm)	143.2	↘	139.9	↘	134.7
上顔高 (mm)	67.0	↗	72.5	↘	68.4
鼻高 (mm)	48.6	↗	53.2	↘	51.4
身長 (cm)	159.9	↗	162.8	↘	161.5

表3　西部日本の縄文、弥生、古墳人の比較（金関1962より）

載せられたことは、長年にわたる日本人の起源論争に大きな転機をもたらすものであった。

響灘《ひびきなだ》に面した山口県北岸にある土井ヶ浜遺跡や、今の吉野ヶ里遺跡に近い丘陵地の甕棺墓《かめかんぼ》から出土した弥生人は、ともにひどく面長で背の高い特徴を持つ人々であった。縄文人との間には古墳人骨から想像していた以上のへだたりが見られ、それは確かに長年の疑問への具体的な解答ではあったが、同時にまた新たな懸案を突きつけるものでもあった。表3は、金関が考察に用いた主要な計測値の比較結果であるが、たとえば縄文人は低くて幅広い、いわゆる低・広顔を特徴とするが、土井ヶ浜弥生人はひどく面長な顔つきに一変している。身長も三センチメートル近く伸びて男性では一六〇センチメートルをかなり上回り、女性も一五〇センチメートルを超えるようになる。若者の平均身長が男性で一七〇センチメートル以上に達した現代人から見れば、一六〇センチメートル余りの人を高身長と表現することには違和感を覚えるだろうが、しかし、わずか半世紀余り前の戦前には、男性でも一六〇センチメートル未満の人が珍しくなく、特に中世から近世にかけ

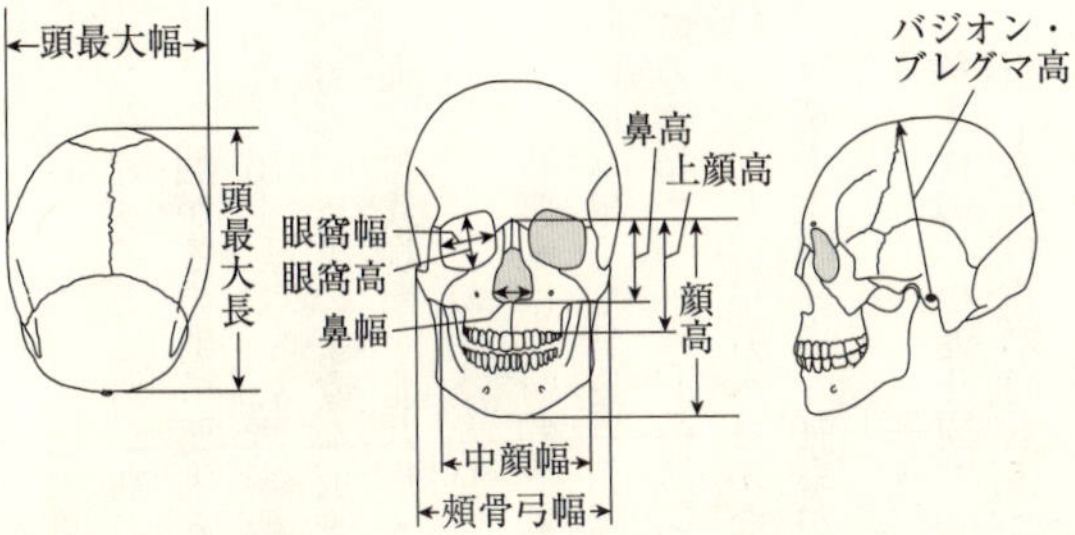

図31　頭蓋の計測法

ては一五〇センチメートル台半ばをわずかに超える平均身長で推移していたことを考えると（図66、三四六頁）、二〇〇〇年も遡らねばならない弥生人のこの身長は、やはりかなりの高身長と言ってさしつかえなかろう。

金関が注目したのは、こうした縄文人と弥生人との大きな違いに加えて、弥生から古墳時代にかけて、形質の逆行現象とでも言うべき不自然な変化が見られることであった。頭蓋の最大長や頬骨弓幅（図31）は時代とともに減少していくが、上顔高や鼻高、身長などは、縄文から弥生にかけていったん高くなった後、古墳時代になるとまた逆に低くなってしまうのである。時代とともに身長や顔高が高くなっていくのは、現代人に向けた一般的な進化現象とみなすことも可能かも知れない。しかしそうした解釈でこの間の時代変化をすべて説明しようとすると、縄文から弥生にかけてはよいが、なぜより後世の、文化的にもさらに進んでいるはずの古墳時代になると逆戻りするような変化を見せるのか、説明がつかなくなってしまう。

金関もまた、清野がそうであったように、文化的な影響で形質が変化することを否定しているわけではない。ただ、それだけでは西日本で起きているこの不自然な変化は説明できそうもなく、そこに何か別の要因も絡んでいると考えざるを得ないということであった。そして、金関がその別の要因として挙げたのが渡来人の影響であり、当時、少数ながら朝鮮半島北部で出土していた青銅器時代人骨の計測結果や南朝鮮の現代人が高身長であることなどを参考に、以下のような仮説を提唱したのである。

「縄文時代晩期、北九州・山口に朝鮮半島から新しい文化を携えた、高顔・高身長の人々が渡来し、土着の人々と混血することによって、土井ヶ浜人のような体質を生み出した。しかし、その渡来は一時的であり、数も在来の縄文人に比してはるかに少数だったために、古墳時代には早くも身長や顔高に逆行現象が起きてしまった。この現象はただし、北九州・山口にのみ起こったことであって、南朝鮮経由と思われる渡来要素は南九州までは達していない。しかし、東方へはかなり強い進出があったと思われ、特に近畿地方には弥生時代以降も引き続き大陸要素の渡来が持続したことを想像させる」。

鈴木尚の「小進化説」

東京大学の鈴木尚もまた、長谷部の時代には乏しかった人骨資料をはるかに充実させ、縄文時代から現代に至る人骨の時代変化を明らかにして自説の基軸とした。鈴木が集めた資料

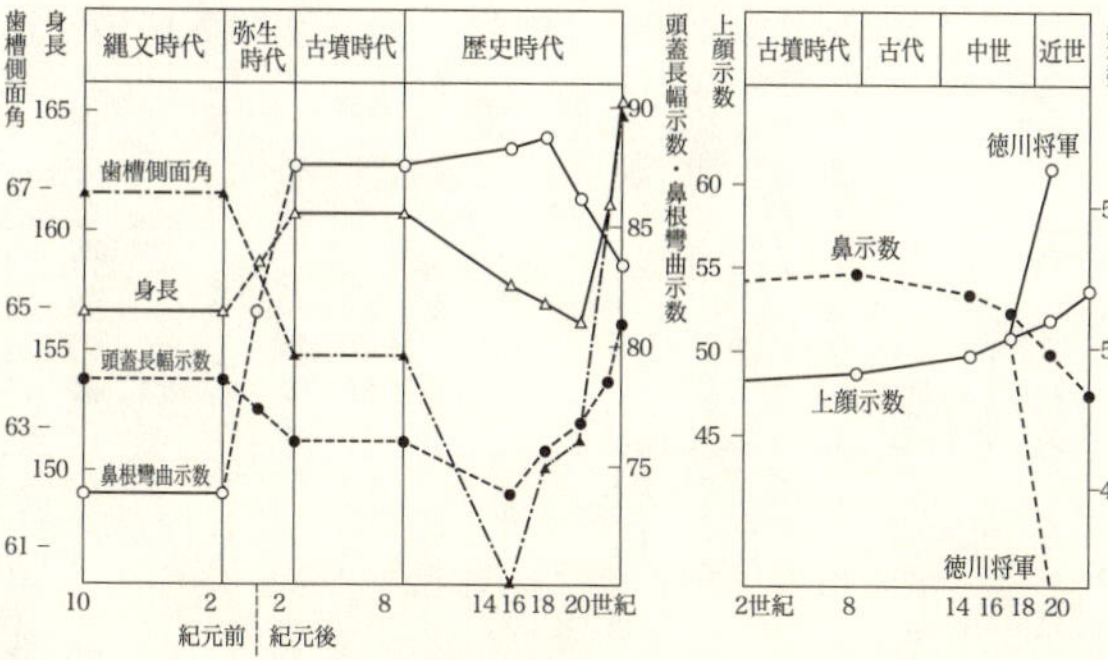

図32　主要計測値の時代変化（鈴木1969）

の中で特に目につくのは、それまでほとんど問題にされなかった中世や近世など歴史時代の人骨群である。初めて明らかになった鎌倉材木座《かまくらざいもくざ》の中世人骨などは、わずか数百年の間にも日本人が激しく変化してきたことを明らかにして、それだけで学会に激しい議論を巻き起こすものであった。弥生人骨こそ少数に終わったが、鈴木はこれら関東一円で収集した豊富な資料をもとに、数千年間におよぶ時代変化の様相を具体的に描き出した（図32）。

この図で頭蓋長幅示数（頭示数）というのは、頭の横幅を前後長で割って求めた数値で、いわゆる短頭か長頭か（数値が大きいほど短頭）を示す。また、鼻根彎曲示数というのは、鼻筋が通っているかどうかを表すもので（数値が大きいほど扁平）、日本人は歴史的にみてこの鼻根部の変化が特に目立つことを鈴木は初めて明らかにした。こうした分析結果の中で鈴木が特に注目したのは、日本人の骨格形態の変化には二つの激変期が見られること、しかもそれが文化的な変化とも連動している点であった。図に描かれた主要な特徴の変化からは、特に弥生時代と明治以降の文明開化の時期に折れ線が大きく動いていることが見てとれよう。たとえば弥生時代には高身長化と同時に、鼻骨が一気に扁平になっているし、明治以降には、より著しい高身長化と短頭化が起きているが、それらはまた、各々、狩猟採集生活から稲作農耕へと生活基盤が急変した時期と、長い鎖国が解けてさまざまな先進西洋文明が一気に流入した時期に一致しているのである。

鈴木はさらに、東京芝の増上寺《ぞうじょうじ》に埋葬されていた歴代の徳川将軍の遺骨を詳しく調べ、わずか数代のうちにひどく特異な変化が起きていることを突き止めた。日本人は時代とともにおおむね高・狭顔、高鼻へと変化してきたが、将軍はその顔の輪郭も鼻の形も現代人の平均をはるかにしのぎ、超現代的とも言える極端な細面、狭鼻に変化していたのである。なぜこんな急激な変化が起きたのか、そのヒントの一つは顎や歯にあった。現代人でも年輩になれば歯の磨耗が進んで表面のギザギザがなくなっていくのが普通だが、しかし後代の将軍の歯をみると、かなりの年輩で死亡したはずなのに、若い時と同様、ほとんど磨り減っていなかった。つまり幼い頃から過保護な環境で育ったため歯を磨耗させるような硬いものをほとんど食べたことがないらしく、おかげで顎がひどく脆弱化して、それが顔幅の減少を引き起こしたものと考えられる。さらに将軍は婚姻相手としてしばしば細面の女性が多い京都の貴族階級の娘を選ぶことが多かったが、どうやらその遺伝的な影響もおよんだらしい。つまり、食生活を始めとする特殊な生活環境に置かれ、選択的な偏った婚姻を続ければ、人間の骨格形態はこのようにわずかな期間で急変することが示されているのである。

鈴木はこうした結果から、次のような論旨の自説を展開した。「明治以降に起きた激しい形態変化は、さまざまな生活環境の急変にともなった、いわゆる都市化現象によるものであり、言うまでもなく、この変化に外国人との混血はほとんど関与していない。人間の形質がそうした外来因子との混血に因らずとも、短時日に急変し得ることは、徳川将軍家の遺骨にも明らかである。従って、弥生時代の形態急変についても、渡来人との混血を想定する必要はなく、生活文化の変化に影響された進化現象と考えることも可能ではないだろうか。日本人は太古の昔からこの地に住んでいた人たちが、その形質に影響を与えるほどの混血を受けることもなく、時代の推移にともなう文化の発展に付随して変化しながら、今日の日本人に至ったのである」。

一九六九年にこの鈴木の「小進化説」が発表されるや、豊富な資料に基づいた多彩で明快な論旨に多くの賛同が寄せられ、日本人の生い立ちを説明する代表的な考えとして次第に支持を広げていった。一方の「渡来説」も一部の考古学者などから評価されてはいたが、多くは清野説の流れをくむ古典的な学説、あるいは単に西日本の一部で起きた地域現象の説明とみなされて、広く学会のコンセンサスを得るには至らなかった。ただ、金関自身は当時、そうした状況に対して以下のような考えを公表していた。「鈴木は南関東の事象をもって日本全部の事象とするが、筆者は北九州・山口をもって全日本を代表させたことはない。われわれの間の違いはそこにあって、論説が対立しているわけではないのである」。

戦後の日本人起源論を振り返ってみたとき、この小進化説と渡来説は、相対立する代表的な学説としてしばしば取り上げられてきた。確かに両者には渡来人の遺伝的影響に対する考えに基本的なへだたりがあったが、同時にまた、金関がこの一文で指摘したような、地域性への配慮という点にも大きな違いがあった。この、金関が指摘した一地域での事象をもとに全国を画一的に説明しようとする姿勢への疑問が、その後、いったんは定着したかにみえた小進化説を見直し、渡来説を再評価する動きへとつながっていく。

4　アジアの中の日本――日本人の地域性とその由来

日本人の地域差――生体計測

同じ日本人といっても、住む地域によって顔や体つきに多少の違いがあることは、日常生活の中で多くの人が実感していることだろう。たとえば関西人には細い目をした髭の薄いのっぺり顔が多いが、沖縄の人は少し背が低いものの、眉や髭が濃く、ぱっちりした二重まぶたの人が多い。これほど遠く離れなくても、列島各地に住む人々の間には、その言葉に方言があるように、顔つきや体つきにも独特の地域色があって、それが長年にわたり受け継がれている。どの地域にどのような特徴が見られ、そしてそれらがどうして生み出されたのか、古人骨研究とは別個に推し進められてきた現代日本人の地域性とその由来についての研究は、過去の日本人の生い立ちを考える上でも重要なヒントを与えてくれた。

日本人の身体特性を最初に詳しく調査し、明治時代人の貴重な計測データを残したのはあのベルツであるが、例の明石寛骨を直良信夫に託された東京大学の松村瞭も、この分野の開拓者の一人であった。彼は身長の他に頭示数にも注目し、それを一万人近い学生について計測した。「日本人の頭示数と身長およびその地域差について」（英文）と題して一九二五年に発表されたこの論文が、他でもない鳥居龍蔵を辞任に追いやった問題の学位論文である。ともあれこの中で松村は、日本人の頭型にはかなり地域差があり、特に古代より日本の中枢であった近畿地方に短頭で高身長の人々が集中している事実を初めて明らかにした。

戦前から戦後にかけて調査の舞台が対岸の大陸各地に広がっていく中で、松村によって明らかにされた地域差はより豊富なデータによって浮き彫りにされていった。朝鮮の京城大学にいた上田常吉《うえだつねきち》や、そのあとを受けて戦後も各地で精力的に調査を続けた小浜基次《こはまもとつぐ》は、アイヌや大陸の人々の計測結果も組み込んで、日本人の系統問題に関する興味深い仮説を提唱した。図33は、一九五八年に開かれたシンポジウム、「日本人の起源」において小浜が示したもので、頭示数の地域差が色分けで表されている。黒く塗られた短頭性の強い地域が近畿を中心に分布する一方、やや長頭に傾く人々が山陰から北陸、そして特に古代日本の辺境の地

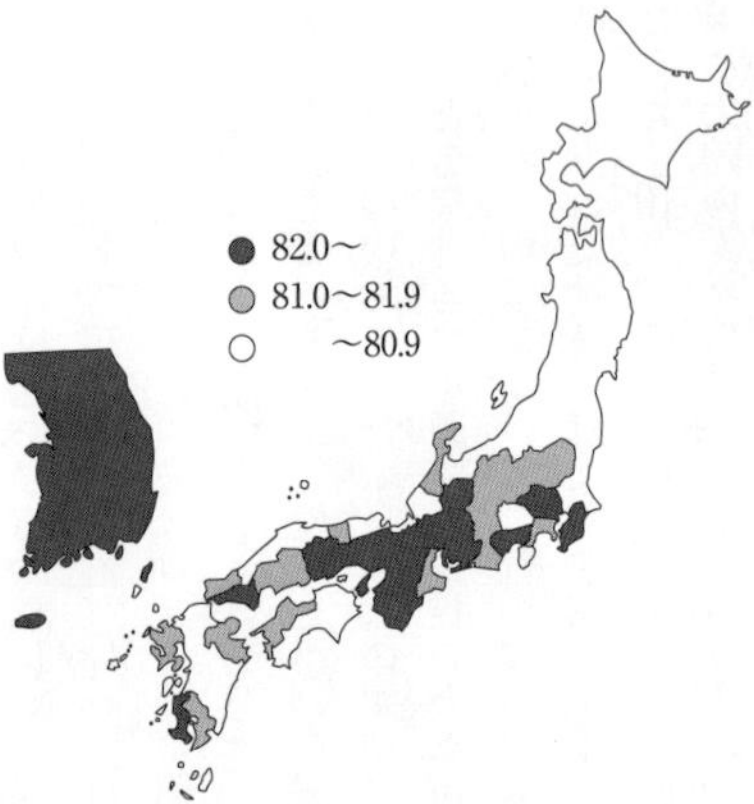

図33　日本人男子の頭型の地域差（小浜1960）

であった東北を中心に分布していることが見て取れる。問題は、同じ現代日本人の中になぜこのような地域差が生まれたのかということであるが、小浜は、朝鮮半島にはより短頭性の強い人々が住んでいること、また北海道に住むアイヌは長頭性が強いことに注目し、その由来を説明する一つの仮説を提唱した。すなわち、もともと日本列島には長頭を特徴とするアイヌ系の「東北・裏日本型」の人々が住んでいたが、そこに朝鮮半島から短頭・高身長を特徴とする渡来人が瀬戸内を経て主に畿内へと流入し、次第に周辺地域にも拡散していったのではないかというのである。

この単純で明快な説明は、のちに頭型が状況次第で変化しやすいかなり不安定な形質であることが明らかにされて説得力を弱めることになるが、しかし、小浜がここで描いた図式は、他の手法、資料に基づく分析でも繰り返し再現され、一つの魅力的な仮説として生き延びつづける。

耳垢と腋臭・指紋

昨今は遺伝子本体であるデオキシリボ核酸の略語、ＤＮＡがかなり一般にも普及しているが、ある民族の系統問題を探ろうとする場合、人体を造る設計図であるこのＤＮＡを分析すればより確実な手がかりが得られるだろうことは誰しも容易に思いつこう。しかし、そうした分析が比較的手軽にやれるようになったのはごく最近のことであり、以前は遺伝学的な研究といっても、もっぱら遺伝子の産物である各種のタンパク質や、遺伝性の身体特性を分析するしかなかった。

日本人の形成史に関しても、まだ遺伝子の実体が解明される以前から、さまざまな遺伝性の形質に注目した調査が開始されていた。そうした初期の研究として、足立文太郎《あだちぶんたろう》の耳垢《じこう》に関するユニークな調査結果を紹介しよう。日本人には耳垢がいつも飴のようにねっとり湿っている人と、粉状のさらさらした耳垢を持った人がいるが、これはアポクリン腺というねばねばした液を分泌する汗腺の数の差によるもので、つい最近になってわずか一つの塩基が置換することで起きることが証明された明確な遺伝性の特徴である。ちなみに普通の汗を分泌するのはエクリン腺と言われ、全身に数百万個が分布するが、アポクリン腺は耳道のほか腋《えき》

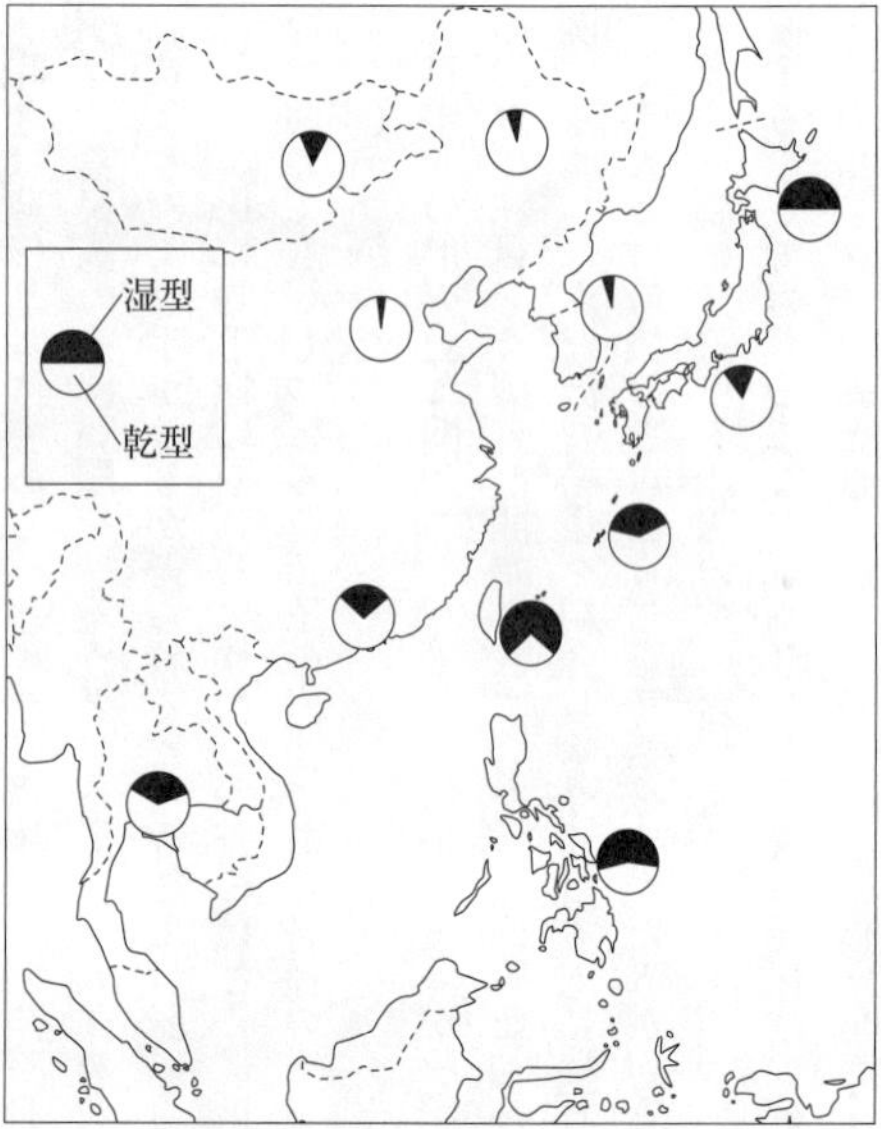

図34　湿型耳垢の頻度に見る地域差（足立1981による）〔山口1986〕

窩《か》や陰部にしかなく、大型であるぶん数もかなり少ない。

いつか大学の授業でこの話をしている時、学生の中にどれくらい湿型がいるかと思って手を上げさせ、そのあとで、耳垢がいつも湿っている人は腋臭が強いはずだ、と言うと、手を上げていた女学生に怖い顔でにらまれた。その後は反省して、最初に耳垢と腋臭は連動することを話してからアンケートをとるようにしているが、そうすると、今度は殆ど手を上げなくなるので、これにも困っている。日本人はこの腋臭を嫌ったり恥じたりする傾向が強いが、さるフランスの著名な詩人が恋人の腋臭を愛でる詩を作っているように、本来は異性を惹きつけるフェロモンのような働きを持っているとの研究結果もある。古い話ではなく近年の学会で発表された研究だが、異性の腋臭を嗅がせて反応を調べたところ、被験者の大半が好ましい臭いと感じたと言うのである。

ともあれ、本州域でこの耳垢の調査をすると、湿型耳垢の持ち主（つまり腋臭も強い人）はかなり少数派である。図34はアジア各地の分類結果だが、ここからは、東南アジアなど南部では湿型が多く、北に行くほど概して乾型が優勢になるという地理的な傾向が見て取れよう。ところが日本列島をみると、かなり奇妙な状況になっている。最南端の沖縄で比較的湿型が多いのはわかるし、それが本州域へと頻度が下がっていく点も理解しやすいのだが、さらに北の北海道アイヌでまた逆に湿型の頻度が高くなってしまうのである。周辺の状況と較べるとかなり不自然な地理的分布になっているわけだが、ここで気づくのは、日本列島の南北両端がその地理的な距離にもかかわらず湿型の多さでいくぶん共通すること、そして両者にはさまれた本州域の人々が南北域とは異なった傾向を示し、しかもその遺伝特性が朝鮮半島から大陸へとつながっているようにみえる点である。先の頭型で小浜が描いた図と、少し似ていないだろうか。

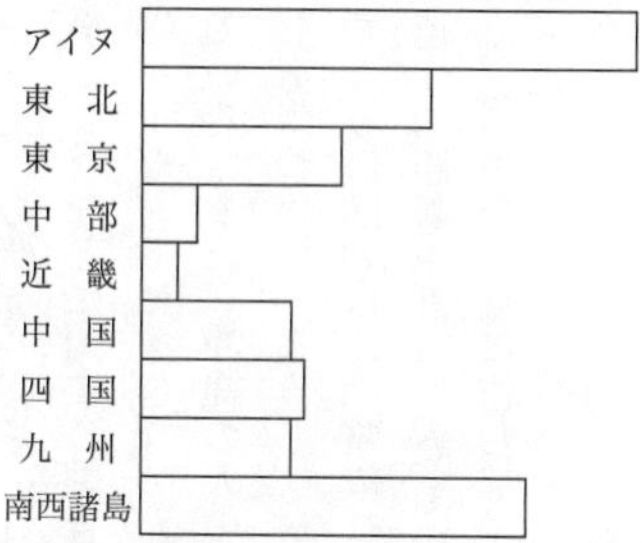

図35　手掌紋の地域差（山口1999）

これと非常によく似た結果が、やはり遺伝性が強いとされる指紋の研究や、そのほか手掌紋《しゅしょうもん》（手のひらの文様）や分離型耳垂《じすい》（いわゆる福耳）、二重まぶたなどに関する調査から寄せられている。たとえば福耳の人は近畿あたりではほぼ五〇パーセントにすぎないが、アイヌはほぼ全員、沖縄でも八割近い人の耳たぶが垂れ下がっている。また、沖縄の人の多くが、眉や睫《まつげ》の濃いぱっちりした目の持ち主だということは誰しも気づいていようし、アイヌの人もまた大半が彫りの深い二重まぶたを特徴としている。ちなみに図35は、手掌紋についての調査結果をもとに山口敏が日本各地の人々と朝鮮人との遺伝的距離を計算したものだが、ここでも近畿地方を中心とする西日本集団が朝鮮人と近く、列島の両端に住むアイヌと南西諸島人がもっとも遠く離れていることが明確に示されている。

タンパク分析から遺伝子分析へ

日本人の遺伝特性を探る研究は、分析技術の進歩とともに、指紋や耳垢のようないわばマクロの表現形質から、次第に体内のタンパク質や遺伝子といったミクロの世界へと進んでいった。たとえば日本人の地域特性に関するこの分野の先駆的な研究の一つに、ハイポカタラセミアという赤血球酵素の変異型について調べた研究がある。ある一個の変異遺伝子がある特有の民族や地域集団にのみ見出されるとき、それは人類集団の移動や交流を探る上で強力な武器になる。血中のカタラーゼというタンパク質の変異型であるハイポカタラセミアもこうした標識遺伝子の一つで、世界の他の地域ではほとんど見られないが、北東アジアの一角にのみ分布するかなり特異な変異型である。高原滋夫《たかはらしげお》らの調査の結果、その分布中心は華北あたりにあり、朝鮮半島から日本の本州域へと次第に頻度を下げながら広がっていることが確認されたが、沖縄ではこれが〇・〇〇七パーセントと一気にゼロ近くまで減少してしまうのである。アイヌのデータがないので、耳垢や指紋で見られた地域パターンが再現されたわけではないが、本土と大陸とのつながり、そしてそれらとは異なる沖縄人の特性をタンパク遺伝子レベルで突き止めた貴重な先駆研究と言えよう。

また、大阪医科大学の松本秀雄《まつもとひでお》が注目したのは、免疫をつかさどるガンマグロブリンと呼ばれるタンパク遺伝子で、そのいくつかの変異型の中で、日本人は東アジアの北方モンゴロイドを特徴づける遺伝子（Gmab^{3}st）を高頻度でもっていることが明らかにされた。松本は世界各地から集めた膨大なデータをもとに、このハプロタイプ（特有の遺伝子の組み合わせ）がシベリアのバイカル湖周辺でもっとも高頻度で出現することを突き止め、日本人の遠い祖先はバイカル湖にあるとする結論を公表して注目された。

一方、尾本恵市らは、赤血球酵素ＧＴＰの変異型の一種、ＧＰＴ1に注目して、その東アジアでの地理的な分布にハイポカタラセミアと似た勾配があることを突き止めているが、さらにその後、分析対象とするタンパク遺伝子の数を増やして、日本人の地域性に関する分析の信頼性を高めていった。ある特殊な遺伝子をターゲットにするのも有力な方法だが、それが一つだけだと場合によっては異なった集団間において偶然似てしまうこともあるだろうし、たまたま共通した淘汰圧（気候や疾病、捕食者などさまざまな環境条件に対し、適応できるものは生き残り、不適応なものは除かれるような働き）がかかって、見かけ上の類似性が生み出される危険性も考えられる。たとえば有名な例で、アフリカやインドなど各地で確認されている鎌形赤血球症という重い貧血を起こす遺伝病があるが、仮にこの変異遺伝子を共有していても、それは必ずしも集団間の遺伝的な近縁性を示すわけではない。人類にとって有害なこの種の突然変異は、本来なら世代交代を重ねていくうちに淘汰されて消えてしまうことが多いはずだが、じつは、この変異遺伝子を両親のどちらか片方だけからもらった場合、マラリアという致死性の高い病気に対して抵抗力を持つことがわかったのである。つまり、たまたまマラリアが猛威を振るっている地域では、この遺伝病の持ち主が生き延びる確率が高いために、そうした特殊な遺伝子が温存されていたわけである。

このような見かけ上の類似による誤りを克服する上で有効な方法の一つは、調べる遺伝子の数を増やして多角的な比較を試みることである。図36は、尾本らが血液に含まれる八種類のタンパク遺伝子を用いて、日本の各地域集団間の関係を調べた結果である。八個という遺伝子数は、数万のオーダーに達する人間の全遺伝子数からすればごくわずかにすぎないものの、このように一個ずつでも比較に用いる遺伝子数を増やしていけば、それだけ安定したより信頼性の高い結果が得られるはずである。ここに示された結果をみると、日本列島の住人は大きく二つのグループ、つまり本州・四国・九州のグループと、もう一方にアイヌと沖縄が一緒になったグループに分かれている。この図では各線の長さが遺伝的な距離を反映しているので、アイヌと沖縄の類似性はそれほど明確とはいえないが、これまでさまざまな特徴について見てきた列島内の地域性が、より直接的な遺伝子分析でもほぼ裏づけられた結果といえよう。前章で紹介した核ＤＮＡのゲノム解析は、まさにこの類いの研究を飛躍的に発展させたものである。

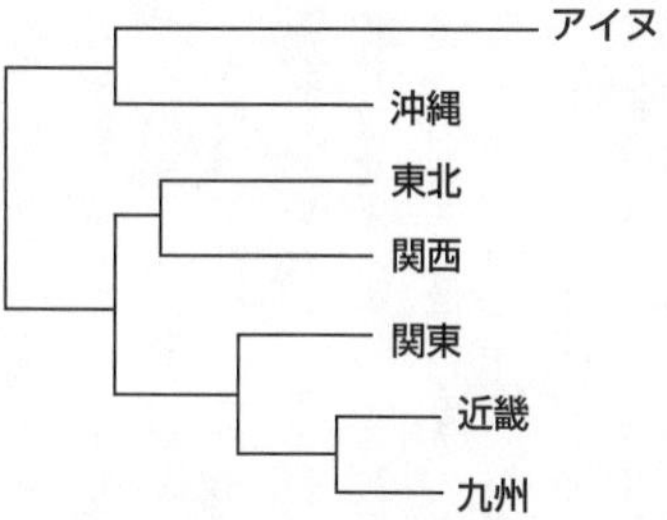

図36　日本列島の各集団間の遺伝的距離
（８個の血液タンパクの遺伝子データより）
（尾本1978）

　さらにウイルス学の研究からも、この分野に興味深い結果が寄せられた。対象となったのはＢ型肝炎を起こすウイルス（ＨＢ抗原）や、成人Ｔ細胞白血病の原因となるウイルス（ＡＴＬ抗原）で、これらは風邪や麻疹などの強い感染力をもつウイルスとは異なって、母子や夫婦のような近縁者にしか伝染しないので、先の遺伝子と似たような伝わり方をする。この中でたとえば日沼頼夫《ひぬまよりお》が調査したＡＴＬキャリアー（このウイルスに感染している人）は、沖縄や九州西南部、太平洋岸や日本海側の島々、それに北海道のアイヌなどで高頻度で見つかったが、本州内部ではごくわずかしか検出されなかった。さらに世界各地で調べたところ、朝鮮半島や中国ではほとんど発見されないのに対して、南太平洋の島々やオーストラリア先住民、あるいはアンデスの先住民などでその存在が確認された。日沼はこの結果から、かつて旧石器時代の大陸にはATLウイルスを持った古モンゴロイドが広く分布し、日本列島にも縄文時代まではそうした人たちが住み着いていたが、その後、ATLウイルスを持たない新モンゴロイドが朝鮮半島や中国から稲作文化とともに日本列島に流入した。そしてその影響で列島の中心部ではキャリアーが少なくなってしまったが、渡来人の影響のおよばなかった北海道や沖縄、あるいは列島周辺の島々など僻地には古くからのキャリアー集団が残ったのではないか、と述べている。

その後も興味深いことに、犬やネズミのような人と一緒に移動する動物にも類似の地理的パターンのあることが明らかにされている。つまり、台湾や沖縄など南部に分布する遺伝子がなぜか列島の北端にも見られ、その間にはさまれた本土域には中国や朝鮮半島の犬やネズミと共通する遺伝子が入り込んでいるといったパターンである。

日本列島人の重層性

このように多岐にわたる研究を通して日本列島に住む人々の遺伝的な多様性、重層性が浮かび上がってきたわけだが、個々の分析結果の間には微妙な食い違いもあるし、中には先に示したガンマグロブリンのように日本列島ではほとんど地域差を示さないものや、あるいはまったく異なった地理的パターンを示す結果もある。たとえばPTCという物質をなめたときに苦いと感じない一種の味盲の人の頻度は、本土日本人では平均して一六パーセントだがアイヌでは低くて一〇パーセント以下、しかし沖縄ではそれが逆に二〇パーセント以上に達することが明らかにされている。さらに形態面でも、東北大学の百々《どど》幸雄《ゆきお》によって、アイヌと琉球人の頭蓋小変異や顔面平坦度では、両者にかなりのへだたりがあることが示され、いわゆるアイヌ・琉球同系論は見直すべきだとの主張がなされている。

今のところ、これらさまざまな遺伝因子の示す微妙な、時にはまったく異なった地理的なパターンの成因をすべて矛盾なく説明できるような統一モデルは提出されていない。おそらく、単に人の移動や混血効果だけではなく、異なった環境下での適応変化も混じっているかもしれないし、たとえ人の移住が主因であっても、その源郷や時期的な違い、それに回数や人口規模なども複雑に絡んでいるはずである。しかし、いずれにしても、このようにいくつかの異なった分析結果の中で、先にも指摘したような類似の地理的パターン、つまり日本列島の両端に多少とも類似性が見られ、その間に挟まれた本土域、特に西日本はこれとは違ってむしろ大陸との類似性を示す、というパターンが何度か繰り返し再現されている事実は、やはり看過できない重要な意味を秘めているように思う。そして、そうしたいくつかの分析結果を縫い合わせる一つの解釈として、先に紹介した、小浜が頭型をもとに描いた渡来人の影響を想定した仮説もかなり説得力をもって浮かび上がってくるのではなかろうか。以前からこの日本列島内の独特の地域性に注目していた山口敏は、その解釈を以下のようにまとめている。

「始め日本列島にはアイヌや琉球人のように、比較的多毛で、波状毛、二重まぶた、分離型耳垂、湿型耳垢の多い集団が北から南まで連続的に分布していたが、のちにアジア大陸から体毛の発達が弱く、髪は直毛で、一重まぶた、密着型耳垂、乾型耳垢が多く、頭部の形態や体型にモンゴロイドの特徴を備えた集団が渡来し、その影響が西日本にはじまり、日本列島の南北両端を残して九州・四国・本州にひろがったということが考えられる。つまりもともと非モンゴロイド的な、いわば基層集団とでもいうべきものが分布しているところへ、あとから大陸モンゴロイドが覆いかぶさるように入って、今日の日本列島人の二重構造ができあがったという考え方である」。

現代人に対するこうした遺伝学的研究は、確かに集団間の血のつながりについて明確な証拠を提供してくれるし、以上の諸研究の結果から見て、少なくとも日本人の形成に、大陸からの度重なる遺伝子流入が重要な役割を果たしたことは、もはや否定しがたい事実と言えよう。そしてそうした認識の広がりは、長く看過されてきた金関の「渡来説」を復権させる上で強い援護射撃にもなった。しかし、積年の疑問がこれですべて解決したわけではない。考えてみれば、日本人が大陸の、特に朝鮮半島や中国の人たちと遺伝的に強い近縁関係にあるということ自体はいわば当然のことである。日本列島で人類が発生したのでもない限り、いつの時代かに近接する地域から渡ってきた人たちが日本人の祖先になったはずであり、その遺伝子に近縁性が見られるのは自然な成り行きであろう。問題になるのは、その遺伝子の交流、つまりは人的交流が、いつ、どのようにして起こったのか、そしてそれが今解き明かそうとしている弥生時代の渡来問題に、どう関連づけられるのかということである。現代人の遺伝的分析は、金関の渡来説の蓋然性を裏づけて、その復権に大きく寄与したが、しかし、過去の渡来の時期やその内容に関する具体的な答えまで提供してくれたわけではない。問題解決には、やはり実際にその時代を生きた人々、つまり古人骨から得られる情報をこれに加えて検証していく必要がある。

第五章　縄文人から弥生人へ

1　弥生人の地域差

水稲農耕民の登場

一九七八年、福岡市の板付《いたづけ》遺跡で、それまでの常識をくつがえす画期的な発見がなされた。夜臼《ゆうす》式という縄文時代晩期末の土器だけが出土する地層から、高度に整備された水田跡と炭化米、それに石包丁や木製の諸手鍬、鋤などの農耕具が出土したのである。この板付遺跡では以前にも弥生時代前期に遡る水田跡や大規模な集落跡とそれを取り囲む環壕《かんごう》などが発見され、北部九州の弥生時代を代表する遺跡としてその名を知られていた。しかし、その前期の

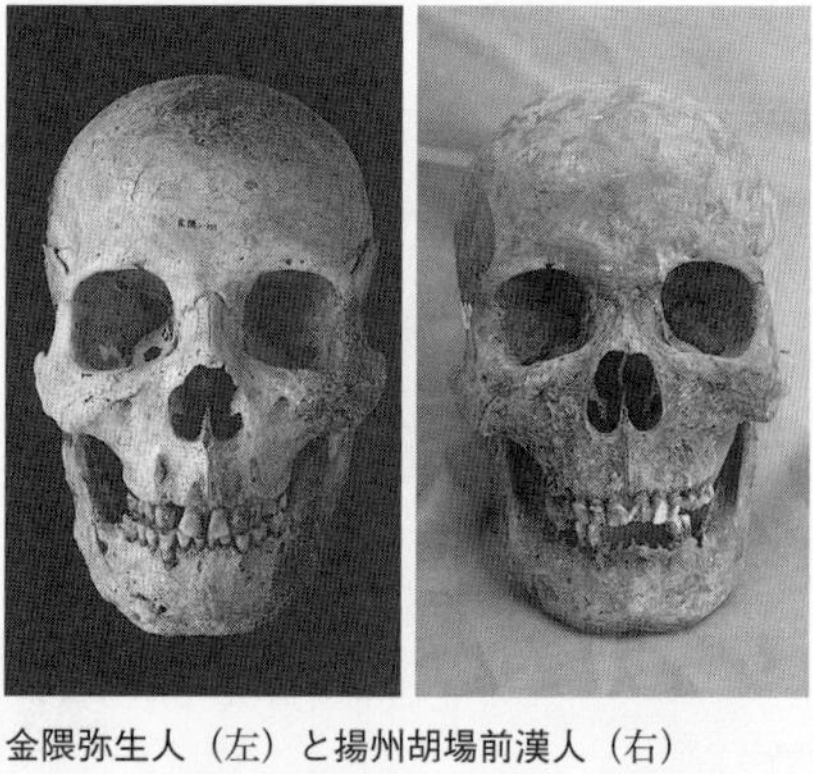

金隈弥生人（左）と揚州胡場前漢人（右）

地層からさらに四〇センチメートルほど地下の、当時の認識としては稲作とは無縁の縄文時代に属す地層に水田跡が埋まっていようとは誰も想像していなかった。

　発見はしかし板付だけにとどまらなかった。そのわずか三年後の一九八一年、今度はもう少し西の唐津湾に面した菜畑《なばたけ》遺跡で、夜臼式期よりさらに古い、山《やま》ノ寺《てら》式という縄文晩期後葉の土器包含層から水田跡が発見された。その後も福岡市の野多目《のため》遺跡や二丈町《にじょうまち》（現糸島市）の曲《まが》り田《た》遺跡などで類似の発見が相次ぎ、北部九州ではこれまで縄文晩期と考えられていた時代からすでにかなり完成された形で水稲農耕が開始されていたことがもはや疑いようのない事実として浮かび上がってきた。

　この水田稲作の存在を重視して新たに「弥生早期」とも呼ばれだした当時、北部九州の沿岸部で何が起きていたのか。学会に衝撃を与えた一連の新発見の中で、以前は渡来文化の流入は認めても、渡来人の介在には懐疑的、もしくは否定的だった多くの考古学者たちの考えも急速に変わっていった。こうした高度な技術、新しい道具がいわばセットになって、しかもかなり唐突なかたちで出現する状況から、これを単なる新文化の伝播、模倣と捉えるよりは、そこに一定の渡来人の存在を想定したほうが合理的だとする認識が広がっていったのである。

　残念ながらしかし、後述するようにこの縄文晩期から弥生早期にかけての人骨資料は当時も今も皆無に近く、板付や菜畑遺跡でおそらくわが国で最初に水田稲作を始めたのがどういう人たちだったのか、その具体像は不明のままである。大陸に最も近く、今のところ弥生文化の発祥の地とされる北部九州で当時の住人の姿が明らかになりだすのは、板付遺跡の時代から少なくとも三〇〇～四〇〇年以上経った弥生前期末頃、大型の甕棺に遺体を埋葬する風習が北部九州で広がりだしてからのことである。

高顔・高身長の弥生人

金関が一九五四（昭和二九）年に最初に手がけた佐賀県の三津永田遺跡もこの甕棺墓であった。その後こうした埋葬例は北部九州の各地で多数発見され、今や人骨数も数千体のオーダーに達している。金関が手がけたもう一つの山口県土井ヶ浜遺跡でもその後の発掘によってさらに資料が追加され、他にも同じ山口県の吉母浜《よしもはま》遺跡や中ノ浜《なかはま》遺跡、さらには島根県の古浦《こうら》遺跡などで着実にその数を増やしていった。

この、海峡を挟んで大陸と向かい合った地域から出土した弥生人骨は、それまで永く不明であった弥生時代人の姿を鮮明に浮かび上がらせた。第三章冒頭に縄文人と並べて示したのが当地の弥生人男性の典型例である。一見して目につくのは、いかつくて低・広顔傾向の強かった縄文人の顔から、のっぺりした面長に一変していることである。眼窩も高くなって、その上縁は直線的だった縄文人とは違って丸みを帯びるようになる。そしてその中央に位置する鼻、特に鼻根部あたりの扁平性の強い点が、この地域の弥生人の主要な特徴の一つとなっている。彫りの深い、ごつごつした縄文人の顔つきとは好対照である。また、彼らの顎をみると、その噛み合わせは上の歯が少し前に出る鋏状咬合がほとんどを占めるようになり、歯そのものも後述のように大きくてやや複雑な形態を持つ（図37）。

彼らは、先にも述べたように古代人としてはかなりの高身長で、男性で一六三センチメートル前後、女性で一五一〜一五二センチメートルの平均身長を持つ。縄文人に較べると高身長だが、その割りに前腕や脛など四肢末端が相対的に短く、プロポーションはあまり良くない。現代日本人が持つ、あまりありがたくない胴長短足傾向は、弥生時代を契機に日本列島に広がり始めるのである。また、その四肢はかなり頑丈で、特に下半身の骨が太く、おそらくどっしりした安定感のある体型だったろう。太さだけなら彼らの大腿骨や脛骨は縄文人の平均値を上回っており、全体的に華奢になる現代人との差はさらに大きい。ただし、筋肉の発達は縄文人ほどではなかったようで、柱状大腿骨や扁平脛骨など縄文人骨にしばしば見られる独特の断面型を持つ個体は少ない。また、下肢とは対照的に

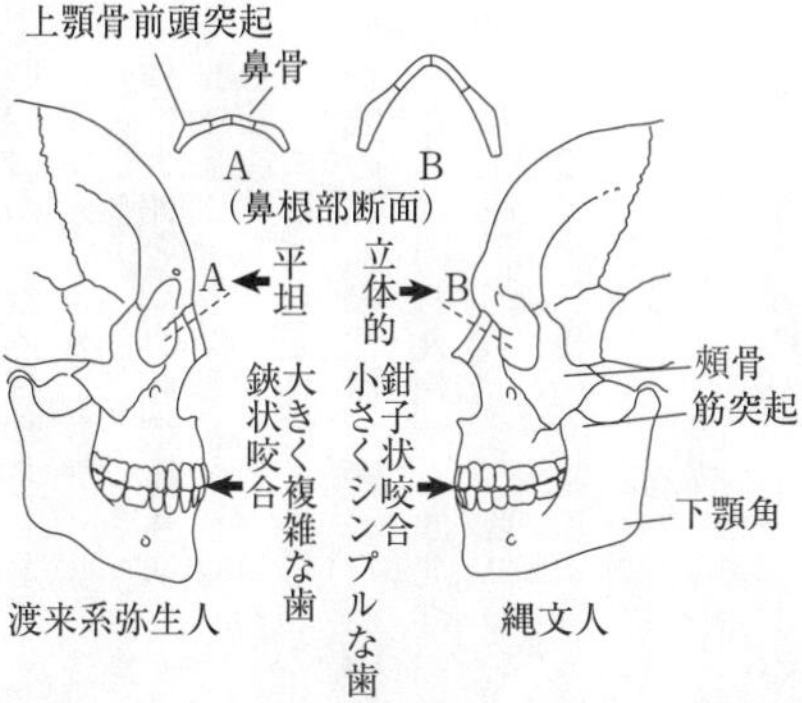

図37　縄文人と弥生人の顔つき

上肢の骨が比較的ほっそりしている点も彼らの特徴の一つとなっている。

西北九州と南九州の弥生人

弥生時代の日本列島の住人は、しかしこの北部九州・山口地方弥生人のような人たちばかりではなかった。比較的地域差の少なかった縄文人とは大きく異なり、弥生時代になると列島各地の住人の特徴に顕著な差が見られるようになる。

たとえば同じ九州でも西北部の沿岸や離島には、福岡平野などに分布する弥生人とは異なって低顔性が強く、しかも鼻筋が通った彫りの深い顔立ちの縄文人によく似た人たちが住んでいたことを、長崎大学の内藤芳篤《ないとうよしあつ》が明らかにした。四肢骨の断面型には少し縄文人との差も観察されているが、彼らは身長も男性で一六〇センチメートル以下と低く、手足のプロポーションでもやはり四肢末端が比較的長い、縄文人と共通した特徴を持っている。

一方、南九州の種子島南端、広田《ひろた》遺跡で発見された弥生時代から古墳時代にかけての人々も、北部九州の住人とは大きくかけ離れた特徴の持ち主であった（図38）。低顔性が強く、鼻骨とその周辺の立体的な感じは縄文人的であるが、後頭部を見るとひどく扁平に変形しており、中にはこの部分を下にして机に置けば、そのまま安定してしまうような頭もある。何か板のようなものを当てて人工的に変形させたのではないかという意見もあるくらいだ。しかも、身長が極端に低く、男性で一五四センチメートル、女性で一四三センチメートル足らずしかない。二〜三体の例ならともかくも、集団としてこれほど低身長の古代人は国内では他に見当たらず、あえて類例を探せば、現代のフィリピン山中に住むネグリトかアフリカのコイサン（ピグミー）くらいであろうか。

広田の人たちはさらに、上顎の前歯を片側だけ抜くという、かなり風変わりな形式の抜歯風習も持っていたし、おまけに中国の饕餮文《とうてつもん》に似た文様を彫り込んだ貝製の腕輪やペンダント類を大量に身につけて葬られていた。こうした点に注目した金関は、自著の中で広田の人々の来歴に関し、中国の秦の時代に始皇帝の命で不老長寿の神薬を求めて船出した徐福《じょふく》伝説と関連づけた話を紹介している。実際、彼らのユニークな形質、風習を見ていると、徐福伝説はともかくも、縄文人だけではなくどこか海の向こうの集団とのつながりも想像したくなる。その後、この特異な特徴を持つ人々の痕跡は種子島だけではなく、もっと南の沖縄でも確認されるようになっている。

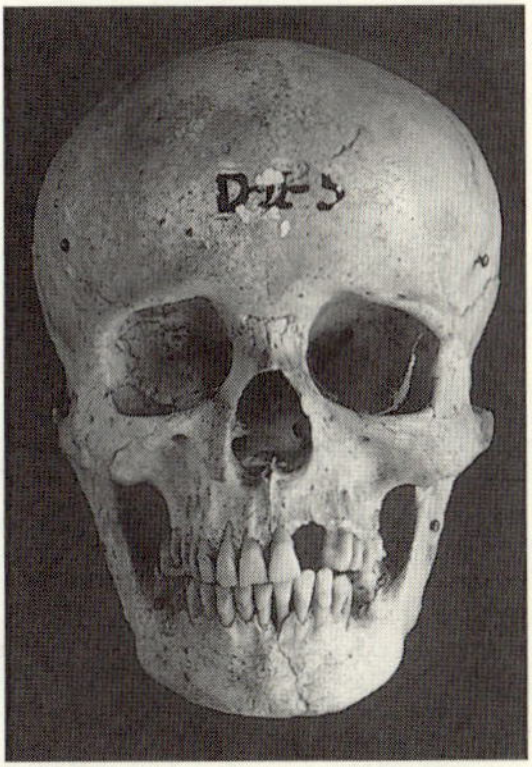

図38　広田遺跡出土の人骨

ともあれ、弥生人骨がまとまって出土している九州の中だけを見ても、このように地域によって人骨形態に大きなへだたりがある。なぜそうなったのだろうか。西北九州の弥生人骨は海岸の砂丘や貝塚から出土しており、その生活は漁労を柱とするものだったと考えられている。つまり縄文時代から同じような生活を続けていた人たちが、身体形質にも昔ながらの古い特徴を残したまま、弥生時代の九州の一角に生きていたということだろう。広田人の来歴は前述のようにもう少し複雑かも知れないが、しかし、彼らもまた、縄文人とも共通するその特徴から見て、おそらく以前からこの地に住み着いていた土着集団だったと考えてさしつかえなかろう。問題は、北部九州や山口地方に分布する、それまでの列島にはなかった高顔・高身長という、当時としては特異とでも言うべき特徴を持った人々の由来である。なぜこの時期、この地域にそうした縄文人とは大きく異なる人々が住み着くようになったのだろうか。

2　北部九州・山口地方の弥生人

時代変化と地域差

北部九州や山口県の日本海側は地理的に見て朝鮮半島に最も近く、古来、大陸からさまざまな人や文化の受け入れ口となってきた。事実、日本で最初に水稲耕作が始まったのもこの地域だし、大陸由来の青銅器や鉄器などの出土例も際だって多く、当時の日本では先進文化の影響をもっとも濃密に受けた場所である。その意味では、一見、鈴木尚の小進化説のように、この地域だけが新しい文化の波に洗われて、その影響でいち早く住民形質にも変化がお

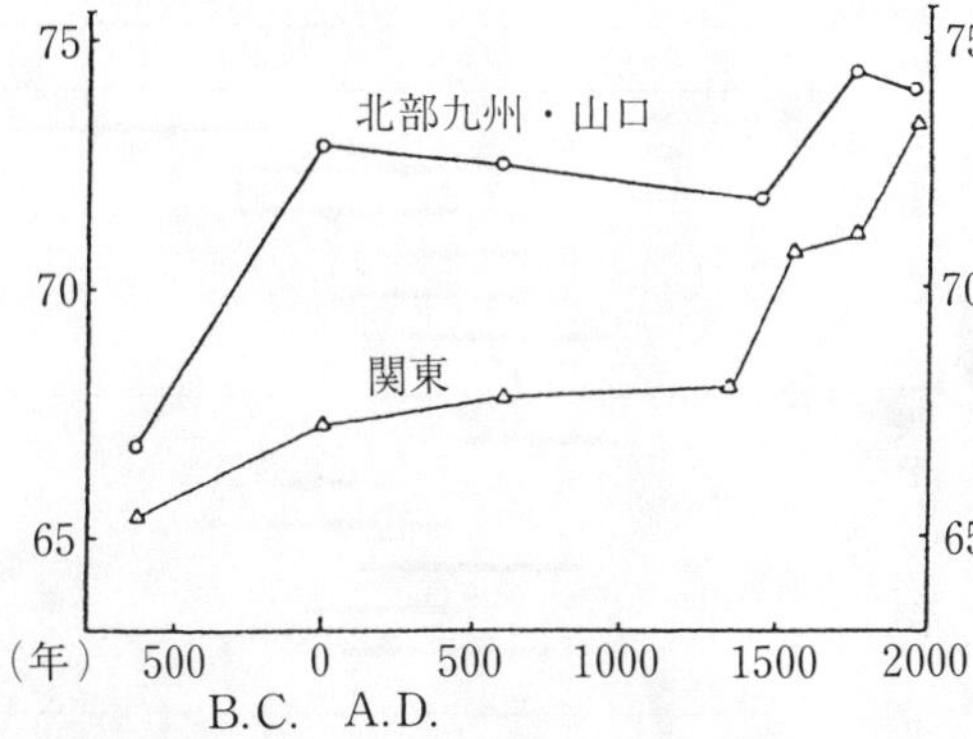

図39　上顔示数の時代変化（北部九州・山口と関東）

よんだ結果だと考えても不自然ではないようにみえるかもしれない。しかし、当地の弥生人の特徴を詳しく見ていくと、そうした解釈だけでは説明できそうもない状況が浮かびあがってくる。

まずもっとも目立つ特徴である高顔性を、縄文時代から現代に至るまでの変化の中で眺めてみよう。面長さの程度を顔の幅と高さの比率で表し（上顔示数）、それを北部九州・山口と鈴木尚によって明らかにされた関東での変化を重ね合わせたのが図39である。縄文時代にはさほど目立たなかった両地方の差が、弥生時代になると北部九州・山口では急激に高顔化して、大きな差が生まれる。関東では確かに変化は緩やかで連続的なので、これを鈴木のように文化の影響による進化的変化と解釈しても不自然ではないようにみえる。問題は北部九州・山口での急激な変化の原因である。こちらも関東と同様、文化要因だけで変わっ

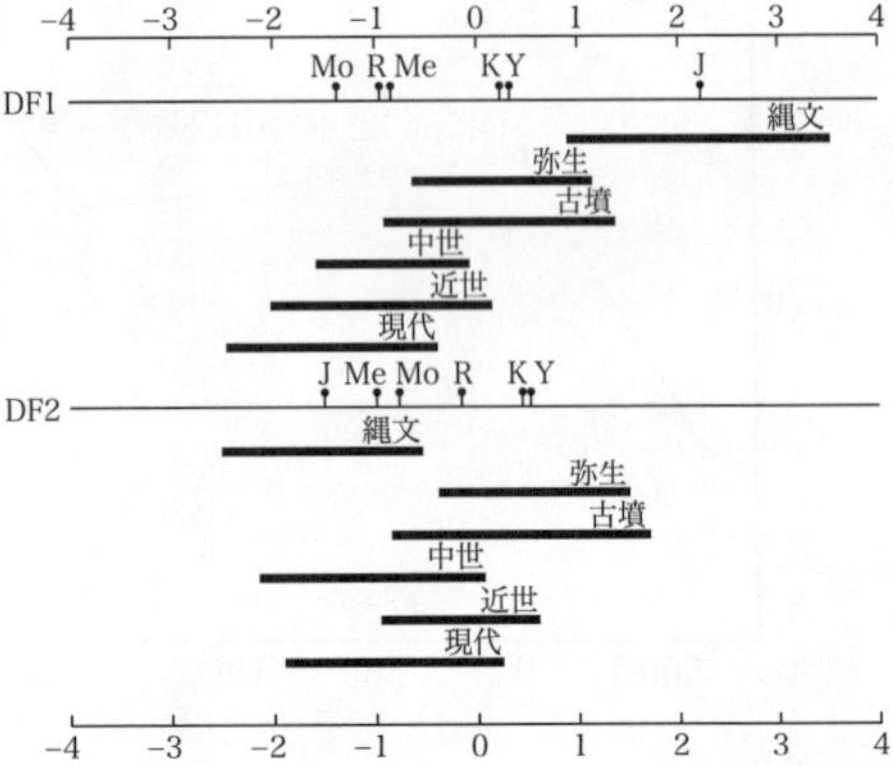

図40　判別関数法で見た北部九州・山口出土人骨の時代変化

たと考えればすむのだろうか。しかし、もしそうならば、なぜそうした要因が北部九州・山口にだけ強く働き、関東地方ではほとんど働かなかったのかが問題になってくる。確かに北部九州あたりはいち早く大陸の先進文化の洗礼を受けたことは事実であるが、しかし、弥生文化の各地への波及はかなり早く、水稲耕作も一部は弥生前期のうちに遠く東北地方まで伝わっていたことがわかっている。従って、もし北部九州・山口での変化が文化要因だけで起きたのなら、関東地方でも少し遅れて弥生時代の後半か遅くとも古墳時代にはもう少し似たような変化が起きてもよさそうなものである。しかしそんな変化は見られない。つまりこの結果をみる限り、北部九州・山口での急激な変化の裏に、文化要因はもちろんだが、それだけではない何か別の要因も絡んでいる可能性がうかがえる。

面長さだけではなく、多変量解析の一つである判別関数法を用いて頭蓋各部の変化を統合した形で時代変化を追うと（図40）、当地の縄文人と弥生人の関係がもう少しはっきりみえてくる。図中の各時代の棒の幅は個体変異を示しているが、ここからは、弥生以降の各集団は多少とも重なりながら、少しずつ連続的に変化していく様子がみてとれる。しかし、縄文と弥生の間にはほとんど重なりがなく、第二判別関数では隙間さえ空いている。今問題にしているのは、当地の弥生人を縄文人の子孫と考えてよいかどうかということだが、この結果をみると、そうした解釈よりも、やはり縄文人と弥生人の間には何か別の要素が入ってきていると考えたほうが理解しやすいのではなかろうか。

扁平顔

日本人と欧米人の顔を見比べたとき、誰しもまず気づくのは鼻の高さの違いだろう。日本人の低くやや幅広なこの鼻の特徴もまた、弥生時代から日本列島に広がり始めたものである。鼻の形、特に鼻梁の高まりは、左右の鼻骨とその両側の上顎骨前頭突起（前掲図37）が作る角度の違い、つまりはこの部分の彎曲の強弱が決めている。彎曲が強いほど、いわゆる鼻筋が通った高い鼻が形成されるが、当地の弥生人では、彎曲の度合いが縄文人に較べてひどく弱い。扁平なのはしかも鼻だけではなかった。

図41は、前頭骨と鼻骨、それに上顎骨の突出度をいくつかの集団間で比較した結果である。各座標軸の目盛りが小さいほど扁平で、この図では二つの面が接する左の角の点が最も

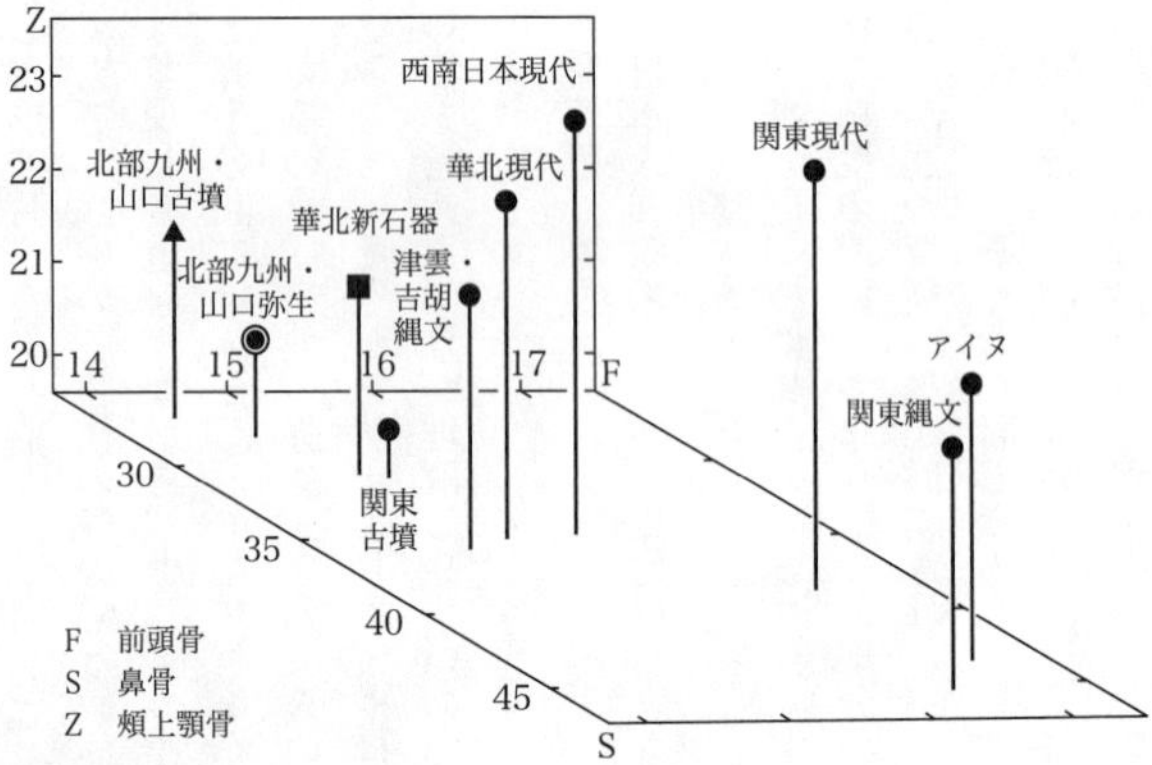

図41　顔面の扁平度３示数による比較（男性）

扁平な位置になるが、当地の弥生人がそのすぐ近くに位置していることに気づくだろう。興味深いことに、中国の華北新石器時代人もまたこれに近く、同じようなのっぺりした顔つきであったことがわかる。一方、これらとは対照的に、関東の縄文人やアイヌなどはいずれも右端に位置し、日本列島やその周辺の先史～現代人の中で最も彫りの深い立体的な顔つきの人たちだったことがわかる。縄文人の中でも西日本のほうが少し扁平性が強まるが、しかしいずれにしても、縄文人に較べた場合、北部九州・山口地方弥生人の扁平性は際立っている。そしてこうした鼻の低い扁平顔が、その後時代によって少し変化はするが、日本人の共通した特徴となって近・現代まで引き継がれていくのである。

問題はなぜこうなったのかということだが、少し視野を広げて日本列島の周辺を見回してみると、ほぼ似たような鼻の持ち主が各地に広がっており、現代の北東アジアに住む人類の鼻としてはごくありふれた形だということに気づく。ユニークなのはむしろ縄文人なのである。ともあれモンゴロイドという人種名の元となったモンゴルの人たちやさらに北方の北極圏に住む人々の鼻はその最たるもので、低いだけではなく、頬骨が前や外側に大きく張り出しているので、極端な場合は頬と鼻の高さがほとんど違わない場合すらある。おまけに顔全体、特にまぶたが腫れぼったいために目は細くて一重が多く、目頭を覆うような蒙古襞《もうこひだ》と呼ばれるものまでついている。

なぜこの北方アジア人の顔は一様に扁平で鼻が低いのだろうか。先に縄文人のプロポーションのところでアレンの法則を紹介したが、鼻の形もまた、その地の気候と密接に関連している。鼻はもともと吸入する空気に適度の温もりと湿気を与える役目を担っているが、シベリアのようなひどく寒い地域では、高く突出した鼻は凍傷になりやすいし、それだけ寒気に曝《さら》されている部分が広いから中に吸入された空気を暖める効率も良くない。そこで鼻をできるだけ顔に埋め込むようにして、その分、鼻腔と繋がっている上顎洞《じょうがくどう》（上顎骨と頬骨の中にある空洞）を拡大して左右から挟み込み、出入りする空気の調節能力を増しているのではないかと考えられている。エスキモーの人たちの顔がひどく扁平で、鼻が時には顔の中にめり込んだように見えるのは、この上顎洞の発達が良いこととも無縁でない。厳密には鼻の形は咀嚼器との関係も絡んでもう少し複雑な仕組みで決められるようだが、いずれにしろ、日本人の鼻の低さはどうやらこの寒冷適応した人たちの影響を受けた結果のようなのである。

頭蓋小変異と歯

縄文人と北部九州・山口地方弥生人のへだたりの大きさを示す分析結果は、東北大学の百々幸雄や琉球大学の石田肇《いしだはじめ》らによる頭蓋小変異の研究からも寄せられた。頭蓋小変異というのは、たとえば神経が通る孔の数が変化したり、縫合があったりなかったり、あるいは通常はない小骨が縫合の間に挟まっていたり、といったさまざまな変異を集計して、その出現頻度を集団間で比較する方法である。こうした小変異は多少なりとも遺伝する傾向があるので、頭蓋資料がある程度そろえば、各集団間の系統関係を知る上で有効な情報が得られる。

図42では各集団を結ぶ線の長さで親疎関係が示されているのだが、北部九州弥生人（金隈《かねのくま》遺跡の名で示してある）や土井ヶ浜弥生人は、どちらも図のほぼ中央で弥生以降の日本人やモンゴル、中国、朝鮮といった大陸諸集団と混ざり合っており、これらが互いに近い関係にあることが見て取れる。しかし、縄文人はアイヌとともにこの一群から遠く離れており、弥生人はもとより大陸集団とも大きく隔たった、なかば孤立した位置づけになっている。この結果から判断する限り、当地の弥生人を後世の日本人の祖先とみることはできても、縄文人を弥生人の祖先とみることはかなり無理な解釈のように思えるがどうだろうか。

先にも紹介したブレイス・永井による歯のサイズに関する研究は、日本人の起源論争にさらに大きなインパクトを与えるものであった（前掲一四五頁図23）。歯のサイズが時代とともに縮小していくという世界の諸集団に共通する変化の方向を考えれば、現代日本人を弥生人の子孫とすることも、あるいはまた、より小さな歯を持つアイヌを縄文人の子孫とすることも理解しやすいが、最大サイズの歯を持つ北部九州・山口弥生人を縄文人の子孫とするには、何か通常の進化現象から外れた特殊な変化要因をもってこなければ説明がつかない。

恥ずかしい話だが、長年のあいだ縄文人の歯を見てきた日本人研究者のほとんどが、ブレイスらによって指摘されるまで、だれもこの単純な事実に気づかなかった。彼らの論文がア

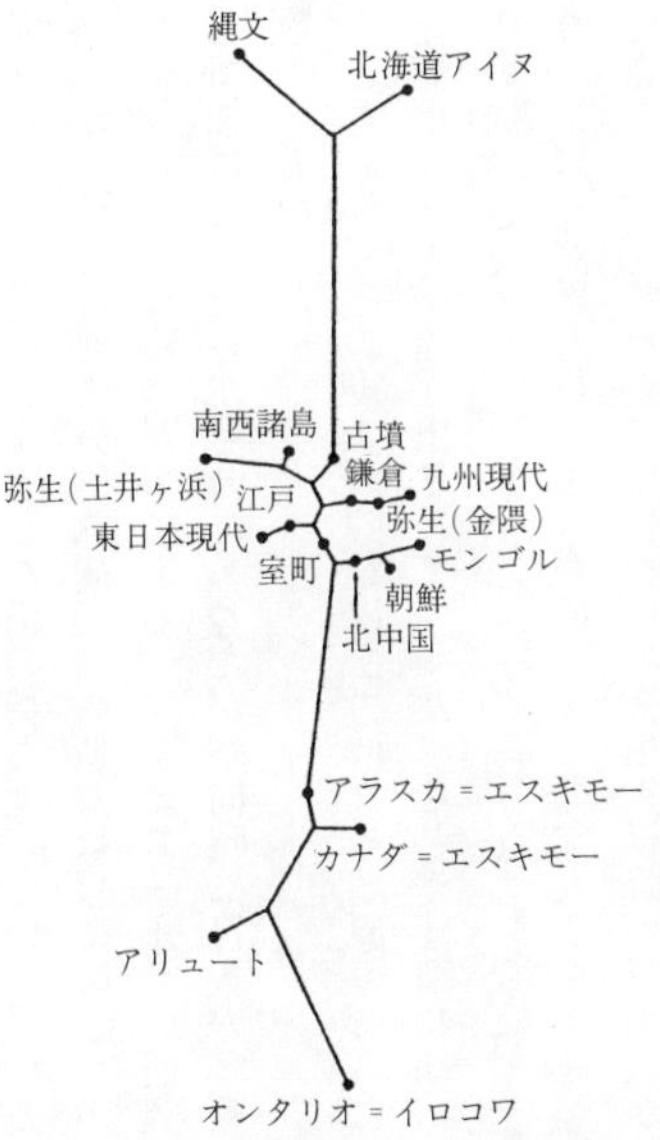

図42　頭蓋小変異から見た集団間の関係（百々1993）

メリカの専門誌に発表されたとき、「まさかそんな……」と、驚くというよりは疑いをもった専門家が少なくなかったという。しかし、あわてて追試をしてみれば、まさにその通りであった。縄文人は顎のエラが張ったごつい顔の先史人、という

イメージが、そのまま大きな歯の持ち主、という思いこみ、先入観に繋がってしまったのだろうか。残念ながら外国人研究者の新鮮な目に曝されるまで、誰もまともにこの問題を検証しようとはしなかったのである。ブレイス・永井の研究は、日本人の起源論に大きな意義ある新知見をもたらすものであったが、同時に日本の多くの研究者にとっては苦い後味を残す教訓ともなった。

ともあれ、その後この問題は松村博文《まつむらひろふみ》や埴原恒彦《はにはらつねひこ》らによってさらに追求され、より具体的な変化の様子が描き出されていった。たとえば図43は、松村が因子分析を用いて、歯の種類別の大きさを比較したものである。図の上に行くほど歯のサイズが大きいことを示しており、やはり北部九州弥生人が最大で、縄文人やアイヌがその対極にあることがここでも確認できる。が、それだけではない。弥生人以降の日本人が見せる折れ線のパターンと、縄文人やアイヌなどが見せるパターンでは、ずいぶん様子が異なっていることにも気づこう。単に歯が大きくなったというだけなら、弥生人のほうが大柄になっているわけだから、それに付随した変化とみる解釈も出てくるかも知れないが、しかし、こうして個々の歯の変化を眺めてみると、縄文人と弥生人では、まるで歯のつくりが違ってしまっていることがわかる。

違っているのはしかもサイズだけではなかった。歯冠や歯根の形態的特徴を詳しく調べていくと、弥生人以降の日本人は、上顎中切歯の裏側が凹んだシャベル状切歯を持つほか、上顎第一大臼歯のカラベリー結節や、下顎第一大臼歯の屈曲隆線など、いくつかの特徴で縄文

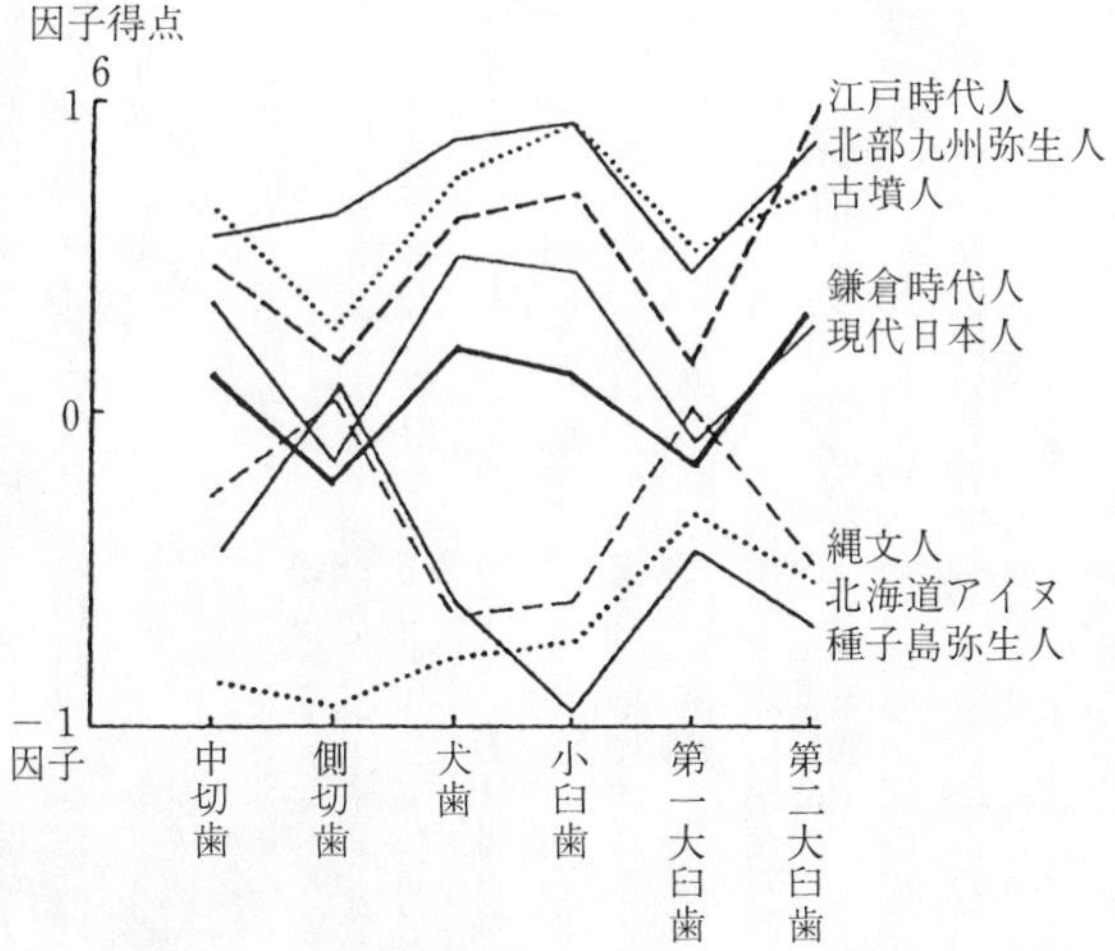

図43　歯冠サイズの時代変化（松村1993）

人より複雑な構造を持つものが多くなる。第三章でも紹介したターナーは、こうした特徴の歯をシノドント（中国型歯列）と呼んで、縄文人のようなスンダドント（スンダ型歯列：氷河時代にジャワ島などが大陸と一体化して出現したスンダランドにちなんだ呼び名）と区別した。シャベル状切歯は、北京原人などにも見られるかなり原始的な特徴とも言われ、一方の縄文人は、サイズが小さくてシンプルな、いわばより進化した歯をもっているわけで、結局、日本列島では縄文から弥生にかけて、なぜか進化の順序が逆転するような現象が起きていたことになる。その要因にはまだ疑問点が多いが、いずれにしろこれを単なる文化的影響だけで説明するのは困難であり、当時の大陸の人々が弥生人と同じシノドントであったことを考えれば、やはりこの時期、日本列島に大陸からの影響がおよび始めたと考えたほうが理解しやすい。

抜歯風習

金関の渡来説に対する疑問の一つとして、抜歯風習の問題が以前から取りざたされてきた。健康な若者の前歯を無理矢理引き抜く少々乱暴なこの風習は、古くから広く世界各地で実施されていた。北アフリカでは一万年ほど前に遡る中石器時代の集団で抜歯例が確認されているし、お隣の中国や台湾などでも、新石器時代の遺跡を中心に多数の抜歯人骨が発見されている。中でも日本の縄文人、特に西日本の津雲や吉胡貝塚など後・晩期の人々はことのほか熱心で、施行率の高さでみる限り、彼らは世界でも有数の抜歯集団であった。

縄文人は通常、上顎の犬歯や下顎切歯を対称的に何本か抜くことが多かったが、おそらくこれだけ前歯がなくなると日常生活にも大きな支障が出たろう。抜歯にはかなり危険もともなったはずだし、おまけにその結果が歯の抜けたしまらない顔になるわけだから、流行の先取りに熱心な現代の若者でも、さすがにこの風習だけは願い下げに違いない。現代人の目から見れば奇妙としか思えないこうした風習がなぜ流行したのか。以前に台湾の先住民になぜ抜歯をするのかと聞いたとき、きれいでしょ、という答えが返ってきて驚いた記憶がある。

少なくとも筆者には「しまらない顔」にしか見えなくとも、ところ変わればまさに人の審美眼も変わるようだ。アフリカでは毒蛇に咬まれて顎が硬直して開かなくなった時、口内に水などを入れるための用心で前歯を抜いていたとの報告もある。

いろんな理由が考えられるが、日本ではおそらく成人式や婚姻あるいは服喪に関わる儀礼行為であろうとする意見が多い。前歯だけを対象にするのも、話をしたりニッコリ笑ったときに、自分がそうした儀式を経た者だということを相手に見せるためらしい。現代でも各地でさまざまに形を変えて行われているこうした通過儀礼には、ずいぶん過酷な試練を若者に課す例も少なくない。今では若者の遊びになっているバンジージャンプも、もとはと言えば南洋のバヌアツの人々の風習をまねたものであった。もちろんオリジナルはゴムひもではなく、木のツルを足に結わえて飛び降りるもので、衝撃のため股関節脱臼を起こしたり、時にはツルが切れて地面に叩きつけられたりする様子が記録フィルムにも残されている。厳しい環境下に暮らす人々にとっては、危険な幼児期を無事に生き抜いたあと、若者に集団の一翼を担うに足る勇気と頑健な身体の持ち主であることを証明させることは、それなりに重要な意味があったのだろう。

ともあれ、渡来説との関係で問題になったのは、じつはこの風習を、土井ヶ浜弥生人も盛んに行っていたからである（図44）。土井ヶ浜弥生人は、いうまでもなく金関がその渡来説を構築する上で最大の拠りどころとした、いわば代表的な渡来系集団である。そうした人々

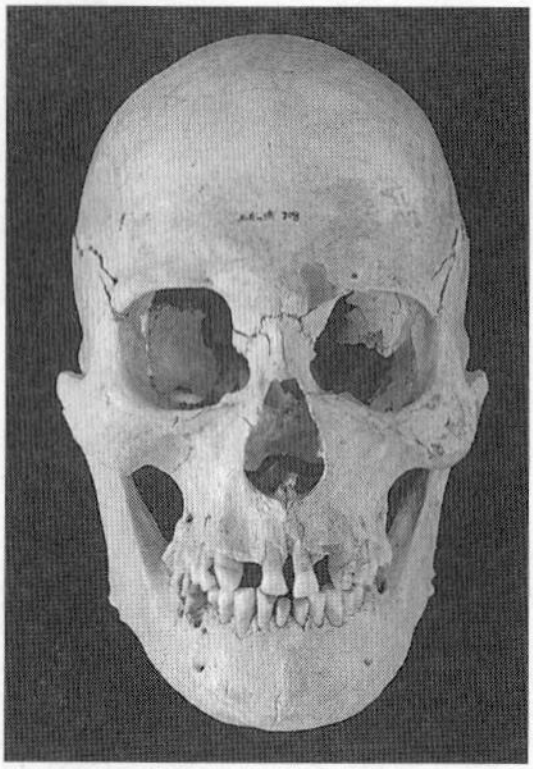

図44　抜歯をした土井ヶ浜弥生人

が、なぜ縄文的な土着風習を熱心に取り入れる必要があったのか。そもそも土井ヶ浜集団を渡来系とすること、ひいては金関の渡来説そのものがおかしいのではないか、というのである。その一方ではしかし、春成秀爾のように、土井ヶ浜の抜歯を縄文文化の継承とする見方に疑問を呈し、同集団の抜歯には大陸起源と思われる要素も入っている可能性を指摘する声もあった。

はたしてどちらの見解が妥当なのか。池田次郎は以前からこの問題に注目し、「日本人種論の核心ともいうべき縄文—弥生移行期の形態変化をめぐる論争に深く関わる問題」として、その解明の必要性を訴えていた。確かに、「渡来説」における土井ヶ浜弥生人の重要性を考えると、いつまでも放置しておける話ではない。

そこで、改めて土井ヶ浜出土の全資料を対象に詳しく調べてみたところ、いくつか興味深い事実が明らかになってきた。抜歯の有無が確認できる一〇七体中八一体、七五・七パーセントという、非常に高い頻度でこの風習を実施していたことが改めて確認されたが、しかし同じ抜歯風習とはいっても、その内容がかなり縄文抜歯とは異なっていたのである。たとえば、土井ヶ浜の抜歯型式でまず目につくのは、抜く歯がほとんど上顎に偏っていることで、縄文人のように、下顎切歯や犬歯をずらりと抜いた例は一例も確認できなかった。また、上顎の犬歯を高頻度で抜く点では一応、縄文時代と共通するが、しかしその一方で、上顎の側切歯を犬歯に迫る頻度で盛んに抜いていることが明らかになった。

そのあたりの違いについて、縄文時代の代表的な抜歯集団である津雲、吉胡、稲荷山との

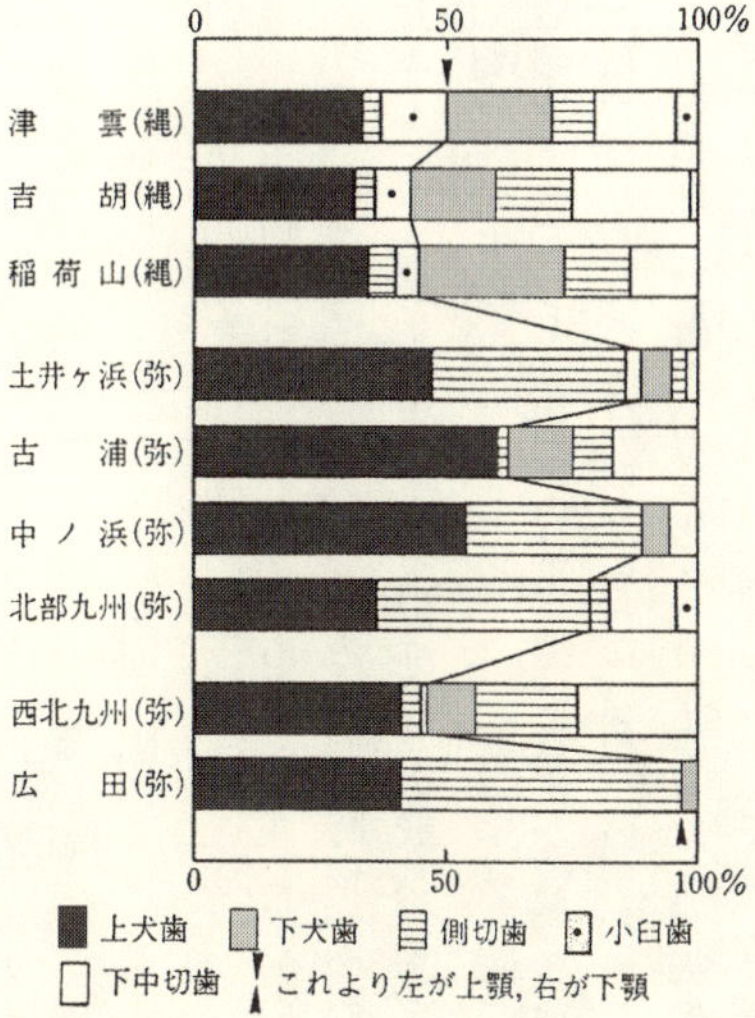

図45　抜歯パターンの比較

比較結果を図45に示した。各横棒を上下につないでいる線から左側が上顎、右側が下顎の歯を示すが、縄文人では上・下顎歯の抜去率が同じか、むしろ下顎歯のほうをたくさん抜く傾向が見て取れる。しかも上顎側切歯の抜去は稀で、いずれの点でも土井ヶ浜との差は歴然としている。また、形態的に縄文人によく似た西北九州弥生人は、抜歯形式でも津雲などにそっくりだし、それに対して、抜

歯人骨の数は限られているが北部九州の甕棺墓から出土した人骨では、形態と同様、抜歯の内容でも土井ヶ浜に近いことがわかる。

同じ抜歯風習でも土井ヶ浜と縄文集団ではこのように中身が随分違っており、少なくとも土井ヶ浜の抜歯を単純に縄文伝統を踏襲したものとする認識は不適切であろう。問題はこの違いが生み出された要因だが、もともと抜歯風習の内容が集団によって変化すること自体はそう珍しいことではない。むしろ地域や時代が変われば、実際の施行に際していろいろとバリエーションが生み出されるのは当然の成り行きだろう。しかし、土井ヶ浜では縄文人があれほど熱心に抜いた下顎歯の抜去をやめたり、ほとんど抜かなかった上顎側切歯を犬歯に迫る頻度で抜くなど、抜歯の基本型に変化が起きているようにもみえる。もちろんこれだけではっきりしたことは何も言えないが、いずれにしろ、金関説のようにもし土井ヶ浜に大陸からの遺伝的影響がおよんでいるとするなら、抜歯についても、疑問を解き明かすためには国内だけではなく、大陸の状況も把握しておく必要がある。

そこで、今度は北京・社会科学院考古研究所の韓康信《かんこうしん》氏と共同で、日中の抜歯について徹底的に洗いなおしてみることにした。同氏は中国を代表する人類学者であるが、戦前の幼少期にしばらく日本に滞在したこともある知日家であり、北京を訪問したときに共同研究を申し入れると、二つ返事で快諾された。韓氏もまた、以前から抜歯風習に関心を持っていくつか論文を発表されていたし、筆者の日本語で書いた土井ヶ浜弥生人の抜歯論文も読んだと言う。帰国後間もなく、膨大な抜歯人骨の資料が送られてきたので、さっそくそれを日本の縄文人や土井ヶ浜弥生人の抜歯と比較してみると、非常に興味深い事実が浮かび上がってきた。

古代中国の抜歯風習は、今から約七〇〇〇年余りも前の北辛《ほくしん》文化期まで遡るようで、以後、山東半島あたりの大汶口《だいもんこう》文化の遺跡から五〇〇体以上もの抜歯人骨が出土している。注目すべきは、その型式が縄文抜歯のような多様性を示さず、ほぼ上顎だけを対象に、それも側切歯を左右対称的に抜く型式で統一されていたことである。この抜き方は他でもない、土井ヶ浜で指摘した縄文抜歯との違いにそのまま重なっている。

しかし、問題はそれほど簡単ではなかった。残念ながらその一方で、単純にこの事実から土井ヶ浜と大陸の抜歯を結びつけるわけにはいかない状況も浮かび上がってきた。古代中国の抜歯風習は、大汶口文化期で大いに栄えた後、四〇〇〇年ほど前の竜山《りゆうざん》文化期に入ると急速に廃れだして、その後はほとんど検出できなくなるのである。つまり、今問題にしている土井ヶ浜とは、時代的に二〇〇〇年ものへだたりがあることになり、いくら抜歯の型式に強い共通性が見つかったとしても、これだけ時代が違うものを結びつけてしまうのは乱暴にすぎよう。

いささかもどかしい結果になったわけだが、しかしこの点についても後述する中国江蘇省の古人骨調査の中で、一筋の光明がみえ始めている。江蘇省の北部に梁王城《りようおうじよう》という春秋戦国時代の遺跡があり、ここから出土した三体の人骨のうち、二体に上顎側切歯の抜歯が確認されたのである。春秋戦国時代と言えば、ちょうど縄文時代末から弥生初期にかけての頃であり、これなら前述の時代的なギャップもなく、土井ヶ浜と関連づけて考える上でも申し分ない。地理的にも、江蘇省の長江や淮河《わいが》流域は、かつては人骨そのものの出土が稀であったため、抜歯のみならず渡来系弥生人の起源を探る研究においても、ほとんど無視され続けてきた地域である。もちろんわずか二体ではまだ明確な結論は出せないが、いずれにしろ江淮地方と呼ばれるこの地域には日本人の起源問題を解き明かすための未知の新事実がまだまだ埋まっていることを予感させる発見ではあった。

余談だが、初めて南京博物院を訪れたとき、筆者は親しくなった中国人研究者、李民昌氏に、戦前、山東省の城子崖《じょうしがい》遺跡から出土した人骨が保管されていないかどうかを尋ねたことがある。それは、かつて金関が古代中国の抜歯風習と題して行った学会発表の中で、南京博物院にある同遺跡の五体の人骨では右の上顎側切歯を抜去していると報告していたからである。じつは土井ヶ浜の抜歯には男女で抜き方が違う場合があり、上顎の犬歯や側切歯では、男性は右側だけを、女性は左右両側を抜く傾向が認められた。金関が紹介している城子崖遺跡の例は、五例がいずれも男性でしかも右側だけを抜いていたため、あるいは土井ヶ浜の抜歯を大陸と関連づけるための有力な手がかりになるかも知れないと思ったのである。しかし、残念ながら、その人骨はもう残されていなかった。周知のように第二次世界大戦で南京は日本軍のために壊滅的な破壊、略奪を受け、その後、中国の内乱の影響も加わって、かつては中国考古学の中心的存在であった南京博物院でも、その膨大な収蔵物や記録類に甚大な被害を受けてしまったのだという。筆者は李氏の返答に言葉を失ってしまった。

3　渡来人の源郷

韓国・礼安里遺跡

金関の渡来説を仮説の域から脱却させる上で不可欠な課題がもう一つある。それは、海をへだてて向かい合う大陸に、土井ヶ浜弥生人などの原型になりそうな人々が本当に住んでいたのかどうかを確認することである。いくら国内の分析で縄文人との違いが明らかにされても、そうした違いを生み出すに足る特徴を持った古代人が、当時の海の向こう側に住んでいなければ、話はまた振り出しに戻らざるを得ないだろう。

金関自身は、土井ヶ浜弥生人の高身長を韓半島の現代人の高身長傾向と結びつけたり、あるいは現在の北朝鮮北部、ロシア国境にも近い雄基《ゆうき》、鳳儀《ほうぎ》遺跡から出土した初期青銅器時代の人骨を渡来人の候補として取り上げていた。しかし、この北朝鮮の人骨はわずか数体ずつに過ぎず、しかもより日本列島に近い半島南部の資料は皆無という寂しい状況であった。金関はやむなく自著の中で、「古代朝鮮半島の住人の身長が現代朝鮮人とあまり差がなかったとするならば」、という苦しい仮定の上に立論するしかなかった。ほとんど比較資料のない当時の状況ではやむを得ないことではあったが、しかし、結果的にこうした問題点が金関説の信憑性を著しく弱めていたことは否めない。

その後しかし、一九七〇年代後半になって、ようやくこの懸案解決への突破口になりそうな資料が、韓国南端の礼安里《れいあんり》遺跡から出土しだした。この遺跡は弥生時代末から主に古墳時代にかけて営まれた集団墓地で、渡来人問題の争点になる時代からは少し後世にずれているが、その出土総数は二一〇体にも上った。韓国ではそれまで、わずかに朝島や黄石里遺跡などからある程度特徴のわかる人骨が一～二体出ていたに過ぎず、人類学的な情報がほとんど白紙状態にあっただけに、初めて集団としての特徴がつかめそうな礼安里人骨の出土意義は極めて大きかった。残念ながら保存不良のものも多かったが、困難なその人骨の復元と分析を手がけたのは、金関の門下生の一人で長く鹿児島大学歯学部で教鞭を執った小片丘彦《おがたたかひこ》を中心とするチームであった。小片らは釜山《プサン》大学医学部の金鎮晶教授の協力のもと、一〇年以上もの間、毎年夏になると釜山大学まで出かけていって礼安里人骨の復元に取り組み、着実にデータを積み重ねていった。はたして、浮かび上がってきた礼安里人の顔立ち、体つきは驚くほど土井ヶ浜や北部九州弥生人によく似ていた。つまり韓国南端の弥生末から古墳時代の住民もまた、ひどく面長で鼻根部も扁平なのっぺり顔の持ち主であり、身長も土井ヶ浜をやや上回る高身長集団であったことが確認されたのである。

これを契機に、渡来系弥生人の源郷探しの熱が急速に高まっていった。朝鮮半島については、礼安里が時代的にやや後世にずれるため、より古い時代の、縄文末期から弥生時代相当期の人骨出土が待望されているが、かの地もまた日本のように酸性土壌が全土を覆っていて人骨の保存にはかなり厳しい環境にある。幸い、半島南端の勒島《ろくとう》などで発見された貝塚から多数の弥生相当期の人骨が出土し、かなり個体変異も見られるが日本の縄文人とは大きく異なって北部九州弥生人などに共通する特徴の持ち主であることが明らかにされている。

中国に渡来人のルーツを求めて

渡来人の源郷探しを、しかし、最初から朝鮮半島だけに絞って展開するわけにはいかない。確かに朝鮮半島は地理的にもっとも日本に近く、渡来問題を考える場合には最初に取り上げるべき地域ではある。実際に弥生時代を契機に流れ込んできた大陸系遺物、たとえば銅剣や銅矛、多鈕細文鏡などの青銅器や、あるいは磨製石斧や石鏃、木製農耕具などは朝鮮半島からのものが大半だし、大きな上石を用いる支石墓もそうである。がしかし、そうした文化要素の多くについては、さらにその淵源を中国東北地域や山東半島、あるいは南の江南地域など背後の大陸各地に求めて東アジア全体を視野に入れた議論が展開されている。陸続きであるだけに、古来、朝鮮半島は中国から文化的な意味だけではなくその住民についても、常に日本以上に大きな影響を受け続けてきたろう。戦国時代から秦、漢代にかけて、多くの中国人が韓半島に流入したことは記録資料からも裏づけられる史実である。我々が日本人のルーツとして突き止めねばならないのは、やはりそうした動きの源流であり、そのためには朝鮮半島はもちろんだが、その背後の広大な中国大陸の人と文化の動きも把握した上で論じる必要がある。

これまでの研究の多くは、日本の渡来系弥生人の源郷候補地として、繰り返し大陸の北半を指差してきた。中国でも特に黄河流域や東北地区などから出土した主に新石器時代の人々が、同時代人である縄文人とは大きなへだたりを示す一方で、弥生以降の日本人とかなり類似する事実が明らかにされ、そうした地域から朝鮮半島を経由して北部九州へという渡来ルートが有力な考えとしてクローズアップされてきた。かつて埴原和郎もまた、シベリアを含む東北アジアのオロチやニヴフ、あるいはエスキモーなどの北方民族と土井ヶ浜弥生人との類似性を明らかにし、日本人はもともと東南アジア起源の旧石器人を母体とする縄文人が住んでいたところに、弥生時代になって北東アジアから渡来人が流入、混血して形成された、とする、いわゆる「二重構造モデル」を発表している。

しかし、前述のようにこうした近・現代人の研究結果から数千年の時空を飛び越えて過去の関係を復元するには多くの危険がともなうし、さらには古人骨を用いた研究についても、これまでの結果にはもう一つ看過できない重要な問題点があった。じつは大陸の古人骨の出土状況には地域的に大きな偏りがあり、分析に使える資料そのものが、これまでのところほとんど中国北部に集中して、華中や華南からのものはごくわずかに限られているのである。

分析資料が最初から北に偏っていたのでは、その結果がどうあろうと、それだけで結論を出す訳にいかないことは言うまでもなかろう。

江南地方

このほとんど空白のまま残されてきた中国の中・南部でとりわけ注目されるのは、長江下流域一帯のいわゆる江南と呼ばれる地域である。かつて江戸時代の著名な儒学者であり詩人でもあった頼山陽《らいさんよう》は、九州の天草を旅した折に、「雲カ山カ　呉カ越カ　水天髣髴　青一髪」と詠った。つまり、天草の海のかなたにかすかに見えるのは、雲なのか山影なのか、それとも呉か越の国なのだろうか、というのである。もちろん時代も違うし天草から本当に呉や越の国、つまり江南地方が見えるわけはない。頼山陽にそう詠わせたのは、彼の中国史に関する該博な知識と、そこから醸し出されるかの地への憧憬だったかと思われるが、ただ筆者自身、実際に何度も福岡から上海へ旅して実感したことは、江南地方がそれまで漠然とイメージしていたよりもはるかに近い位置にあるということである。福岡からなら東京へ行くよりもなお近く、一時間余りもたつと早くも長江（揚子江）の運ぶ土砂で黄色く濁った海が眼下に広がり始める。地図を見ればわかるように江南地方はちょうど大陸の臍のように東シナ海へ突き出しており、たとえばかつての遣唐使も、その突端に位置する浙江省・寧波（当時は明州と呼ばれた）をめざして船出し、帰路もまたそこから日本へ向かったりしたのである。ニンポーという、我々の耳にも親しいこの寧波から船出すると、あとは潮流に乗ってひたすら東方に向かえばおのずと五島列島か九州本土、あるいは韓半島の西岸にたどり着く。

第二次大戦前の長崎の人々は下駄履きのまま船に乗って上海を往復したというし、一部では長崎県上海市という言葉まで使われていたという。もちろん占領国への差別意識がにじみ出たようなこんな言い方には問題があるが、ともあれこうした話は、九州の人たちが長年にわたって培ってきた江南地方との密接なつながり、近しい思いを示すものではあろう。それはまた、一見、人の行き来を妨げそうな対岸の見えぬ広大な海も、適当な渡航手段さえ持ち合わせれば、逆に遮るもののない自由な交流の場にもなりうることを示しており、中国史家の伊《い》藤清司《とうせいじ》は、こうした逸話を紹介する中で、「東シナ海は中国側にとっても日本側にとっても、人と文化の交流の場であったのである」と結んでいる。

中国の古い文献資料にも、両地域の過去に遡るつながりを示す記述が目につく。有名な『魏志《ぎし》』倭人伝《わじんでん》には、倭人の鯨面《げいめん》・文身《もんしん》（顔や身体の入れ墨）や潜水漁法などの習俗に触れて、それが越のものに似ていることを指摘し、また、倭の地理的な位置に関しても、「其《そ》の道里を計るに、当《まさ》に会稽東冶《かいけいとうや》の東に在《あ》り」、つまり越の首都であった会稽の東方に位置すると紹介している。そして、『後漢書』東夷伝には、倭の「人民、時に会稽に至りて市す」と記して、当時の交流の事実まで書かれているのである。さらに注目されるのは、そうした社会習俗の類似性や人の交流だけではなく、『魏志』と同じ三世紀に成立した魚豢《ぎょかん》撰『魏略』

には、「その旧語を聞くに、太伯《たいはく》の後裔と自ら言う」。つまり倭人たちが、自分たちの祖先は春秋時代に呉の礎を築いたと伝えられる太伯だと称していたというのである。

もちろん、ある集団が自分たちの先祖として確たる根拠もなく歴史上著名な人物の名をあげる現象はよくあることだし、もともと中国の史書には誤りや不正確な点が多く含まれていることも指摘されているので、そのまま鵜呑みにするわけにはいかない。しかし、これらの史書はいずれも時の政府や有力者が多大な時間と労力を割いて残した記録であり、その内容をまったくの創作として無視するのも問題であろう。たとえば「倭人伝」に記された倭人の入れ墨や貫頭衣、あるいは潜水漁法など、実際に弥生土器に描かれた肖像や出土遺物でほぼその実在が裏づけられたものも少なくない。字句どおりではないにしても、こうした記録が残された背景には、やはり当時、江南の地に栄えた呉や越の国と倭国との間に人も物も含めたかなりの交流があり、そこから派生した伝聞や諸現象を捉えた記録と考えても不合理ではあるまい。

高床式の住居、絹織物、漆製品

江南地域と日本との交流は古く縄文時代から指摘されているが、弥生時代に入ると、両地方を結びつける文化要素はより多彩な様相を呈するようになる。高床式の住居、絹織物、漆製品などは、その具体例としてよく知られている。

高床式住居とは、通常の日本家屋がそうであるように、床面が地表から離れ、しかもそこに炉が設けられているような住居である。かつて、水田作りのために水に浸かりやすい地域に住んでいた人たちは、生活に不可欠な炉火を守るためにこうした高床の建物を考案して住んでいた。大陸では最古のものとして長江の河口に近い、浙江省の河姆渡《かぼと》遺跡で紀元前五〇〇〇年に遡る例が知られている。古代史家の鳥越憲三郎《とりごえけんざぶろう》や建築家の若林弘子《わかばやしひろこ》らは、こうした水稲農耕への依存生活に関連して生み出された住居は、畑作が優勢な華北の乾燥地帯には見られないものの、東南アジア一帯の水稲稲作文化圏ではかならず存在する事実を明らかにし、日本だけが例外とは考えがたいとして、弥生時代開始期に水稲農耕とともにこのタイプの住居がもたらされた可能性を指摘した。鳥越は実際に福岡市の吉武高木《よしたけたかぎ》遺跡や有田《ありた》遺跡などでその存在を主張しているが、ただ、炉を地面に設ける竪穴式住居などとは違って、炉が地表から浮いている高床式住居では証明が困難で、たとえそれらしい柱穴列が出土しても発掘者によって意見が割れてしまう。通常はせいぜい高床式穀倉とされるだけで、住居だとは認知されないことがほとんどだという。実際、各地で復元されている弥生村を訪れても、竪穴式住居はあっても、その脇に立つ、いわゆる掘建柱建造物についてはせいぜい倉庫だとする案内しかない。住むにもより快適で安全にも思える高床式の建物に、弥生人は本当に寝泊まりしていなかったのだろうか。揚子江下流域を源とする水稲耕作と高床式住居を持つ人たちが朝鮮半島や日本に渡来した、とする鳥越の「倭族論」には傾聴すべき論点があり、今後、国内の遺跡でその検証作業が進展することを期待するほかない。

絹織物についても、蚕絹史の専門家である布目順郎《ぬのめじゅんろう》により興味深い指摘がなされている。古代中国の絹織物については出土物や文献などによる研究が進んでおり、長江の少し北を流れる淮河を境にして北方の華北では寒冷地特有の三眠蚕《さんみんさん》、つまり三回脱皮する蚕の細い絹繊維が用いられたが、淮河以南の華中や華南では四眠《よんみん》系蚕の太い繊維（南蚕《なんさん》）が用いられたことがわかっている。佐賀県の吉野ヶ里遺跡の甕棺から出土した弥生時代中期初頭の絹を調べてみると、繊維の太い南蚕であり、華北や朝鮮半島に特有の三眠蚕は後の弥生時代中期後半から現れ始めることが明らかになった。これまで絹織物の伝播については、銅剣などと同様、華北から楽浪《らくろう》郡・朝鮮半島を経由したルートが定説のようになっていた。しかし、少なくとも弥生時代前半には華中・華南の蚕を原料とした絹織物が流入していた事実は、そうした定説に再考を迫るものであろう。

日本では縄文時代から知られる漆製品についても、あらたに江南との関連が浮かび上がりつつある。ともに弥生初期の重要な遺跡である福岡市の雀居《ささい》遺跡や佐賀県の菜畑遺跡では、縄文時代から受け継がれてきたタイプの漆製品の他に、文様も外観も異なる別タイプの漆製品が混在しており、それが弥生時代前期のうちに縄文系の製品を駆逐して主流になっていくことが指摘されていた。従来は、この新しいタイプの漆製品も縄文以来の漆工技術によって作られた物と考えられていたが、京都造形芸術大学の岡田《おかだ》文男《ふみお》や九州国立博物館の本田《ほんだ》光子《みつこ》らは、塗膜の断面を顕微鏡で観察して両者の製法が大きく異なっていることを突き止めた。いわゆる縄文漆はベンガラや朱を混和した赤色漆を丁寧に七〜八回も塗り重ねているのに対し、雀居遺跡などで急速に主流になっていく「弥生漆」では、下地の漆の上に一回だけベンガラなどの赤色漆を塗る簡略化した技法に変わっていた。しかもそれは戦国時代に長江流域で栄えた楚《そ》の国の製品と酷似しているというのである。大陸では地方によって漆工技術に違いがあるようなので、もう少し広く各地の実態を明らかにしなければ明確な結論は出しにくいが、少なくともこれまでは縄文時代以来の伝統技術とみなされていた漆技術にも、弥生時代に大陸から影響がおよんでいた可能性が指摘され、しかもその祖地として新たに長江流域が浮かび上がってきたことは注目に値する。

稲作文化の源郷

こうした江南と日本を結ぶいくつかの要素の中で最も注目されるのは、弥生時代以降、日本人の生活の柱となる水稲農耕のルーツがこの長江中・下流域に求められるということであろう。前述のように、我々になじみの水稲農耕、つまり水田でイネを作り育てた痕跡が日本列島に出現し始めるのは、今のところ縄文時代の終末、ここで弥生早期と呼ぶ時代以降のことで、以後、日本人は次第にイネへの依存度を高めて、独自の稲作文化を育んでいくことになる。

この稲作について、かつては渡部《わたべ》忠世《ただよ》が提唱した「アッサム・雲南起源説」がほぼ定説化していた。「インド北東部のアッサム地方から中国南西部の雲南省にいたる山岳地帯で初めて稲作が始まり、この地域に発するいくつかの大河にそって西はインド、南はタイやビルマなどの東南アジア、東は中国の各沖積平野部へと広がっていった」。渡部は一九七七年に『稲の道』と題した自著の中でこのような趣旨の自説を展開して多くの専門家から強い支持を集めた。

渡部説の論拠になったのは、かつてロシアのバビロフが唱えた、遺伝的多様性のセンターは栽培植物の起源地である、という考えである。つまり、起源地ではその栽培植物を最も長期に渡って栽培してきたため、結果的に最も多くの品種が分化してきた可能性が高く、従ってある栽培植物の分布域の中で最も多くの品種が存在する地域があれば、そこが起源地であろう、というのである。渡部は、東南アジアなどの寺院建築に使われている煉瓦に稲籾が混ぜられていることに注目し、その稲籾の圧痕を詳しく計測して各種のイネの歴史的な流れや地理的な広がりを追跡していった。そして、あらゆるイネの品種の流れを遡っていくとアッサムから雲南に至る地域に集中することを突き止めたのである。

この渡部の研究で浮かび上がってきた地域は、しかも中尾《なかお》佐助《さすけ》らによって提唱されたいわゆる照葉樹林文化の中心、「東亜半月弧」と見事に一致していた。照葉樹林文化とは、東アジアの温帯―亜熱帯域に広がる常緑広葉樹の分布域で育まれた文化で、以前から日本の生活文化と共通する要素の多いことが指摘されてきた。茶や麴酒《こうじしゅ》を飲み、餅を好んで食べる習慣や納豆、なれずしなどの発酵食品の存在、漆や養蚕、あるいは鵜飼や歌垣《うたがき》を行い、高床式住居に住むなど、日本の生活習俗には確かにこの大陸の照葉樹林文化にルーツを持つ要素が多い。渡部説の登場は、日本の生活文化に関して以前からその影響を指摘されていた照葉樹林文化論に、稲作という、日本人の生活にとってさらに重要な基本要素を重ね合わす結果となり、関連分野から強い支持を受けて広く一般に普及していったのである。

しかしその後、半ば定説化していたこの考えに合致しない事実が、中国の長江流域の発掘調査で次々と明らかにされていった。後に稲作長江起源説を提唱するきっかけになる遺跡の発掘が始まったのは、じつはアッサム―雲南説が普及する以前の一九七三年のことであった。長江の南岸、浙江省・河姆渡遺跡での発掘がそれである。紀元前四五〇〇～五〇〇〇年前にも遡るこの遺跡から、大量の稲籾をはじめとして木製の農耕具や水牛の肩胛骨《けんこうこつ》で作った鋤、水牛の他にも豚や羊などの家畜の骨、あるいはほぞとほぞ穴を用いた高床式建物など、驚くほど高度な生活文化の痕跡が続々と発見されたのである。その後、同じ浙江省で紀元前五〇〇〇年前の羅家角《らかかく》遺跡が、さらに長江中流域の湖南省・彭頭山《ほうとうざん》遺跡では紀元前六五〇〇年前まで遡る稲作の証拠が確認された。また、河姆渡遺跡では明確ではなかった水田跡も、江蘇省蘇州市の草鞋山《そうあいざん》遺跡や湖南省の城頭山《じょうとうざん》遺跡で紀元前四〇〇〇～四五〇〇年前の地層から検出されるなど、長江中・下流域では予想以上の昔から稲作が、それも水稲農耕が営まれていたことが明確な事実として浮かび上がってきた。

それに対して、当初は起源地とされた長江上流の雲南では、大墩子《だいとんし》（紀元前一四七〇年）や白羊村で稲籾が発見されているものの、その時代が紀元前二〇〇〇年までしか遡りそうにないこともわかってきた。紀元前二〇〇〇年を越えると、この地方では農耕牧畜をともなう新石器文化ではなく、むしろ旧石器文化に近い様相を呈するようになるという。しかも、佐賀大学の和佐野喜久生《わさのきくお》による稲の粒型に関する研究などからも、アッサム—雲南に多様な品種が集中する現象は、平野や山岳部が入り交じったこの一帯の複雑な環境に合わせていろいろな品種が持ち込まれた結果であり、起源地というよりは一種の「ふきだまり地帯」であろうという意見も寄せられた。

稲作の起源地を巡る議論は、しかしこれで決着した訳ではない。二〇一二年、中国と日本の共同研究によるゲノム解析で、イネの栽培化は長江よりもさらに南の珠江中流域で始まったとする結果が報告された。アジア各地の野生イネ四四六系統、栽培イネ一〇八三系統のゲノム解析をもとに各系統の相互関係を探ったところ、珠江流域に野生するイネからまずジャポニカ米が生まれ、その後このジャポニカ米と各地の野生イネの交配によって種々のインディカ米が生まれたというのだ。以前から、稲作の長江起源説については、栽培化に必須の野生イネが長江流域には分布せず、もう少し南の主に珠江流域やその他の同緯度地域にしか分布しない点を問題視する意見があった。ただ、これに対しては、三国志など中国の古文書にでてくる「野稲」の分布が、発掘調査で明らかにされた長江流域の最早期の稲作の分布と合致する点を指摘して、やはり長江起源説を是とする意見がだされたりしていた。

今回のゲノム解析は、その現存の野生稲の分布域を指し示したわけだが、しかしこれを最終的な結論とするのはまだ早そうだ。人間に関するこれまでの遺伝子分析の経緯からも明らかなように、現生のものだけを対象にした分析で言えることには限りがあり、過去の歴史まで正確に復元できるわけではない。たとえば、この結果が前述のような長江流域にもかつては野生稲が分布していた可能性まで否定するものではないし、それにまた、この珠江流域では長江流域に匹敵するような古い時代の稲作を実証する遺跡が発見されているわけでもない。それはまさに多くの考古情報のように、まだ発見されていないだけのことなのだろうか。問題解決には、今後は少なくとも遺跡から出土した古代米も含めた分析が求められよう。ただ、仮に起源地が珠江流域であったとしても、現存の発掘情報でみる限り稲作というこの革命的な生活文化が最初に大きく開花したのが長江流域だったという事実にかわりはないだろう。日本の稲作の源流、ひいては当時の人の動きを探る上で、長江流域が重要な地域であることに違いはあるまい。

水稲農耕の日本への伝播

稲作の長江起源説に関連して、日本人のルーツを追う我々がここで問わねばならない問題の一つは、この地で開花した稲作がいつ頃、どのようなルートで日本に伝えられたかということである。もちろん、稲作の伝播がそのまま人の移動を意味するわけではないだろうが、北部九州に開花した弥生文化の諸要素の中には単なる模倣では困難な新技術の流入もあり、特に水稲耕作については、たとえば農学者の池橋宏《いけはしひろし》も、「水田稲作の技術は、灌漑水路や水田の造成、農具の作成、苗代への種まきから始まる栽培管理、農耕暦の理解、収穫や調理、収穫物の貯蔵など、多様で複雑な要素からなっている。横から見ていて身につくような技術ではなく、水田稲作民の中で生活しないと身につけられないはずである」と指摘している。前述のように北部九州沿岸の板付や菜畑遺跡で実際に洗練された農耕具や巧妙な水田造りの技術などがいわばセットになって出現することを目の当たりにした考古学者の多くも、その背後に多少なりとも渡来人の存在を想定するのが合理的だと考えるようになっている。イネの源流とその伝播ルートをたどることは我々の祖先を問う研究にとっても重要な意味を持つ。

これまで、考古学や民俗学、農学の研究者が挙げてきた水稲農耕の流入ルートとしては、①いったん華北まで北上して遼東半島経由かもしくは渤海湾の北を巡り、朝鮮半島を南下したとする北回りルート、②江淮地域（長江とその北方に流れる淮河流域を含む一帯）から山東半島経由、もしくは直接に朝鮮半島西岸に渡り、その後、北部九州に流入したとする半島経由ルート、③江淮地域から直接九州に伝来したとする直接ルート、に大別される（図

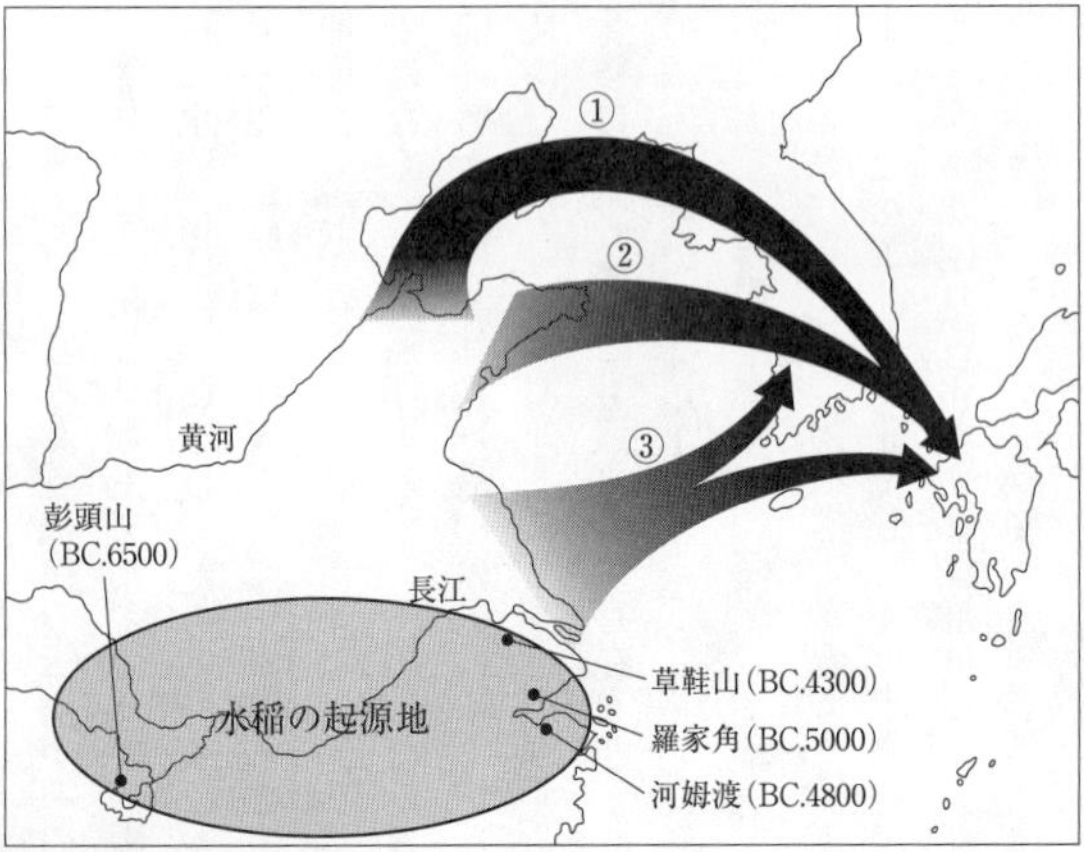

図46　イネの伝播ルート

46）。この他にもかつて柳田国男が唱えた「海上の道」、つまり南島経由で伝わったとする説もあるが、それを裏づける出土情報がとぼしく、少なくとも弥生時代の水稲農耕の流入ルートとしては賛同者が少ない。

今のところ、この三ルートのうち考古学者を中心にもっとも多くの賛同者を集めているのは②の半島経由ルートである。甲元《こうもと》眞之《まさゆき》によれば、韓半島では紀元前一〇〇〇年頃に始まる青銅器時代（無紋土器時代）に入ると各地でイネの発見が多数報告されるようになるが、それはオオムギやコムギ、ヒエ、アワなどの穀物とともに畑作栽培されたものであった。ところが、遅くとも紀元前一〇〇〇年期の中頃になると、南部域ではイネが単独で検出されはじめ、しかも忠清南道論山市麻田里《までんり》遺跡や慶尚南道蔚山市無去洞玉峴《むきょどうぎょくけん》遺跡（紀元前八～紀元前五世紀）などで水田跡も検出されて、従来の畑作農耕に水稲農耕が加わり始めた状況が見て取れるという。そしてこれら韓半島の遺跡から出土する農耕具、たとえば磨製石包丁や磨製石鎌、大型蛤刃石斧、あるいは木製の股鍬や直柄鍬などは、北部九州の最古期の水稲遺跡である菜畑や曲り田遺跡出土のそれと酷似しており、実際に出土した稲籾もすべて短粒米で、遺伝子分析でもジャポニカであることが確認されている。

これまでのこうした調査結果を考え合わせると、北部九州で開始された水稲農耕は、少なくともその主体は②のルートで流入したと考えるのが自然かもしれない。ただし、すべてを半島経由で片づけられるほど話は単純ではなさそうだ。イネの遺伝子研究から、佐藤洋一郎はこの問題についても興味深い結果を発表している。日本のイネの大部分を占める二種の変異型（a、b）のうち、aタイプは朝鮮半島で最も多く中国では比較的少ないので、半島経由で日本に流入したと考えて矛盾しないが、bタイプの遺伝子は朝鮮半島の在来種には存在せず、中国に多いタイプだという。すべてのイネが朝鮮半島経由ならこうはならないだろう。しかも、同じbタイプの遺伝子を持つ稲籾が近畿地方の弥生時代中期に遡る池上曾根《いけがみそね》遺跡と唐古《からこ》・鍵《かぎ》遺跡から発見され、二〇〇〇年余り前、おそらく長江下流域からもたらされたイネが確かに日本に存在し、すでに各地に広がっていた様相が浮かび上がってきたのである。佐藤はこれらの結果から、「おそらく過去に、中国大陸を出て直接日本列島に達するモノの流れがあり、その中にb遺伝子を持つ水稲があったのであろう」と推察している。

稲作の伝播が山東―韓半島経由であれ直接ルートであれ、そのいずれもが元をたどっていけば江南の地を指していることにかわりはない。渡来説の提唱者、金関丈夫もまた、山口県の土井ヶ浜弥生人の報告書の最後に、朝鮮半島からの渡来人を想定した言葉に続けて、その古代朝鮮半島の人々がまた中国の「中南支又はその周辺」からやって来た可能性を指摘している。

江南に人骨を求めて

こうした状況を考えれば、渡来人の源流を追う立場としては、江南の地をいつまでも資料空白地域として放置しておくわけにはいかないだろう。資料がないなら、掘り出してでもやるしかあるまい。一九九四年春から国立科学博物館の山口敏を団長として江南人骨調査が開始されたのは、こうした思いに突き動かされてのことであった。

一九九四年三月末のまだ肌寒いころ、我々はまず、長江下流域から出土した骨を保管している上海自然博物館に向かった。一行は山口敏団長の他、四肢骨と頭蓋小変異担当として長崎大学の分部《わけべ》哲秋《てつあき》、歯の専門家である国立科学博物館の松村博文（現札幌医科大学）、DNA分析を担当する佐賀医科大学の篠田謙一（現国立科学博物館）、それに頭蓋計測担当の筆者を加えた五人の実働部隊のほか、学会の重鎮である京都大学名誉教授の池田次郎と長崎大学名誉教授の内藤芳篤、そしてさらにもう一人、この海外調査を実現させた陰のフィクサーとでもいうべきサガテレビ副社長・内藤大典《ないとうだいすけ》氏まで加えた多彩なメンバーであった。

この内藤大典氏は、一九八〇年代終わり頃に、あの吉野ヶ里遺跡を巡る大フィーバーを巻き起こした仕掛け人の一人である。工業団地にされかかっていたこの遺跡の保存に奔走する佐賀県教育委員会の七田《しちだ》忠昭《ただあき》や高島忠平《たかしまちゅうへい》に共感した彼は、佐原真や金関恕《かなせきひろし》など考古学会の大物を次々と招いて大キャンペーンを繰り広げ、吉野ヶ里の名を一気に全国区にして、なんとも迂闊には手出しできない状況を作りあげてしまったのである。その瞠目すべき行動力は、江南の人骨調査にも遺憾なく発揮された。それまでないとされていた長江流域の古人骨が上海や南京の博物館に眠っているという情報を仕入れてきたのは、この内藤氏である。

上海自然博物館で我々一行を待っていた代表的な資料は、長江の南岸の圩墩《うとん》遺跡から出土した、今から約五〇〇〇年ぐらい前の新石器時代人骨であった。渡来系弥生人との関係を考えるにはやや時代的に古すぎるが、ただ、南京保管の分まであわせると一〇〇体近くにも達する人骨群で、これまで長江以南でこれほどまとまった資料が研究された事例はない。調べていくと、彼らは日本の縄文人はもちろん、黄河流域から大量に出土している同時代の華北人とも大きく異なる特徴の持ち主であることがわかった。しかも、この集団は、上顎の中切歯と側切歯を片側だけ抜く、これまた一風変わった抜歯風習も持っていた。同形式の抜歯は、後に同じ太湖周辺に位置する、中国で初めて水田遺構が確認されたことで著名な草鞋山遺跡出土の人骨でも確認された。この地域では後に良渚《りようしよ》文化という繊細、華麗な文化が花開くが、どうやらそれよりも遡る新石器時代の初期（馬家浜《ばかひん》文化期）には、北方の住人とは姿かたちから生活習慣まで異にする人々が広く住んでいたらしい。

この結果だけでも十分興味深いものであったが、しかし、上海自然博物館には、さらに大きな驚きをもたらす資料が我々を待っていた。それは長江の北岸に位置する揚州市の前漢墓から掘り出された骨で、レンガ用の土取り作業の中で偶然墓が見つかったのだという。汚れた薄紙で何重にも包まれた中から頭骨が取り出されたとき、私はおもわず声をあげてしまった。長い間水に浸かっていたため真っ黒な色をしたその頭骨が、北部九州の甕棺から出土する弥生人骨に余りにも似ていたためである。こうした僥倖に出会えないかと期待して上海までやって来たのではあるが、まさかいきなりイメージ通りの古人骨と対面できるとは思ってもみなかった。結局この時見た前漢時代の人骨はわずか五体で、研究資料としてはまだ不十分なものではあったが、少なくとも弥生時代と同じ時期、江南地方にも弥生人によく似た人々が実際に住んでいた事実が初めて浮かび上がってきたわけで、調査団にとっては大きな弾みになった。

二年間の上海での調査を終えて次に訪れた南京博物院では、この結果を受けて春秋戦国から漢代にかけての、渡来人問題と直結する時代の資料に焦点を絞ることになった。南京では、雛厚本所長とその愛弟子、李民昌氏が、我々のために江蘇省各地から集めてきた人骨を揃えて待っていてくれた。おかげでその後の三年間に、問題の春秋戦国〜漢代の人骨、計二九体からデータを得ることができた。資料数としてはまだ十分とは言いがたいが、しかしこの間に改めて痛感したのは、江南で人骨を集めることの想像以上のむずかしさであった。この地域の土質が骨の保存に適さないことは事実なのだが、それ以上に中国では人類学者が極度に不足していることもあって、元々骨への関心が薄く、たとえ出土しても再埋葬されるか、遺棄されるのが普通なのだという。だからわずか二九体とはいっても、これらは雛厚本氏や李氏が、数年前に共同研究の話が持ち上がって以来、各地の担当者に骨の重要性を説いて回って、あちらで一体、こちらでまた一体というふうに少しずつ集めてきてくれた、まさに彼らの汗の結晶である。骨の多くはまだ土が付着したままだし、ばらばらに壊れているものも少なくなく、我々の現地における活動時間の大半は、こうした骨の整理作業に費やされたが、しかし結局、このひたすら根気のいる作業が我々に骨の隅々までじっくり観察するまたとない機会を与えてくれた。そしてその作業の中で、筆者は次第に確信を強めていった。今手にしている骨がこれまで何千体と手がけてきた北部九州の弥生人骨に本当によく似ているという確信である。

手分けして進めたその後の分析作業によって、そうした我々の感触は客観的な数値になって表現されていった。面長で高くて丸い眼窩、鼻根部を始めとする扁平な顔面、身長も男性が一六四・九センチメートル、女性が一五二センチメートルと北部九州の弥生人をわずかに上回る程度で、結局、骨の形態では先に紹介した渡来系弥生人の特徴がほぼ丸ごと当てはまることがわかった。さらに驚いたのは、試みに福岡市の金隈弥生人の中に江淮人骨と似た人はいないかと調べてみたところ、次々とそっくりな個体が見つかったことである（本章冒頭図版参照）。おそらくこれらはラベルを外せば、専門家でもどちらが中国の古人骨か区別がつかないだろう。ただし歯のサイズはやや小さめで、頭蓋小変異の分析にも資料数が足らず明確な答えが出なかったが、もう一つのｍｔＤＮＡ分析では、北部九州弥生人と同じ塩基配列を持つ個体が、梁王城（二体）と神墩（一体）という、いずれも春秋時代の遺跡で見つかった。同配列を持つ個体は、この江淮地域以外にも分布するので、この結果が直ちに渡来系弥生人の江南起源を示すわけではないが、しかし縄文人骨の中にはこのような一致例が見つからないことを考えると、遺伝子レベルでも両地域集団のつながりを想定する上で矛盾ない結果が得られたことにはなろう。ちなみに遺伝子配列が弥生人と一致したこの梁王城は、先に紹介した抜歯形式でも土井ヶ浜に似ていた遺跡である。

結局この一連の調査によって、新石器時代以後に長江下流域の住人形質には大きな変化が起こり、遅くとも春秋戦国時代になると、この地域にも北部九州弥生人によく似た特徴を持つ人々が住み着いていた事実が明らかになったことになる。しかしこれで懸案が解決したわけではない。同じように似た古人骨なら、すでに紹介したような朝鮮半島や、松下孝幸《まつしたたかゆき》らによる山東半島の調査でも見つかっている。江南が初期渡来民の故郷であることを明確にするには、たとえば日中の古人骨の核DNA情報でもあればいいのだろうが、当時はまだそんな分析は夢物語でしかなかったし、中国政府による規制がその後さらに強化されて、資料の破壊を伴うそうした分析は容易に実現できそうもない。前述のように関連の考古学情報は、江南と北部九州との直接的な繋がりよりも、山東から朝鮮半島経由のルートを後押ししている。渡来ルートを一つに限定すべき理由はないし、いずれのルートであれ、はるか江南に祖地を求めることにかわりはないのだが、この、長い陸路を経てさらには二度の渡海まで想定する必要のある伝播ルートは、どの程度現実味のある話なのだろうか。

山東半島の新石器時代人

農耕や牧畜を生活基盤とする新石器文化の伝播が、人の移動を伴ったかたちで実現されたことには、同じユーラシアのはるか西に参考になるモデルがある。西アジアに起源がある新石器文化がどのようにヨーロッパに伝えられたのか、かつては長く狩猟採集生活を続けていた土着の人々が、新たに伝えられた農耕牧畜という生業形態を自身の生活に取り入れて徐々に変わって行ったのだろうと考えられていた。しかし一九七一年、イタリアの遺伝学者、ルーカ・カヴァーリ＝スフォルツァによって、トルコのアナトリア地方から北西ヨーロッパへと向かう明確な遺伝的勾配のあることが明らかにされ、議論が大きく動き始める。いわばアナトリアの人々の血が北西方向のイギリスやスカンジナビアに向けて徐々に薄まっていくというわけで、こうした現象が起きるには人の移動を想定しないと説明がつきにくい。その後、関連の考古学や言語学、さらにはｍｔＤＮＡや核ＤＮＡ分析の結果なども寄せられ、当初の想定以上に複雑な形成史が明らかにされつつあるが、いずれにしろはるか東方で生み出された農耕牧畜という新しい生業形態が単なる文化要素の伝播現象ではなく、人の移動を伴ったかたちでヨーロッパに伝えられたという考えはますますその基盤を固めつつある。

では、東アジアにおける稲作の伝播はどうだろうか。収量や栄養価など食物としてのイネの優れた点や生活への影響度の大きさ、そして前述のような水稲耕作に要する複雑で多岐にわたる技術面などを考えれば、その拡散に人の移動を絡めることは決して不合理ではあるまい。ただ、具体的にこのルートを追求するとなると、江南から山東、それに朝鮮半島まで含めた各地において、稲作開始前後の住民の形質変化まで明らかにしていく必要があろう。江南起源の稲作民が原型を保ったままはるか日本までやって来たとは考えがたく、前述の中東からの伝播のように、当然、行く先々で多少なりとも先住民との間に遺伝的、文化的な交流を経ながら拡散していったと考えられるからである。

この伝播ルートを検証すべく、まず我々が着目したのは経由地とされる山東半島である。以前から山東半島は山が多い乾燥地帯なので稲作には不向きとみなされていたが、近年、半島南岸の青島市近くの趙家荘遺跡（膠州市）で水田跡が発見され、今から四〇〇〇〜五〇〇〇年前の竜山文化期には早くも水田稲作が始まっていたことが明らかにされた。同地域の両城鎮遺跡では、従来のアワ、キビに代わってイネが食生活の主体になっている状況も確認されている。江南起源の拡散モデルの是非を問う上でまず知りたいのは、こうした稲作開始に伴って当地の人々の特徴がどう変化したのかということである。稲作導入以後も人々の特徴に変化がなければ、江南からの人の移動が絡んでいる可能性は一気に薄くなってしまうだろう。もちろん、そうした結論づけには、当地の稲作民に加えて、少なくとも稲作以前の住民や出発地である江南の同時期の人々のデータも揃える必要がある。

しかし、海外調査でそう簡単に全ての望みの資料が手に入るはずもない。肝心の趙家荘遺跡や両城鎮遺跡からは人骨が出土しておらず、かろうじて我々が調査の機会を摑んだのは、山東半島南岸で稲作が始まる前の時代、大汶口文化期の資料であった。青島市に近い、今から六〇〇〇年ほど前の北阡遺跡の人骨群で、先年、山東大学の欒宝実教授らによる発掘で出土したものだが、専門の研究者の手が回らず放置されていたらしい。そこで、以前から共同研究を実施していた我々に声がかかったのだが、おかげで当地の稲作以前の住民の姿を明らかにする道が開けた。

北阡遺跡出土人骨

図47に示したのは、北阡遺跡で見られた改葬墓の一例である。改葬は日本の縄文時代の遺跡でもよく見られるが、この北阡ではかなり徹底した風習になっていたようで、わずか一体

図47　北阡遺跡二次葬墓（欒宝実氏提供）

でも例外なく遺骨を掘り出し、最多の墓だと二五体分もの骨を図のようにきっちりと別場所に埋め戻していた。中国では内陸の陝西省や河南省などでもう少し古い時期の改葬墓が検出されているが、北阡での発見によって、山東半島でもこの風習の存在が確認されたことになる。

　結局、四年間をかけた現地調査で明らかになったこの北阡遺跡の人々は、日本の弥生人とはまだかなりへだたりのある特徴の持ち主であった。面長で扁平な顔つきという点では共通するのだが、計測値で比較してみると当然のことながら弥生人よりも同じ華北の新石器時代の人々との類似性が明確で、特に長崎大学の北川賀一《きたがわよしかず》が調べた歯のサイズでは、東アジア各地の先史〜現代人を網羅した全三五集団の中で、なんと最小であった。上位二番目に入る北部九州弥生人とは好対照である。また身長も男性平均で一六五センチを超える長身で、特に上肢骨がひどく細い。要するに全体的にみて以前から新石器時代の華北の人々で指摘されていた特徴の持ち主が、この北阡の、まだ水稲耕作が伝播する前の山東半島南岸にも住んでいたことが確認されたということになる。となると、次の稲作が始まる竜山文化期にどのような変化が起きたのかが、この拡散モデルの是非を占う鍵になるだろう。はたして弥生人の原型になりそうな人々が稲作という新たな生業と共にこの地に広がるのかどうか。

この課題の追求には、前述のように併せて出発点となる江南の空白の時代を埋める資料の発見も不可欠である。たとえ竜山文化期頃に山東南岸の住民の特徴に変化がおきたとしても、その起点となる長江下流域に当時どういう人々が住んでいたのかがわからないままでは、その変化要因を江南起源の人々と結びつけるわけにはいくまい。すでに、こうした課題を克服すべく、鳥取大学の岡崎健治《おかざきけんじ》らによる上海博物館との共同研究も始まっている。例によって、泥まみれの壊れた骨の整理、復元から始めなければならないので、結果がでるまでまだしばらく時間がかかりそうだが、我々の祖先がたどったかもしれない遠い道のりを考えれば、その源流を明らかにしようとする道もまたそう平坦ではあるまい。

4　北部九州のミッシング・リンク

謎の空白期

大陸の調査が多くの課題を残していることに加えて、じつは日本の中でも、まだ未解決の難問がいくつか残されたままである。渡来人の流入は事実だとしても、彼らはいつ頃、どこに、どれくらいの数でやって来たのだろうか。そして、日本列島に長く住み着いていた土着の縄文人とどのような関係を持ちながら、どのように各地に根を広げ、成長していったのだろうか。

このうち、渡来人の流入先については、その最初の主要舞台が北部九州であったことは、地理的な近さだけではなく、わが国で最も古い水田遺構が見つかっていることや大陸製の考古遺物の豊富さ、時期の古さなどから見てほぼ間違いなかろう。しかし、他の問いかけに対しては、我々はまだ残念ながら明確な答えを用意できないでいるのが現状である。じつは、この北部九州でも、こうした疑問を解決する上で致命的ともいえる大きな資料上の問題点が残されている。おそらくこれまでに北部九州から出土した弥生人骨は五〇〇〇体を超えているだろうが、そのほとんどは前にも触れたように甕棺墓が普及しだした弥生前期末以降のもので、その前の縄文時代晩期から弥生時代の開始期にかけての移行期の人骨がぽっかり抜け落ちているのである。もちろん、遺跡がないわけではないので、当時この地に人が住んでいなかったわけではない。ただ甕棺墓以外の墓では、酸性土壌に侵されて骨が残らないだけである。まだ発見されていないサルとヒトを結ぶ時期の化石をミッシング・リンクと呼んでいることを先に紹介したが、皮肉なことにここでも一番知りたい肝心な時期の資料が抜け落ちており、まさに北部九州のミッシング・リンクになっているわけである。

おまけにもう一つ、こうした縄文から弥生への移行を考える上でやっかいな問題が、二〇〇三年になって急浮上してきた。弥生時代の開始期が、従来の推定より一気に五〇〇年ほど遡る可能性が議論されだしたのである。国立歴史民俗博物館（歴博）の調査チームが、弥生早期の夜臼式土器などに付着した炭化物を用いて年代測定にかけたところ、弥生時代の開始時期が紀元前一〇〇〇年前後まで遡り、弥生前期と中期の境も紀元前四〇〇年ぐらいという、従来の年代よりそれぞれ四〇〇〜五〇〇年も古い数値がはじき出されたのである。問題がさまざまな考察の土台になる時間軸についてのものだけに、もしこれが事実なら、これまで述べてきた話も含めて関係分野に与える影響の大きさは計り知れない。朝鮮半島や大陸との関係も、大きく時代をずらした形で再検討を余儀なくされるだろう。

この結果の発表以来、ほとんど日本中の研究者を巻き込んだ議論が展開され、特に弥生文化発祥の地である北部九州の考古学者からは強い反論が寄せられた。たとえば歴博チームが測定した土器付着の炭化物は汚染によって年代測定値がかなり古くでる傾向があることや、海洋リザーバー効果の問題（海水に含まれる^{14}Cは大気中よりも五〜一〇パーセント低く、そのため海水から養分を摂る海藻や魚介類の炭素年代値も実際より数百年古くなる）、さらには、もし歴博の新年代に従うと、同じ形式の土器が最大で一〇〇年近くものあいだ使われていた（従来の年代だと、ほぼ一世代くらいで変化していく）ことになり不自然ではないか、といったさまざまな批判が出された。その一方で、新しい年代値を容認、あるいは積極的に評価する声も少なくなく、たとえば従来の年代決定の一つの軸になっていた甕棺墓出土の遼寧式銅剣などの拡散状況を考えると、新しい年代値のほうが大陸側とのずれが少ない、といった意見も出されている。先のミッシング・リンクの話ではないが、皮肉なことに問題となっている紀元前の数百年間は、もともと宇宙線による^{14}Cの生成過程に乱れが生じた時期に当たり、炭素を用いた年代推定が技術的に困難な時期であったということも問題をややこしくしてしまった。

はたしてこの問題は今後どのような結論に落着するのか。議論が続く中で各研究者からさまざまな年代案が出されているが、今のところ（二〇一八年現在）歴博チームが主張する紀元前九五〇年頃を弥生開始期とする意見に対して、やや新しい紀元前八〇〇～前七〇〇年あたりを指し示す意見が多いようだ。この頃なら気候が一時的に寒冷化する時期でもあり、たとえば半島側では稲が不作になって膨らんだ人口を支えるのが難しくなっており、一方の日本側では海退現象によって沿岸部に稲作に適した湿地帯が広がるなど、渡海を促すような諸要因が揃うことを重視する意見が出されている。まだしばらくは議論が続くだろうが、いずれにしろ従来の紀元前五世紀頃よりは古くなる可能性が高いようで、以下の話もこの辺りを目処にして進めることにする。

支石墓の謎

話を初期渡来人の問題に戻そう。絶対年代がどうあれ、縄文から弥生への移行期の人骨資料が空白であることにかわりはない。菜畑や板付遺跡などでおそらく日本で最初となる水稲耕作を始めたのがどのような人たちだったのか、その具体像は不明のままである。遅くとも弥生中期あたりになると確認できる北部九州の住人が当時の大陸集団に似た高顔・高身長の人々であったという事実を考えれば、その数百年前に新しい文化とともにそうした特徴の人たちがやってきてこの地に新しい文化を開花させた、と考えることは別に不自然ではないだろう。ところが、実際に遺跡からもたらされる情報は、ここでもそう単純ではない。

一九八六年、『魏志』倭人伝にも伊都国《いとこく》として名前の出てくる福岡市の西隣、糸島半島の新町《しんまち》遺跡で、ちょうどこの空白期の弥生早期に遡る、しかも朝鮮半島に起源のある支石墓から保存の良い人骨が出土した。支石墓というのは、遺体を埋めた墓壙《ぼこう》の上に大きな上石を乗せる型式の墓で、特に朝鮮半島の南部では無数と言ってよいほど多数の同系統の墓が見つかっている。この支石墓が九州北部にも分布するため、以前からその被葬者が注目され、おそらく渡来系弥生人とも呼ばれるのっぺり顔で背の高い人が埋葬されているのだろうと推測されていた。しかし福岡県教育委員会の橋口達也《はしぐちたつや》らによって実際に骨が掘り出されてみると、意外にもそれは縄文人によく似た形態と抜歯風習の持ち主であった。つまり弥生時代の開始期の渡来系の墓に、縄文人に似た形態と風習を持った人が埋葬されていたのである（図48）。

この事実は何を意味するのだろうか。一つの解釈として、北部九州の土着民が朝鮮半島の墓制を模倣して自らを埋葬した現象と考えれば、この結果も取り立てて問題視するまでもない話になる。しかしまた、墓制というものが通常はかなり保守性、伝統性の強い文化要素で

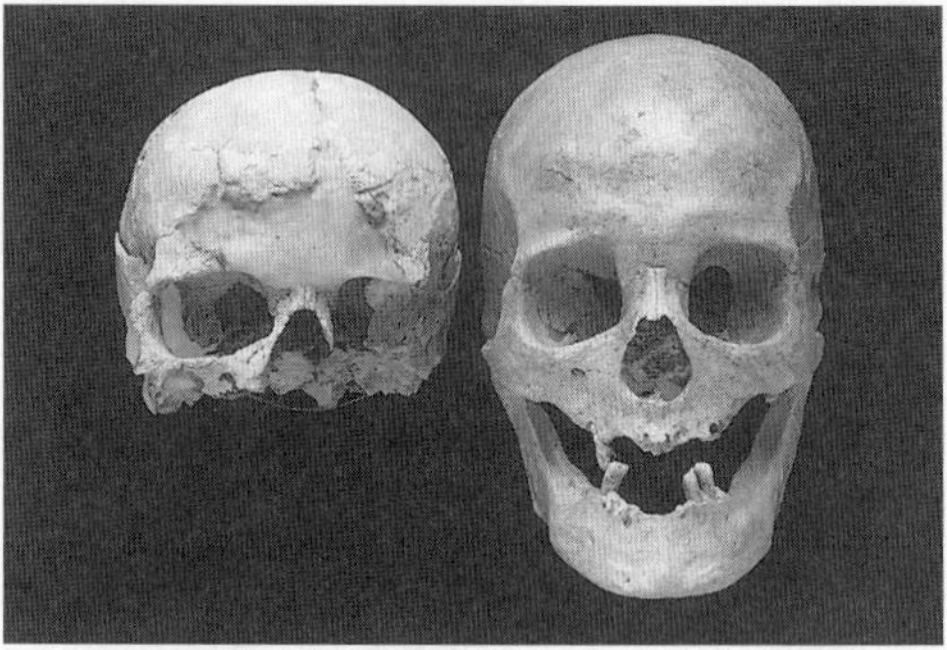

図48　新町遺跡出土の弥生早～前期人（男性）

あることを考えれば、やはりこの墓に埋葬されていたのは大陸起源の人々か、もしくはその係累《けいるい》であった可能性も否定できないだろう。

　この発掘結果を発表した時は、「渡来説」そのものへの疑問に繋げた意見や、単なる個体変異ではないかという声もあった。しかし、以前に五島列島の宇久松《うくまつ》原《ばら》遺跡で出土していた類似例を加えても特徴のわかる人骨がわずかに二～三例という現状では、どの解釈を採ろうと話を先に進めるのを躊躇せざるを得なかった。一九九九年の初秋、この問題に関心を持った九州大学考古学教室の宮本一夫《みやもとかずお》らは、佐賀県の北端、玄界灘に面した呼子《よぶこ》町の大友《おおとも》遺跡で発掘調査を開始した。問題解決のために、まずはもう少し支石墓人骨の数を増やそうというのである。うだるような残暑の中、大勢の学生が駆り出されて発掘に取りかかったものの、最初の数日は掘っても掘っても砂ばかり。やっと骨が出たというので駆けつけてみると、赤いちゃんちゃんこを被せた犬の骨だったりして、さすがにこれは外れたかと思い出した頃、念願の支石墓がいきなり次々と群れをなして姿を現し始めた。どうやら支石墓群のど真ん中を掘り当てたらしい。

この時の発掘で結局、八基の支石墓が発見されたが、大きな上石がずらりと並んでいる眺めは壮観であった。小さい墓でも畳一枚程度、一番大きいのになると三畳ぐらいの大きさに厚みが四〇センチもあって、重さはどれくらいになるのか想像もつかない。人骨を掘るには何とかこれらの上石を動かさねばならないが、力自慢の学生が何人かバールを持ってきて試みてみたものの、わずかに位置をずらすのが精一杯であった。結局、大型のクレーン車の出動をお願いするしかなかったが、しかしそれにしても、なんの文明の利器もなかった弥生時代の人々は、いったいどうやってこんな大石を運んできたのだろうか。目の前の海岸を見渡しても、今は精々人頭大の石くらいしか目に入らないが、昔はこんな大石がごろごろ転がっていたのだろうか。

この発掘で幸い特徴の摑める支石墓人骨を四体ほど追加できたが、結果はやはり新町遺跡と同様、縄文人によく似た特徴と抜歯風習の持ち主であった。この大友遺跡では以前の発掘でも縄文人に似た弥生人骨が大量に出土していたので、当然予想された結果ではある。しかしこれによって以前の出土資料と合わせると、九州北岸部で発見されたある程度特徴のわかる一〇体近い支石墓の被葬者は、いずれも同じ特徴を持つ人々であったことになり、少なくとも個体変異などではなく、確かに当時、朝鮮半島由来の墓に縄文人に似た形態と抜歯風習を持った人々が埋葬されていたことが、明確な事実として浮かび上がってきた。

そうなると、やはり問題はこれをどう説明するかということである。確かに前述のような土着集団が埋葬習俗だけを取り入れた現象と解釈するのは容易かもしれない。しかし、大友遺跡の調査で痛感したのは、この墓が多数の人手を要する、おそらく当時の村の男が総出で取り組まねばならないようなものであり、それを単なる文化的な伝播現象、墓の模倣ということで説明するのが妥当かどうかという疑問である。こうした墓制を実現するにはもっと強い動機づけが必要なのではなかろうか。それにはやはり、元々このような墓をともなう社会で成長した人たちが、自分たちにとって最も望ましい、たとえそれが多大な労力を要する墓であろうと、彼らにはそれが当然守るべき伝統だと思えるような社会的背景があったと考えるのが合理的なように思える。つまり、半島からそうした墓制をともなった人たちがやって来たか、あるいは当時、海峡をはさんだ半島と九州北部の沿岸部には密接な交流があり、自由に人が行き来していわば共通の文化圏を形成していた、そういう状況を考えるのが自然ではなかろうか。

朝鮮半島の古人骨

そしてこの想定に立てば、当然、朝鮮半島にも大友弥生人のようなタイプの住人がいたかどうかが問題になってこよう。もちろん半島全域についての話ではなく、少なくともその沿岸部にはそういう住人が混在していた可能性があるのではないかということだが、いずれにしろそうなると、支石墓の源郷である朝鮮半島の当時の住人形質を明らかにすることが、この問題を解く鍵になってくる。残念ながらしかし、現在までのところ半島部で詳しい特徴のつかめる人骨は少なく、特に支石墓人骨についてはほとんど不明のままである。

これまで韓国、北朝鮮で発見された、ある程度特徴のわかる古人骨を眺めてみると、まず問題の支石墓についてはわずかに黄石里（紀元前四～前五世紀）から非常な高身長（一六八・三センチメートル）の男性人骨が一体出土しているに過ぎず、日本と同様に酸性度の強い土壌がわざわいして、膨大な数に上るこのタイプの墓からの他の出土例はまだ報告されていない。支石墓以外に目を向けると、戦前の発掘例でしかも紀元前一〇〇〇年に近い初期青銅器時代になるが、北朝鮮のロシア国境にも近い雄基、鳳儀の人骨がよく知られている。この人骨については、かつて金関丈夫によって土井ヶ浜などに類似することが指摘されたが、戦後もこの近くの草島からやはり同形質の青銅器時代人骨が出土している。前述の弥生時代の新年代で考えれば、時代的にはへだたりがなくなるので、注目すべき存在ではあろう。また、今度は逆に時代が下って古墳時代になってしまうが、平壌近郊の楽浪《らくろう》古墳群からは高顔、高身長の女性人骨が出土し、ソウルにも近い江原道の新梅里《しんばいり》古墳からは高身長（一六四・六センチメートル）の男性一体が、さらに半島南部の慶尚北道星山洞二号墳からは高顔の男性一体が出土している。特に南端の釜山近郊にある礼安里古墳から、明らかに高顔、高身長の、北部九州や土井ヶ浜の弥生人によく似た人骨群が出土していることはすでに触れた通りである。

問題の弥生時代相当期の人骨となるとかなり限定されてしまうが、釜山市の朝島や近郊の金海《きんかい》佳洞《かどう》貝塚から弥生時代中頃の各男性一体が出土し、いずれも一六四センチを越える高身長で、朝島は非常な高顔例でもあった。さらに、前にも触れた、やはり半島南端に位置する三千浦《さんぜんぽ》市（現泗川市）の勒島から弥生時代中期頃の、かなりまとまった資料が出土している。小片丘彦や藤田尚らの研究によって明らかにされたその特徴は、縄文人とは異なって北部九州弥生人に似た高顔、高身長の持ち主であった（図49）。

こうした状況から判断すると、弥生時代相当期やその少し前頃には、北部九州・山口地方に分布するいわゆる渡来系弥生人と共通する特徴をもった住人がおそらく半島のかなり広範な地域に分布していた可能性が考えられる。しかし、今問題にしている西北九州弥生人タイプの住人の存在は、これまでのところまだ明確にはみえていない。半島南端の煙台島《えんだいとう》から低顔で四肢骨の特徴の一部にも縄文人的な傾向を持った人骨が出土しているが、時代がずっと古い新石器時代前期のものだけに、直接大友遺跡との関係を論ずるには無理があろう。そもそも、朝鮮半島に高顔、高身長の人々が広がるのはいつ頃からだろうか。当然、半島内でも地域差があったと考えられるが、その実態もほとんど不明のままである。

これらの中で、勒島遺跡からはしかし、その特徴に加えて注目すべき新事実も明らかにされている。勒島遺跡は日本の弥生土器のほか、楽浪郡の土器や晋、前漢の貨幣などを出土す

図49　朝鮮半島の古人骨出土地点

る一方、この地に特有の勒島式土器もまた西日本一帯に見られるなど、当時のかなり広域にわたる交流を窺わせる遺跡でもある。そこから、脊椎カリエスに冒された若い女性人骨が出土したのだ。わが国では今のところ、鳥取県青谷《あおや》上寺地《かみじち》遺跡（弥生中期）の二例が結核の最古例とされ、膨大な量に及ぶ縄文人骨からは一例も報告されていない。つまりこの後世の日本人に多大な影響を与えた悪疫もまた弥生時代に大陸からもたらされた公算が高いわけだが、勒島というすぐお隣の、時代的にも弥生相当期の遺跡から類例が出土したことは、この病気のわが国への伝播を考える上で重要な知見となろう。

ともあれ、朝鮮半島の古代住民については以上のようにまだ多くの疑問が残されたままだが、ただ、今のところ縄文人タイプの人骨が日本列島内でしか見つからないとはいっても、その大元は大陸にある以上、いずれかの時点まで少なくとも大陸沿岸や離島などに縄文人と共通形質を持った住人が残存していたとしても何ら不自然ではない。あるいは煙台島人骨はその一端を示すものであろうか。半島の住民は日本以上に背後の大陸住民の強い遺伝的影響に曝されていたであろうから、そうした古形質の衰退は日本より古い時代に起きた可能性はあるにしろ、沿岸各地を丹念に探っていけば、いずれその痕跡が発見されるのではなかろうか。

変革の担い手は縄文人？　それとも渡来人？

支石墓の被葬者が半島起源の人であれ、九州の土着住人であれ、北部九州で弥生文化を開花させ、変革を実現していったのは、こうした一見縄文人に似た人々だったのだろうか。変革の鍵は水稲耕作の開始にあったが、しかしこれまで骨の出ている日本の支石墓は、ほとんどが背後に水稲耕作に適当な平地を持たない地点のものである。新町遺跡では稲籾の圧痕がついた土器が橋口達也によって発見されるなどしているので、支石墓の被葬者をすべて漁労民と断ずるのは問題だろうが、文化的にも人骨形質から見ても、その多くは漁労かもしくは半農半漁の人々であったとみなされている。海峡を自由に行き来する術をもった彼らが北部九州に水稲耕作という新文化をもたらす上で一役かっていた可能性は十分考えられるが、しかし果たして、北部九州での変革を彼ら縄文人的特徴をもった人々にすべてを帰して話が済むのかどうか。上記のように、一方では当時の半島にはかなり広範に北部九州の弥生中期に確認される、いわゆる渡来系弥生人に類似した人々がいた可能性が高いのも事実なのである。支石墓の被葬者にしても、当然、半島各地で違いがあってもおかしくない。

はたしてどこに真実があるのか。ここでもう一度話の舞台を北部九州に戻して考えてみよう。北部九州では、じつはそうした支石墓人骨の一方で、板付遺跡にほど近い福岡空港の敷地内にある雀居遺跡から、また別の特徴を持った人骨も発見されている。時代は新町遺跡より少し後の弥生前期中頃だが、その土壙墓から面長で扁平な顔つきをした長身の女性人骨が発見された（図50）。しかもこの、後の甕棺墓などから出土する渡来系弥生人に似た特徴を

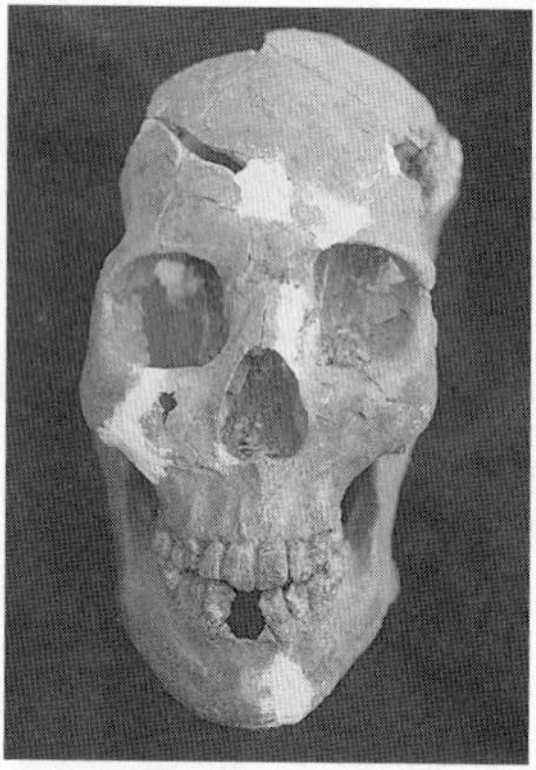
図50　雀居遺跡出土の女性の弥生前期人骨

持った女性人骨は、下顎切歯と上顎左右犬歯を対象とした、縄文後・晩期の人々や新町遺跡の支石墓人骨と同型式の抜歯の痕跡を残していた。雀居遺跡は板付遺跡のような水田跡こそ未発見だが、木製農耕具や大陸系の石器なども多数出土した、この地域の弥生初期の状況を示す貴重な遺跡の一つである。一部とはいえそこで明らかになった人骨は、いわゆる渡来系の形質と縄文的な抜歯風習という、ここでもやや意外な錯綜した側面を見せてくれた。いったい当時の北部九州では何が起こっていたのだろうか。

ここで、この時期に北部九州に起きた激しい変革が具体的にどのような人たちによって実現されたのかを考えてみよう。以前から根強くある一つの解釈は、先にも触れた、土着の人々が水稲耕作など新しい文化を生活の中に取り入れ、自ら社会を変革していった、というものである。弥生早期の、水田遺構が最初に発見される時期の遺跡では、確かに大陸系の土器や石器、木製農耕具などが出土するようになるが、しかしそれらは当時の生活用具の一部を占めるにすぎず、大部分は縄文時代以来の伝統を残したものを使い続けていることが、多くの考古学者によって指摘されている。長年、北部九州で発掘を続けてきた専門家たちの中で渡来説が容易に受け入れられなかったのは、こうした発掘事実に基づく判断があったからであろう。そして、そうした状況の中、ここでまた新たに、支石墓という渡来系の墓が縄文系の特徴を持った人々によって営まれていたという事実が加わったのである。やはりそうか、と考えた研究者も少なくなかったろう。墓制がそうなら、水稲耕作なども同様に考えればすむではないかというわけである。この解釈を採る人たちも、弥生時代の渡来人の存在をまったく否定しているわけではない。ただ、彼らの遺伝的な影響がおよびだしたのは、弥生開始期ではなく弥生前期末以降の、北部九州で青銅器などの大陸系遺物が急増する時期や、あるいはそれより少し前の板付式といわれる縄文土器とは遠くへだたった独自の土器文化が成立し始める時期を想定する意見が多い。

しかし、はたしてそうだろうか。こういう解釈で、北部九州で起きた変化が本当に矛盾なく説明できるのだろうか。ここでもう一つの説を紹介しなければならない。それは先にも述べた渡来人に変革の主体を帰す解釈で、水稲耕作を主生業とする渡来人がまず北部九州に定着し、ある程度は在来の縄文系住人との遺伝的な交流を経て、急激に人口を増やしながら弥生社会を作り上げていったとする考えである。古人骨が与えてくれる情報から判断すると、このように考えるのが最も合理的だと筆者は考えている。どうしてこういう結論に達したのか、以下にその内容を少し詳しく紹介してみよう。

大量渡来か少数渡来か

この問題に踏み込むに当たってまず考えておかねばならないのは、渡来人の数の問題である。一口に渡来人といっても、どれくらいの数の人たちがやって来たのだろうか。大量渡来なのか少数渡来なのか、あるいは一度きりの渡来だったのか、それとも何度も断続的に繰り返されたのだろうか。そういった違いは、北部九州における社会変化の内容に大きな影響を与えたはずである。

渡来人の数については、埴原和郎のいわゆる「一〇〇万人渡来説」がよく知られている。これは国立民族学博物館の小山修三によって算出された縄文時代末期の日本列島の人口がおよそ七万〜八万人であったのに対し、一〇〇〇年後の七世紀には五四〇万人（記録資料からの推計）にも達していることから、この間の人口急増は通常の農耕社会の自然増ではとても説明できず、その不足を補うには、おそらく一〇〇万人規模の渡来人を想定する必要がある、とした考えである。たとえば在来集団の年あたりの人口増加率を〇・二パーセントと見積もっても、一年に一五〇〇人ずつ外からの補充、つまり渡来人が流入しなければ七世紀の人口に達しないというのである。

埴原推計は、あくまでも縄文末以降の一〇〇〇年間の日本全体を考えたものであり、今問題にしている初期渡来人の数を直接問題にした話ではない。しかし、ここでやはり問題になるのは、弥生〜古墳時代に起きた人口急増の原因として、これほど大量の渡来人の流入を想定する必要があるのかどうかという点である。少なくとも初期渡来人の主な受け入れ口になった北部九州では、これまでの発掘で明らかになった考古学情報でみる限り、弥生時代の初めから古墳時代にかけての時期に土着住民を圧倒するような規模の渡来を想起させる事実はなにも報告されていない。

考古遺物の変化からみると、この地域への外来要素の流入にはいくつか波があったようで、最初が水稲耕作の開始期であり、次の大きな波として弥生前期末に銅鏡や銅剣などの大陸系遺物が急増する現象がよく知られている。しかしそれらの波の大きさは、従来の伝統文化の一部に新しい大陸系のものが追加される程度のもので、生活文化全般が一新されるような変化ではなかった。多くの考古学者が最も大きなインパクトを受けたと指摘する弥生開始期の波にしても、先ほど触れたように、農耕具など確かにそれまでなかった新しい要素が出現する一方で、生活用具の大半は従来の縄文伝統を受け継いだもので占められていたのである。また、目を弥生初期の北部九州以外に転じても、たとえば五世紀前後の応神《おうじん》、仁徳《にんとく》朝の頃や、五世紀後半から六世紀初めの頃の百済《くだら》人を中心とする渡来、あるいは七世紀後半に唐《とう》・新羅《しらぎ》連合軍によって百済が滅ぼされた頃に朝鮮半島から近畿地方あたりへと相当数の渡来人が流入したことが文献資料からうかがえるが、その文化的、政治的な影響の大きさはともかくも、人数については少なくとも在地住人に較べればはるかに少数であったことは確かである。

北部九州の弥生初期は人骨の空白期であるため渡来人問題を間接的な情報で判断するしかないのはもどかしい限りだし、また、その影響度を単に遺物量の多寡だけで考えるのも問題だろうが、しかし、永年の膨大な発掘結果からもたらされたこうした情報、考察の結果はやはり無視できない。もし土着集団を圧倒するような大量の渡来人がやって来たのなら、確かにもう少しはっきりした変化が遺跡やその生活用具に現れてもよいように思える。いずれにしろ渡来人の数については、これまで得られた当地の考古学的情報から判断する限り、土着住民に較べてかなり少なく限定して考えるのが妥当であろう。ところがそうすると、今度は弥生中期の人骨から得られる情報との整合性がここで新たに問題になってくる。

弥生中期の北部九州の住民

この地域の弥生中期頃に集中して出土する人骨は、何度も言うように大陸の人々に非常によく似た特徴を持っている。もし、渡来人が土着縄文人と頻繁に混血したのなら、当然、両者の中間型や中には縄文人にそっくりの人もかなりの割合で混じっているはずである。ところが当地の弥生人の特徴はそうはならず、全体的にみた場合、ほとんど大陸の人そのものに近い特徴になってしまっている。細かく計測して比較しても、各部分の値は縄文人からは遠く離れて大陸集団のそれにほとんど重なってしまうし、各個人の特徴について判別関数法という多変量解析の一つを使って大陸人か縄文人のどちらに似ているかを振り分けていくと、縄文人的特徴の持ち主は当時の北部九州ではせいぜい一〜二割程度という結果になった。つまり、遅くとも弥生時代の中頃になると、この地域の住民はそのほとんどが大陸人的特徴の持ち主で占められていたのである。それは言い換えれば、弥生中期の人々を生み出すに当たって、縄文人の遺伝的な寄与はかなり小さかったことを意味する。

この事実からすると、少なくとも、縄文系住民が弥生革命の実行者だとする考えは成立しがたいことになる。なぜなら、もし土着縄文人が主体になって弥生社会を作り上げていったのなら、当然、その地域の弥生中期の住民は、縄文系主体になっていなければ話が合わないからである。北部九州では弥生開始期から遺跡が急増する現象が見られるが、この縄文人説が正しければ、それは彼らが水稲耕作などの新文化を取り入れた結果、人口を急増させていった現象ということになろう。しかし、実際の弥生中期のこの地域には、そうした人々ではなく、大陸人的特徴の人々が大多数を占める社会が存在したのである。

この弥生中期のような住民構成が生み出された背景をあえて縄文人説に沿って想像してみると、たとえば少し前の弥生前期に土着集団を圧倒する規模の渡来人がやって来て置換現象が起きたか、あるいは新しく持ち込まれた流行病によって免疫のない土着集団がほとんど絶滅した可能性などが挙げられよう。しかし、北部九州では弥生前期のうちに早くも平野部から丘陵部までぎっしりと高密度に遺跡が分布するようになり、その人口規模が相当大きく膨らんでいたことがわかっている。その在地住人が、一朝にして渡来人たちと入れ替わるようなことが果たして起こり得たかどうか。そのためには当然、渡来の規模は相当大きくなければならないし、そもそも土着集団が長年住み慣れた土地をおとなしく明け渡すわけもないから、かなりの混乱状態に陥り、激しい戦闘も起きたはずである。確かにこの時期になると戦いの痕跡が急増するが、しかしそれは、後で詳しく触れるように縄文系対渡来系の戦いではなく、いずれも形質的には渡来系住民の間での現象なのである。

また、流行病の可能性についても、確かに世界には入植者の持ち込んだ結核や麻疹などによって土着集団がほとんど絶滅状態に陥った例も知られているが、北部九州ではこれまでの膨大な発掘事例の中に、たとえば一時期に集中する墓地など、そうした人種置換に近い現象が起きたことを裏づける情報はいっさい検出されていない。大量渡来にしろこの流行病にしろ、こうした原因で置換現象が起きたとなると、生活文化全般にも相当な混乱や断絶などが起きるだろうが、実際には各地で生活文化の連続性が確認され、その中で次第に地域色が強められていくような現象が明らかになっているのである。

渡来系弥生人の人口増加率

弥生中期の人骨が示す状況は、もう一方の、渡来人を変革の主体とする考えにも説明を要する問題点を突きつけている。前述のように考古学的情報から見て初期渡来人の数は土着集団よりかなり少数に限定するのが妥当だと考えられるが、しかしその一方で、わずか二〇〇

～三〇〇年後（新しい炭素年代値に従えば、これは二倍程度に長くなる）の弥生中期には人口比が逆転して彼ら渡来系住人が圧倒的多数を占めるに至ったというわけである。はたして本当にそんなことが起こり得たのかどうか、この疑問に答えるには、まず弥生人の人口増加率がどの程度であったのかを明らかにしておく必要がある。埴原推計で膨大な渡来人の流入を想定せざるを得ない結果になったのも、結局は農耕民の人口増加率を年率でせいぜい〇・二パーセント程度と見積もった点にあったからである。

　では実際に北部九州では、当時どの程度の人口増加が起きたのだろうか。先史社会ではもちろん記録資料は望めないので、その人口動態を探る場合は、遺跡や住居跡の数、面積の変化、考古遺物の量、あるいは人骨数や墓の数などをもとに試みられている。小山の縄文人口に関する計算は遺跡数を基本にしたものだったし、この北部九州弥生社会についても、九州大学の田中良之《たなかよしゆき》によって福岡県の小郡《おごおり》市一帯でやはり遺跡数の変化をもとに、年率〇・五パーセント以上という高い増加率がはじき出されている。

　ここでは福岡県筑紫野《ちくしの》市の隈《くま》・西小田《にしおだ》遺跡で見つかった大量の墓から得られる情報をもとに考えてみる。通常、死者の数はその母集団の人口規模に相関するので、正確な死者の数とその時代変化がわかれば、母集団の人口変化も追跡できるはずである。北部九州では、しかもこの死者の数を算定するのに非常に便利な墓、つまり甕棺がある。人骨が残っていないことが多い土壙墓や木棺墓等では発掘での検出漏れが心配されるが、甕棺墓だと見逃しようが

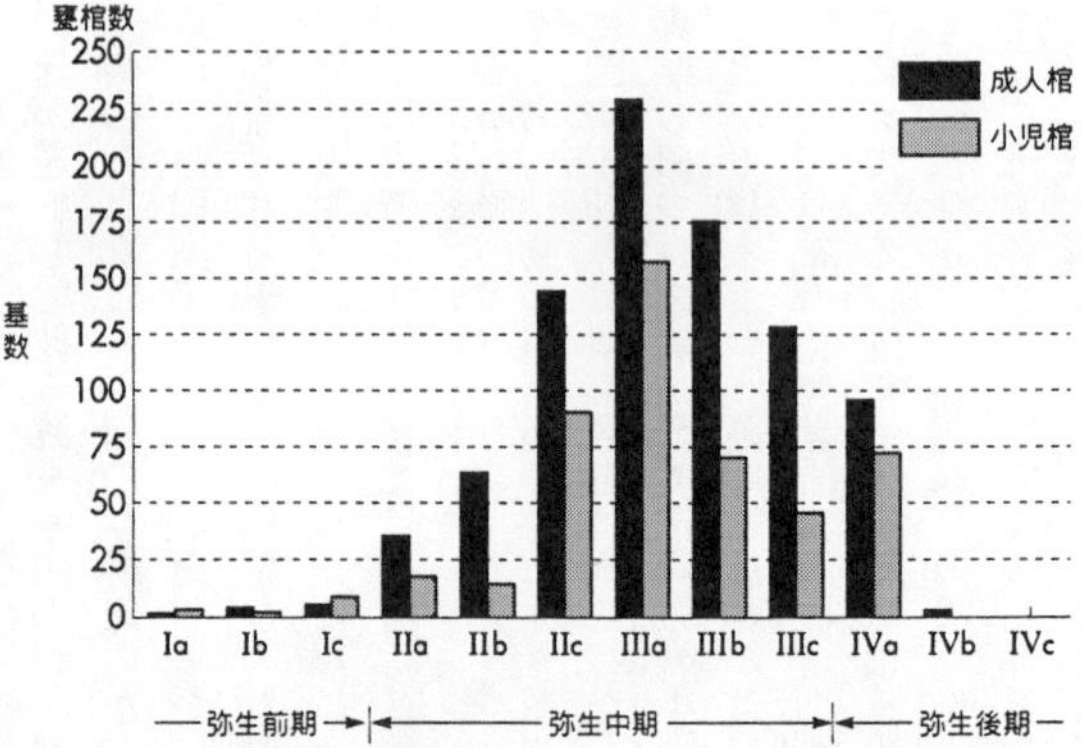

図51　隈・西小田遺跡の甕棺数の変化

ないので、骨の有無はともかくも、埋葬された死者の数だけは正確にはじき出せる。しかも、この甕棺については橋口達也らによって、一応二五〜三〇年間隔（新年代ではこれが二倍以上に長くなる）で型式が変化していく状況が明らかにされているので、各型式の甕棺数の変化を追跡すれば、その死者を出した母集団の人口変化も浮かび上がるはずである。

図51は隈・西小田遺跡から出土した一〇〇〇基を超える甕棺について、同市の発掘担当者である草場《くさば》啓一《けいいち》らが型式分類した結果である。ここからは、弥生前期末から中期半ばにかけて急激に墓の数が増えていく様子が見て取れよう。ただし、甕棺型式のⅡａ期あたりまでとⅢｂ期以降には甕棺墓以外の土壙墓などが混在していて、甕棺だけを数えても正確な死亡者数がわからない危険性があるので、実際の増加率の計算では、墓地がほとん

ど甕棺だけで営まれるⅡb〜Ⅲa期に限定した。また、この遺跡ではⅢa期頃を中心に、後に触れるようなおそらく戦いの激化で男性死亡者数が異常に増えている可能性もあるので、比較的戦闘の影響を受けていない女性死亡者数を参考に、通常の性比になるよう男性数を削る補正を行った。つまり、この間の人口増加率を下げる方向の補正を行ったわけだが、それでもなお、計算の結果は弥生中期の初めから中葉にかけて、年率一パーセント前後という非常な高率で増加した様子が浮かび上がってきた（甕棺の一形式の時間幅を三〇年とすると、年率一・六六パーセント、新年代に従ってこれを最長の一〇〇年とすると、年率〇・五パーセント）。さらにこの遺跡の結果だけだと、周辺からの移住によって増えたことも考えられるので、周辺の遺跡やさらには福岡平野全体での計算も行ったが、遺跡によってばらつきはあるものの、やはり似たような高率で人口増加が起きた様相が浮かび上がってきた。移住ということではもう一つ、この時期に渡来人が急増した可能性も考えねばならないが、しかしそうした疑問についても、当地の考古学情報をみる限り、中期初めから中葉にかけての時期に大陸からの流入が特に増加したことを示す徴候は見当たらない。

　結局、このような人口増加が起きた主因としては、やはり当地の住人の自然増に求めるのが合理的だろう。そして、遺跡が過密状態になっていた弥生中期の段階でこの程度だとすると、人口密度がもっと低く、可耕地が随所に残されていた弥生早〜前期では、さらに高い増加率で推移したと考えても何ら不自然ではない。おそらく、一パーセントを大きく超える高率で人口が急増した可能性が高いのではなかろうか。

弥生人の寿命

こうした人口増加が本当に可能であったかどうかを検証する上で、もう一つ検討しておかねばならない課題がある。弥生人の寿命の長さである。人口変化は、死者と出生児の数のバランスで左右されるので、一般的に死亡率の高い古代社会で人口が増加するには、かなりの多産でなければならない。そして、そうした多産を保証する基本的な条件として寿命の長さ、つまり女児が出産可能年齢まで無事成長し、その後、閉経かあるいはそれに近い年齢まで生存できる確率がどの程度あるかが問題になってくる。

人の寿命（ゼロ歳時平均余命）の長短は、成人期の健康状態もさることながら、子供の死亡率に大きく左右される。現代日本人の寿命が戦後の経済成長とともに世界一になった背景には、子供がほとんど死ななくなった事実も強く働いているのである。古代人集団については、しかしこの子供の死亡状況を再現することが特にむずかしい作業になる。寿命の算出には生命表という、各年齢層の死亡者数をもとにした手法が一般的に用いられるが、骨質の薄い幼小児骨のほとんどは土中で消えてしまうために、その正確な死亡者数が摑めないのである。従って古代人の寿命については、やむなく一五歳以上の骨だけを使うことが多く、縄文人の寿命について「一五歳時平均余命」などというややこしい言い方をしなければならなか

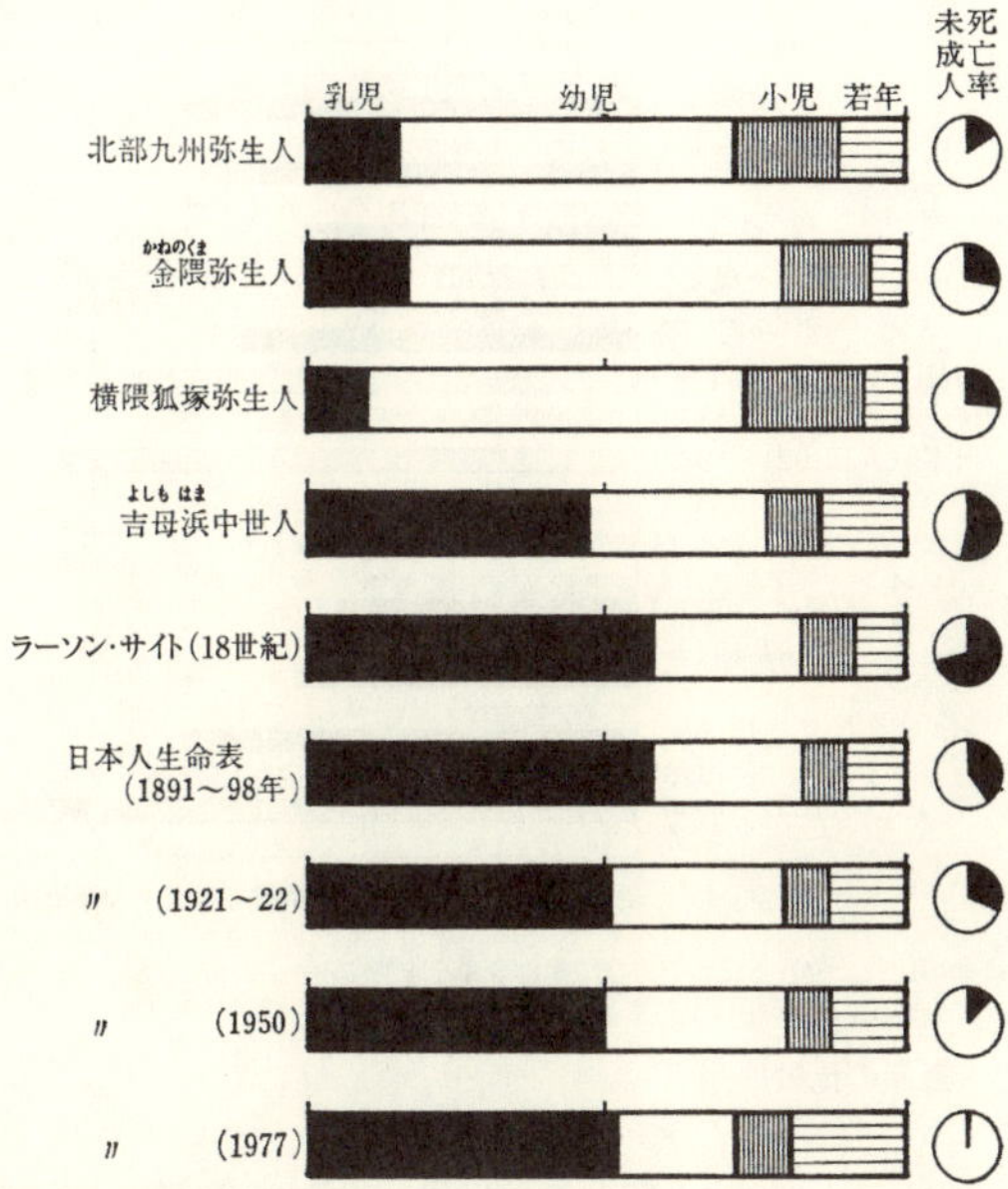

図52　子供の死亡年齢構成

った理由もそこにある。しかしこういう手法では、本来の寿命が算出できないし、そもそも古代社会で最も特徴的な未成人の死亡状況がわからないままである。

　この問題をクリアするために、ここでもう一度甕棺を利用することにする。甕棺には大きな成人用のものの他に、小児棺という、小さな子供しか埋葬できない甕棺がある。中に骨が残っていなくても、これだと少なくとも子供の死亡者数だけは正確に割り出せる。し

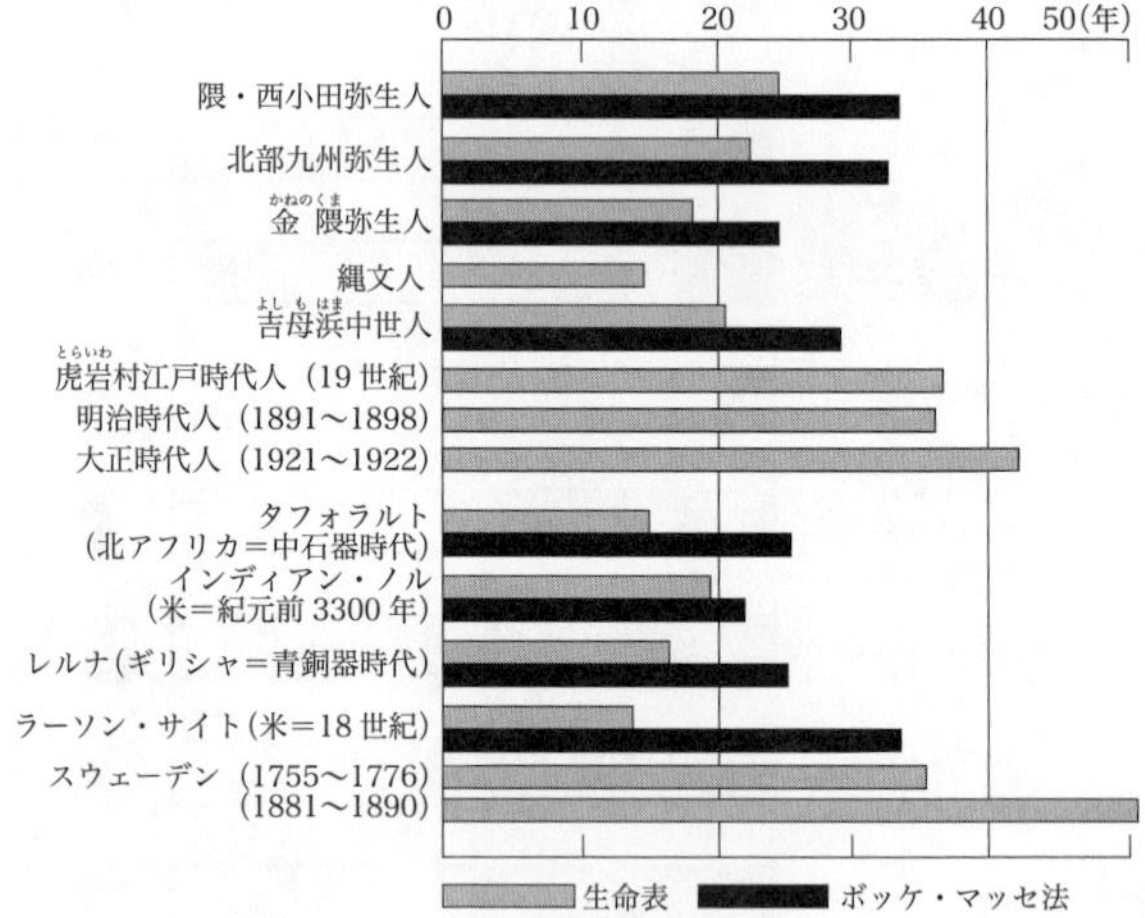

平均寿命の比較。異なる二つの方法で平均寿命を求めてみた。
少なくとも弥生人は25年ほどは生きたように思われる。

図53　寿命の比較

かも世界各地の子供の死亡状況を調べてみると、時代や地域を越えた共通のパターンがあることがわかった(前掲図52)。骨の保存がきわめてよい吉母浜やラーソン遺跡では、近代の調査結果と同様、死亡する危険性が最も高いのは生後まもなくの乳児期で、古代社会であろうと子供がほとんど死ななくなった現代であろうと、各年齢層の死亡比率は奇妙なほど似通っている。骨の残りの悪い弥生の三遺跡ではこの比率が大きく歪んでいるが、小児棺の数で子供の死亡数を割りだした上でこの世界共通ともいうべき死亡比率を当てはめれば、未成人の年齢別死亡者数も

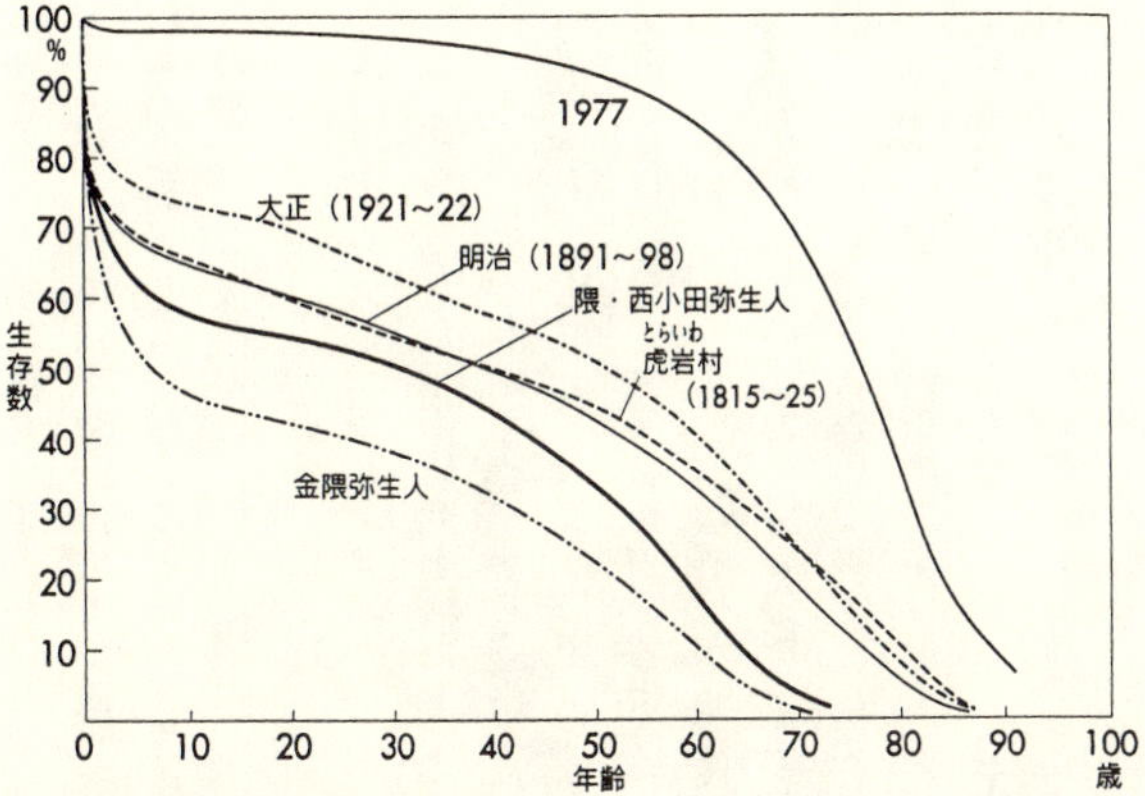

図54　生存者数の年齢推移

おおよそのところは割り出せるだろう。

図53は、こうした検討を経て算出した弥生人の平均寿命である。最も危険な乳幼児期をのりこえれば一五歳時の平均余命も三〇年はありそうで、一応これだと出産可能な年齢期を一杯に使って子供を産み増やすことは可能である。だからといって、弥生人が何人子供を産んだかまではわからないが、少なくとも彼らが急激な人口増加を起こしても不思議ではない、基本的な条件は備えていたと言ってもいいだろう。ただし、この分析からはもう一つ、当時の厳しい状況も同時に浮かび上がってきた。図54は、各集団で生まれた一〇〇人の子供がその後どのような経過をたどるかをみた生存曲線である。医療が進み、栄養状態もよくなった現代でこそ乳児期の落ち込みは最小限に食い止められているが、ほんの近

世期までは生まれ落ちた子供がばたばたと死んでしまう現象が見られ、弥生人社会ともなると成人するまでに半数前後にまで減ってしまう状況が見て取れよう。親にとって子供に死なれるのは何よりもつらいことだが、先史社会に生きた人々は、我々の想像を超えた厳しい試練の中を生き抜いていたようだ。

人口変化のシミュレーション

さて、こうした予備研究を経た上で、空白の弥生初期の状況を考えてみよう。知りたいのは、水稲耕作が開始されてから弥生中期に至るまでの間に、土着の縄文系と渡来系の両集団が、その人口比率をどのように変化させていったのか、本当に少数の渡来人が弥生中期までの間に地域住民の大多数を占めるようになれたのかどうかということである。

少々ややこしい数理的な解析が必要になるので、ここからは集団遺伝学者である九州歯科大学の飯塚勝《いいづかまさる》氏の協力を得て分析を進めた。まず、計算を始めるに当たっていくつか条件を設定しなければならない（表4）。最初に土着縄文系住人の人口増加率（r_j）だが、一般的に狩猟・採集民の人口増加率は低く、年率〇・一パーセントを超えることはごく稀で、マイナス成長になることも珍しくない。日本の縄文社会についても、小山修三の算定によれば、縄文中期の気候条件の良かった時期に急増したこともあったが、全体的には年率〇・一パーセント以下で推移したとの結果が寄せられている。こうした研究例を参考に、ここでは年率

設定条件		
1．弥生中期集団の中に占める縄文系弥生人の比率		10～20%
2．土着縄文人集団の中に占める初期渡来人の比率（$X_{(0)}$）		0.1～10%
3．人口増加率	縄文人（r_j）	0.1～0.3%
	弥生人（r_y）	0.5～3%
4．弥生開始期から前期末までの時間（t）		200～800年

表4　計算の初期条件

○・一～○・三パーセントと、あえて高めに設定した。

もう一方の渡来系の増加率（r_y）だが、一般に狩猟・採集社会から農耕生活へと移行すると、急激な人口増加が起きたことが世界各地で報告されている。それは狩猟・採集生活に比べて何よりも食料の安定供給が容易になるからであり、移動の不便を考える必要もないし、子供も少しは労働力になることもあって産児制限の必要も少なくなる。特に狩猟・採集生活から農耕への移行期に激しく変化するようで、北アメリカのディクソン・マウンド（一一～一四世紀）では、移行期に一・七パーセント、農耕の定着後もしばらくは○・五パーセントという高い増加率が報告されている。狩猟・採集民の住む地域に新たに農耕・牧畜民が流入した場合も同様で、アメリカ大陸やオーストラリア大陸でこの数世紀の間に起きた人種置換現象とでもいうべき急変を見ればよくわかるだろう。一方では、人口爆発を起こしている現在のアフリカ諸国のように年率三パーセント以上の増加も不可能ではないが、短期間ならともかくも長期的には困難であろうという研究もあるので、ここでは先に紹介した隈・西小田遺跡での人口増加率を参考に、〇・五～三パーセントの範囲で考えてみることにする。

また、初期渡来人がどの程度来たか、その絶対数を正確に決める手だてはないので、ここでは人口の比率で考えることにした。この問題で考古学者の故家根《やね》祥多《よしまさ》は、土器を作るときに粘土板を接合する手法に朝鮮半島と日本の縄文社会で違いのあることに気づき（縄文土器は内傾接合、つまり粘土帯を積み上げるとき、接合面が内下方に傾く。朝鮮半島では外傾接合）、両手法の土器の比率から曲り田遺跡などで三割程度の渡来人の存在を想定していた。ここではしかし、土着住人に対する渡来人の比率（$X_{(0)}$）を〇・一～一〇パーセントと、あえて少なめに見積もった。要するに、渡来人にとって厳しい条件を設定した上で、弥生中期までにどのような増え方をすれば地域住民の八～九割に達し得るかを探ってみようというわけである。なお、水稲農耕開始期（弥生早期）から前期末の人骨資料が出始めるまでの空白期間は、橋口達也の意見に基づく最短の二〇〇年から新年代による最長八〇〇年までの幅を持たせて計算を進めた。

単純増加モデル

最初に最も単純なモデルとして、縄文系住人と渡来系住人が住み分けて、お互いに遺伝的な交流はなかったとして、いろいろと条件を変えながら計算してみた。図55に示したのは、

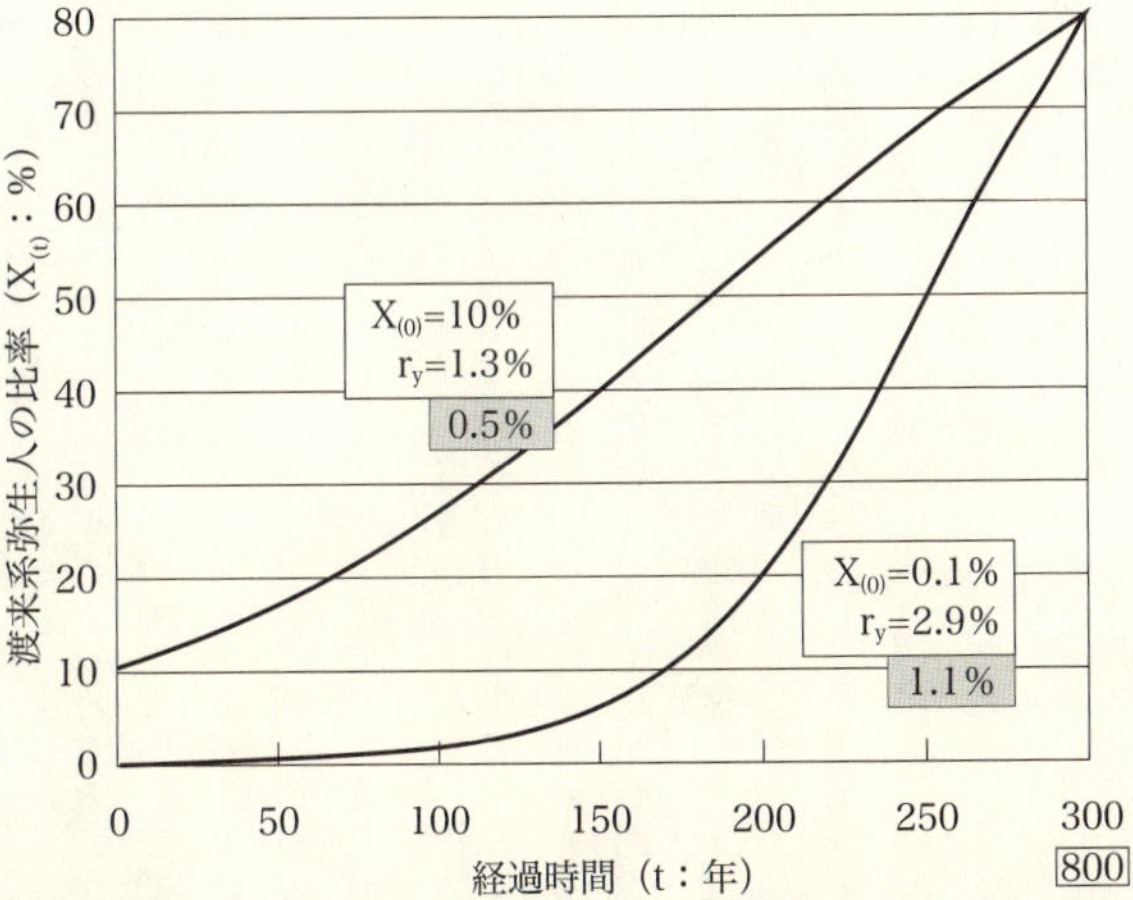

図55　弥生渡来人の人口増加曲線　$X_{(0)}$：初期渡来人の土着系住民に対する比率　r_y：渡来弥生人の人口増加率　［灰色］は経過時間を800年とした場合の人口増加率

その一つの結果で、縄文系住人の人口増加率を〇・一パーセントとした時に、渡来系の人々がどれくらいの増加率で増えれば、三〇〇年後（弥生中期）、あるいは新年代による八〇〇年後に人骨形質から割り出した八〇パーセントという人口比（渡来系住人の占める割合）にまで達し得るのかをみたものである。結果は、最初に一〇パーセントの比率で来た場合（つまり縄文系一〇〇人の住むところに一〇人の渡来人が来る）は、従来の年代では年率一・三パーセントで、最初が〇・一パーセントだった場合は二・九パーセント、新年代だとそれぞれ〇・五パーセント、一・一パーセントで増える必要があるというものであった。

かなり高い増加率が必要だということだが、しかし上記のように初期農耕民としては特に不自然に高い数値というわけではない。すでに遺跡が過密状態にあった中期の段階で確認した人口増加率（年率〇・五〜一・六パーセントくらい）からすれば、クリア可能な数値であろう。もともと渡来の実状は、大陸系遺物の流入状況から推察しておそらく何波にもわたった可能性が考えられるが、ここではあえて渡来系に厳しく初期の一度だけに限定して計算している。また、縄文系住民の〇・一パーセントという増加率も、マイナス成長であったと言われる縄文晩期の状況や、古病理学者の鈴木隆雄《すずきたかお》が指摘するような渡来人が新たに持ち込んだ疾病によるダメージ等の可能性を考慮すると、もう少し低かったかもしれない。また、新年代が示すように水稲耕作の開始時期が遡って時間幅が長くなれば、その分ゆっくりした増加でも十分、人口比の逆転現象が起き得たということである。

混血モデル

ここでもう少し、現実の遺跡情報に近いモデルも考えて見よう。これまでは縄文、渡来系両集団の遺伝的交流を無視してきた。弥生中期の人々に見られる縄文形質の少なさを考えれば、それほど的外れな設定ではないとは思うものの、当時の北部九州に大陸系遺物だけを出す遺跡はなく、通常は縄文系と渡来系のものが混ざり合って出土するので、その住人も混じ

	r_j	r_y	$X_{(0)}$	$X_{(t)}$	α(%)	β(%)	θ(%)
t＝200年							
	0.1	2.0	10.0	80	10.4	4.0	39.9
	0.1	3.0	10.0	90	10.8	7.6	54.9
	0.3	3.0	10.0	90	10.6	6.3	50.1
t＝300年							
＊	0.1	2.0	10.0	80	12.2	18.0	84.7
	0.1	3.0	10.0	90	11.1	9.9	62.8
	0.1	3.0	1.0	80	1.2	18.8	86.6
	0.3	2.0	10.0	80	11.9	16.2	80.5
	0.3	3.0	1.0	90	1.1	7.1	53.4

表5　混血モデルの計算結果

り合っていたと想定したほうがより現実に近いだろう。そこで、縄文系住民の集落の他に、渡来系と縄文系の混血集落を考えて、同様なシミュレーションを行ってみた。その結果（表5）をみると、この中でたとえば表中に＊で印をした条件では、混血集落に含まれる縄文系の人の割合（β）は一八パーセントに限定されることがわかった。他の条件でも似たような結果で、つまりこれ以上縄文系の人を入れると、弥生中期に渡来系（$X_{(t)}$）が八〇パーセントを占めるのがむずかしくなるということを示している。

しかしそうすると、現実の発掘情報と少し合わない別の問題点が出てくる。前述のように、初期弥生集落では縄文系の土器のほうが優勢なのだが、世界のほとんどの民族集団と同様に女性が土器の製作者だとすると、この低い比率では、それほどたくさんの縄文的伝統に則った土器を作れたかどうか疑問である。もちろん、両系統の女性の比率がそのまま両タイプの土器の比率になるとは思えないが、二割に満たない縄文系女性が土器の大半を作ってしまうというのはやはり不自然である。そこで少し設定を変えて、混血集落の男性はすべて渡来系で、女性は両系の混合だったとして再計算してみた。そうすると、表の右端のθが女性の中で縄文系が占める割合だが、八四・七パーセントという高率でもかまわないという結果になった。これはつまり男性主体の渡来を想定しているわけだが、この可能性については以前から金関丈夫や熊本大学の甲元眞之らが指摘していたことでもある。さまざまな民族事例や、決して安全ではない当時の海を越えての渡航を考えれば、このような想定もあながち不合理ではないだろう。ともあれ、かなり単純化した限られた条件下での推考とはいえ、渡来系集団の増加に厳しい制約を課した上で得られた以上のシミュレーションの結果は、少数の渡来人でも短時日で地域住民の多数を占めるに至ることは十分可能であることを示唆している。

おそらく最初に北部九州にやって来た水稲耕作集団は、土着の縄文集団が希薄な沿岸低地で水田を作り始めたのだろう。当地の縄文晩期の遺跡の少なさが示すように、狩猟・採集と多少の原始農耕で生活していた縄文人にとって、沿岸の特に低湿地などは必須の土地ではなく、おそらく新来の渡来人たちが住み着く上で大きな摩擦もなかったのではなかろうか。彼らは、周辺の縄文人たちともある程度、人的、文化的な交わりを持ちながら、自分たちの生活スタイルである水田稲作を最初は細々と始めたに違いない。それがしかし、後続集団も加えながら二代、三代と世代を重ねるうちにみるみる人口と水田域を増やしていき、やがては丘陵部や山際など土着系住民の生活領域まで侵すようになっていったろう。もちろん土着住民の一部には新しい生活文化を取り入れた人たちもいただろうが、おそらく摩擦を避けてさらに内陸部へと移動した人たちも少なくなく、あるいは新たな疾病の影響なども重なって、総体として彼らの人口の伸びはかなり低かったに違いない。やがては数でも生活力においても渡来系の優勢が顕著になって、もともと人口が多くなかった縄文系住民には対抗する術もなくなっていったのではなかろうか。時の流れとともに彼らは渡来系の遺伝子集団の中に取り込まれ、あるいはさらに山中か周辺地域へと移動を余儀なくされて、次第に歴史の中に消えていったのだろう。

これが、今回のシミュレーション結果から筆者が想像をたくましくして描いた弥生初期の福岡平野の状況である。もちろん、最終的な結論は、空白期を埋める将来の新資料発見を待たねばならないだろう。混血モデルでは計算が複雑になるため従来の年代観に基づく結果だけを示したが、弥生開始期から中期に至る時代幅が長くなれば、渡来系集団にとってはそれだけ低い人口増加率でも逆転現象が起き得ることになるので、全体の論旨、つまり「少数渡来↓高い人口増加率による人口比の逆転」という話を変える必要はないだろう。ともあれ、ここで示したモデルは、今のところ人類学と考古学双方の情報を整合させ得る、一つの解釈にはなろうかと思う。

　この問題は、単に北部九州に限られたテーマではない。海峡という地理的バリアを越えて大陸の人と文化がどのように流入し、定着、成長していったのか、その解明は広く人と文化の関係やその伝播を巡る諸問題につながる基本的な課題である。単に北部九州だけではなく、その後の日本各地への弥生文化の広がりを考える上でも重要な基石になろう。おそらく、急激な人口増加によって、北部九州から他地域への移住の波も加速していったに違いない。もちろん各地でその変化の状況にはさまざまな違いがあったろうが、北部九州に発した人口増加の火は、時とともに瀬戸内から近畿、さらには東日本各地へと適地を求めて次々と飛び火していったのではなかろうか。

第六章　倭国大乱から「日本」人の形成へ

1　倭国乱る

戦傷人骨

弥生時代は日本列島の人と文化にとって大きな変革の時代であった。大陸からもたらされた水稲農耕を柱とする新しい文化の波は、列島各地で土着の縄文文化とさまざまな色合いで解け合って現代日本につながる文化的な土台を築き上げていったが、それはまた現代日本人に至る道ともほぼ重なっている。まさに新たな出発点となったこの時代、列島の住人は産みの苦しみとも言えるような一つの試練に曝されていたようだ。弥生時代の骨を調べていくと、縄文人骨にはあまり見られなかった現象に気づかされる。何らかの暴力行為で傷ついた人骨が目立って増え始めるのである。有名な『魏志』倭人伝には弥生後期ごろ倭国ではクニどうしが争い合う状態にあったと記されているが、ここで人骨からそうした状況を探ってみよう。

これまでのところ傷ついた人骨は西日本から多く報告されているが、もともと弥生人骨の出土自体がこの地域に偏っているので、はたして関東や東北がどういう状況だったのか、もう少し資料がそろわないと何とも言えない。ただ、東海地方では愛知県の朝日《あさひ》遺跡のように逆茂木《さかもぎ》や環濠《かんごう》で何重にも囲った村が発見されているし、関東でも紀元前一世紀頃から台地の上に濠を巡らせた村が出現し始めることを考えれば、決して平穏な状況だったとは思えない。いずれ骨がそろってくれば、そうした戦いの犠牲者の具体像も浮かび上がってくるに違いない。ともあれ、ここでもまずは最も事例の多い北部九州の状況から見ていこう。

農耕社会がいち早く発展したこの地域では、早くも弥生早期にその最初の兆候が現れる。今のところ最古の戦傷例は、先にも紹介した新町遺跡の支石墓から出土した男性人骨である。この縄文人に似た特徴の熟年男性は、左大腿骨上部に朝鮮半島系の柳葉式磨製石鏃《やなぎばしきませいせきぞく》を斜め後ろから打ちこまれていた（図56）。弥生早〜前期の人骨は北部九州でもごく限られているため、この時期の戦傷例は他には見つかっていないが、しかし橋口達也が指摘しているように、ほぼ同時期の早期末から福岡県の那珂《なか》遺跡や江辻《えつじ》遺跡などで村を防御する環濠が出現することを考えれば、その頃から早くも社会的な緊張状態にあった可能性は否定できない。

そして、その後の遺跡急増の様相を見れば、水争いや土地争いなど、抗争の種は増えこそすれ減ることはなかったろう。やがて弥生前期末以降になると、甕棺に守られて人骨出土例が増えていくが、その中から石鏃が刺さった骨や銅剣や石剣で切られたり刺された例、あるいは首を離断されたり、首だけが埋葬された例などが続々と姿を現しだす。橋口によれば、体に打ちこまれてそのまま埋葬されたと思われる武器切っ先の共伴例を含めれば、すでにその総数は二〇〇例以上にも達しているという。

近年、戦争の起源を巡る議論が活発化している。考古学者の故佐原真は、「戦争」を他の個人レベルの暴力行為と区別して、「多数の殺傷をともない得る集団間の武力衝突」と定義し、実際の遺跡でそれを証明する要件として、環壕や柵などを持つ防御集落や武器、殺傷人骨の存在、武器の副葬や武器型祭器の出現、あるいは戦士や戦争場面を描いた造形物などの存在を挙げた。そしてこれらの要件の検討から、定住農耕社会が発展した弥生時代になって初めて「戦争」が始まったと指摘している。しかし一方ではそんな状況はすでに縄文時代からあったという指摘や、戦争の定義づけとその実証のむずかしさを指摘する声も少なくなく、まだすっきりした話にはなっ

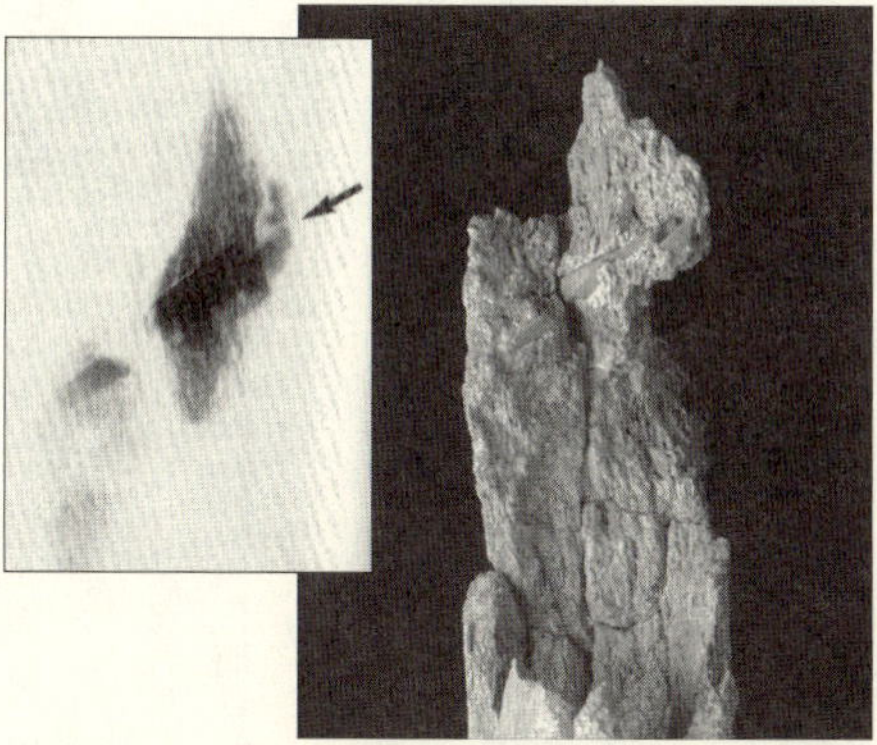

図56　新町遺跡出土の弥生早期人骨に打ちこまれた石鏃

ていない。はたして、この北部九州の戦傷弥生人骨は「戦争」の犠牲者なのだろうか。

佐原の定義に従って考えるなら、「戦争」の存否は、多くの人々が団結し、命をかけて守ろうとした相当規模のムラやクニの存在をその背景に浮かび上がらせる一つの鍵にもなるだろう。それはまた、中世の戦国時代がそうであったように、結果的に勝者への権力の集中を招き、やがては統一国家の成立にも繋がる可能性を孕んだ重要な社会現象だったはずである。はたして、わが国の「戦争」はいつ頃から起きたのだろうか。

「戦争」は縄文時代から？——高知県・居徳遺跡

縄文時代にも愛知県の伊川津や保美《ほび》、あるいは愛媛県の上黒岩の例など、何例か受傷人骨例が知られているが、しかしこれまでに出土した縄文人骨の多さを考えればかなり例外的な存在であり、そのほとんどはどんな人間社会にもつきものの事故や個人的な闘争に因るものと考えても不自然ではなかろう。しかし近年、そんな従来の認識を揺るがすニュースが、高知県の居徳《いとく》遺跡（紀元前一〇〇〇年前後の縄文晩期）からもたらされた。

動物考古学者の松井章《まついあきら》が居徳遺跡から出土した大量の動物骨の鑑定作業を行っていたところ、その中に人骨片が、それも傷を負った大腿骨などが混じっていることに気づいた。一度見て欲しいとの松井の依頼を受けて筆者が奈良文化財研究所を訪れて確認したところ、確かに人の大腿骨の膝関節に近い部分に、縦長の半月形に近い穴が穿たれていた（図57、右）。

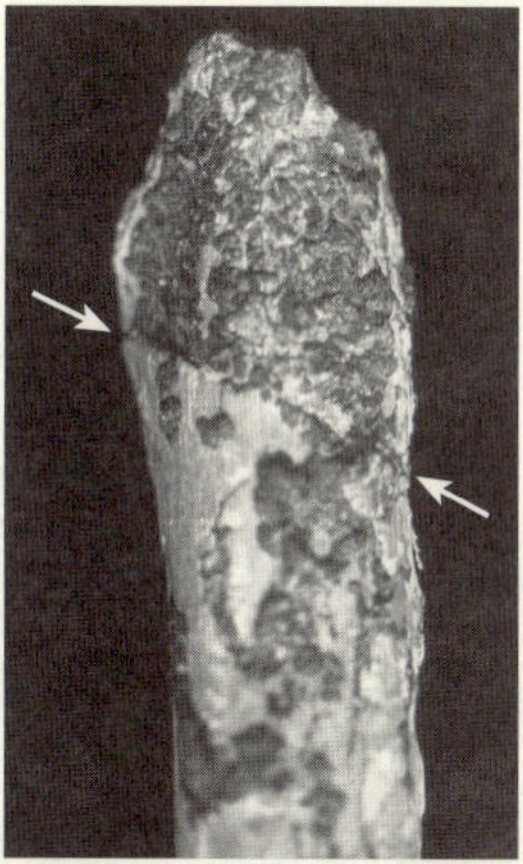

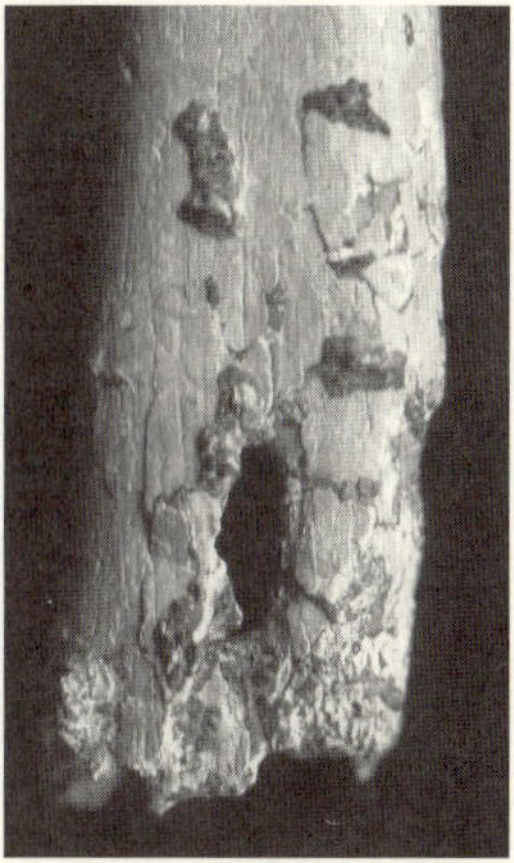

図57　居徳遺跡（縄文時代晩期）大腿骨下端に見られた矢傷（右）矢傷と同じ大腿骨の股関節近くに付けられた切傷（左）（高知県立埋蔵文化財センター所蔵・奈良文化財研究所資料）

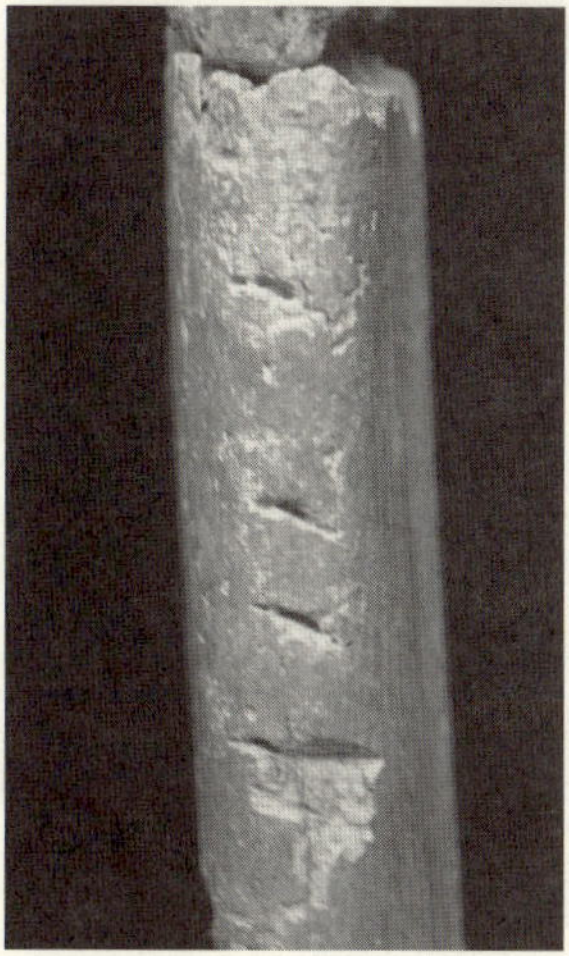

図58　居徳遺跡・大腿骨に見られた刺突痕と切り傷（高知県立埋蔵文化財センター所蔵・奈良文化財研究所資料）

見ると、その穴は大腿骨の裏側の骨まで壊してほぼ貫通している。さらに、同じ大腿骨の上端、つまり股関節に近い部分には、注意しないと見逃しそうな切り込みが斜めに走り、これもまた骨の裏側まで達してほとんど離断しそうになっていた（図57、左）。他にも骨体軸に直角方向に同じ利器によるものと思われる傷がいくつも並んでいる大腿骨もある（図58）。

じつは、これらの受傷人骨についてはすでに松井によって記者発表され、縄文時代の「戦争」の証拠ではないかと新聞で大きく報じられたらしい。その中で松井は、先の大腿骨下端部の穴は、形状から見てシカの中足骨で作られた骨鏃で射抜かれた痕だろうと紹介したところ、骨の専門家から金属や石ほど硬くもない骨鏃では大腿骨を貫通するはずがないとの批判を受けたという。筆者に電話をかけてきたのも、同業者によるいわばセカンドオピニオンを求める意味もあったようだ。動物骨に詳しくもない筆者には利器の特定はできないが、しかし上黒岩遺跡の例のように、骨製利器でも場合によっては厚い臀筋と骨盤の骨を一気に貫く威力があることはすでに実証済みである。この居徳の場合は、穴の位置が膝関節に近く、大腿骨前面の緻密質という硬組織がかなり薄くなっている部分でもあり、骨鏃では貫通不可という批判は当たらないだろう。それよりも問題は、これらの傷が「戦争」の帰結かどうかという点である。

不可解な傷

松井が選り分けたこれらの人骨を全て九州の筆者の研究室に送ってもらって精査したところ、人骨片は全部で二五個あったのだが、同一個体の骨である可能性などを排除して数えると、少なくとも一〇個体（男性三体、女性六体、不明一体）が含まれることがわかった。そして、この中の五個（おそらく五個体）の四肢骨片に人為的な傷が確認できた。全ての暴力行為が骨に痕跡を残すわけではないし、また一体でも二〇〇個ある人骨のごく一部しか回収されていないことなどを考えると、確かに偶発的な事故や喧嘩の類では説明が難しそうだ。そもそもこの負傷人骨群は、なぜばらばらにされ、しかも食物残渣である大量の動物骨や壊れた土器などと一緒に、村のゴミ捨て場のような場所から出土したのだろうか。

女性とみなされる細い大腿骨下端に穿たれた穴もそうだが、もっと議論を呼びそうな傷は、同じ大腿骨の上端に近いところにある深い切り込みであろう。よほど鋭利な刃で切り込んだものらしく、傷周辺の骨はほとんど壊れていないし、刃を除いた痕も危うく見逃しそうなほどにぴったり閉じている。しかも、これが股関節近い位置で、太股の内側から外に向けて切り込まれているのである。たまたま脚を広げて逆立ちでもしているときに切り込まれたのだろうか。日本刀でもあればともかく、紀元前一〇世紀という時代を考えれば、鉄製品自体がまだ日本には来ていないだろうし、銅剣でさえわが国ではこんな古い時代の出土例はない。あるいは、黒曜石のような石製利器だろうか。切れ味だけなら充分候補に挙がるだろうが、しかし、これほど鋭利な切り口を残せるような薄くした石の刃で、内股の厚い筋肉ばかりか、離断寸前まで骨に切り込むような動作にはたして耐えられるのだろうか。

そして、やはり石器では説明しにくい傷が、図58に示した、大腿骨の横腹に並んでいる傷である。これが戦闘に因る傷とするなら、いつどこから襲われるかも知れない中で、同じ脚に何度も腕を振り下ろすような振る舞いはかなり不自然に思えるし、そもそもこれはどんな武器？による傷なのか。一部に剣で切られたような痕もあるが、他はよく見ると刃こぼれの痕なのか先端が二股になったような独特の刃部（切っ先？）をもった利器で繰り返し切り込まれている。これと同じような傷が他の人骨ばかりか、松井によれば食用にされたイノシシの上腕骨（肘の少し上）にも多数確認され、しかも走査電顕による詳細な観察によって、これらが同じ利器による傷であることはほぼ間違いないという。また、居徳では鹿角で作った工具の柄のような物が出土しているのだが、朝鮮半島や日本の他の類例ではこれに鉄や銅製の鑿《のみ》か彫刻刀のような工具が装着されており、石器が付けられた例が見当たらないことから、松井は居徳でも金属器が使われたのではないかとの見解を明らかにしている。たしかに、図58のような骨にまで達する傷を多数残すには、刃部にそれだけの耐性がなければならず、金属器の使用が想定できるのなら理解はしやすい。居徳遺跡からは東北地方の大洞《おおぼら》式土器や、中国の江南起源では、との指摘もある精巧な木胎漆器などが出土し、かなり広域の交流の跡が窺える。あるいは海を介して大陸の先進文化の一端がいち早くこの地に届いていたのだろうか。

いずれにしろ、こうして見てくると居徳でははっきり戦傷と言えそうな傷は一部にとどまり、他はどちらかというと解体痕とみたほうがわかりやすいものが多いように思える。上述の人の大腿骨やイノシシの骨に繰り返し付けられた傷がそうだし、股関節近くの深い切り込みも、どういう利器かはともかく、解体時の傷なら位置的な不自然さはなくなるし、ある程度肉が剝がされていれば日本刀のような切れ味も必要ないだろう。結局、居徳では前述の佐原真が列挙した「戦争」を証する武器や防御施設などの諸要件は確認できず、唯一の受傷人骨もまた、戦闘痕としては不自然な傷が大半を占めるという状況であり、これを縄文時代に遡る「戦争」の証拠とするにはかなり無理があろう。傷つき、ばらばらにされた人骨片が村の生活廃棄場から出土したことや、受傷人骨の過半が女性だということなども加味すると、一つの可能性として、たとえばわが国でもかなりの類例が知られている、飢餓などに襲われた人々の緊急避難的な行為の所産だったと考えたほうが自然のように思える。いずれにしろ、北部九州の、以下に紹介するようなまさに「戦争」が起きていた地域の状況とは大きなへだたりが見られるのである。

弥生時代の北部九州——福岡県筑紫野市の隈・西小田遺跡

北部九州では前述のように、弥生時代になるとわずか数百年のあいだに、縄文時代の全負傷人骨数をはるかに上回る例が検出されるようになるのだが、これら多数の傷ついた人骨はどういう状況下で生み出されたのだろうか。

この問題についても、前出の隈・西小田遺跡は興味深い情報を提供してくれる。現在は閑静な大団地に変貌している当地は、ちょうど北の福岡平野と南の筑紫平野との境界域にあたり、古来、筑前《ちくぜん》、筑後《ちくご》、肥前《ひぜん》の三国の国境として交通の要衝ともなってきた。江戸時代に長崎から江戸へ向かう朝鮮やオランダの使節が通ったことで知られる長崎街道も、この地を貫いて走っている。その地域がまた、北部九州各地の戦傷例の出土状況を調べた結果では、特に高頻度で犠牲者の骨が出土する紛争多発地帯にもなっていたらしい。

表6は、草場啓一らが甕棺墓を各時期別に区分した結果に、それぞれの時期の戦傷例を対応させて示したものである。隈・西小田遺跡では弥生中期に入ると甕棺数が急増していき、たとえばピークのⅢa期（弥生中期中葉）には、計三八七人の死者（甕棺数）が出たが、そのうち一四人は何らかの戦いで死んだ可能性を示す例であった。その程度か、と思われるかもしれないが、注意しなければならないのは、この数値がそのまま犠牲者の数を表すわけではないということである。すべての傷が骨に達するわけではないし、打ちこまれた鏃がすべて骨と一緒に出土するわけでもない。埋葬する時、人々は遺体にささった矢や石剣などは当然抜こうとしただろうし、それにおそらく最も頻度が高くて致命傷にもなりやすい胸・腹部の受傷を骨から検出することは非常に困難である。腹はもとより、仮に肋骨などに傷を受けても、そうした骨質の薄い部位は骨そのものが残っていないことが多いからである。そして

形式	年代[1]	成人棺	小児棺	男性人骨	女性人骨	戦傷個体数[3]
……	B.C.180					
Ⅱa		36(0)[2]	19(0)	2	3	1
……	150					
b		65(0)	15(0)	8	6	3
……	120					
c		145(1)	92(0)	29	13	2
……	90					
Ⅲa		229(5)	158(0)	44	26	14
……	60					
b		176(6)	71(2)	48	26	7
……	30					
c		130(3)	47(2)	9	7	1
……	0					
Ⅳa		98(10)	73(1)	18	14	3
……	A.D.30					
b		4(0)	0(0)	0	1	0
……	60					
		883(25)	475(5)	158	96	31

表6　隈・西小田遺跡出土人骨数の時期別変化

1．橋口氏（私信）の編年による
2．成人棺に未成年が、小児棺に成人骨が埋葬されていた数
3．首を離断された個体、戦傷痕のある個体、武器切っ先共伴例をあわせた数。ただし、命に別状なかったと思われる骨折例は含めていない

さらには傷の有無をある程度確認できるような、身体の半分以上の骨が残っていたのは、全死亡者数（甕棺数）の一割程度しかなく、おそらくほとんどの傷は骨とともに消えてしまったということも考慮に入れておく必要がある。

結局、こうした検出例の背後に、いったいどれくらいの犠牲者がいたのだろうか。そもそも戦闘の犠牲者の骨には、どの程度の率で傷が残るものなのだろうか。当然それは戦闘の規模や戦法、それに武器と防具との関係などで大きく変化するはずで、実際の出土例でもその比率は四〇～五〇パーセントから数パーセント以下までさまざまである。ここでは、これまでのところ戦

傷例としては最大規模の鎌倉材木座中世人について鈴木尚が調べた結果を参考に考えてみた。この材木座人骨は、一三三三年の新田義貞《にったよしさだ》による鎌倉攻めの犠牲者とみなされ、文献記録では当時およそ六〇〇〇人の死者が出たとされている。鈴木が調べたのは、一九五三（昭和二八）年に発掘された五五六体だが、これらは大きな穴に乱雑に投げ込まれたような状態で出土しており、ほぼ全員が当時の戦いの犠牲者とみなされている。注目すべきことに、この中には約四割の女性や子供の骨が含まれていた。戦いが激しくなると、戦闘員ばかりではなく婦女子もしばしば巻き込まれてしまうが、この状況はそうした当時の惨状を明確に物語っている。

鈴木によると、結局この人骨群のうち、戦闘時につけられた傷は、頭蓋二八三個中、斬創、刺創、陥没骨折の計一五例（五・三パーセント）で、四肢骨ではさらに少なく全体の三パーセント以下に留まった。似たような比率は、欧州の白兵戦でも報告されているので、この材木座の比率が通常よりひどく低い、特殊な例と言うわけではあるまい。繰り返すが、材木座の受傷率は、ほぼ全員が戦闘の犠牲者とみなされる人骨で得られた結果である。つまり、この比率で考えれば、頭に傷のある人骨一〇例が出土すればその背後には二〇〇人近い戦死者が見込まれるということであり、大腿骨の傷で換算すればさらに多数の犠牲者がいた可能性があるということである。

もちろん、受傷率をどの程度に見積もるかは、前述のように戦いの内容によって大きく変わるので材木座の比率を鵜呑みにはできないが、少なくとも検出された受傷人骨の背後にその何倍かの犠牲者を想定する必要があることは間違いない。正確には出しようもないが、先に触れた隈・西小田での人骨の遺存状況を考えれば、少なくとも五倍以上と想定しても不合理ではないだろう。そうすると、たとえば最も犠牲者の多かったⅢａ期では、この時期に検出された一四例の戦傷例の背後に、計七〇名以上の戦死者が見込まれることになり、これは同時期の全死亡者数三八七人（四割強は子供）のうち成人男性に限れば（性のわかる受傷人骨はすべて男性なので）、その五〇パーセント近い人たちが戦闘で死んだことを意味する。もちろん少人数の小競り合いが日常的に続いてこうした結果を生んだ可能性もあるだろうが、粗い計算ながらここで浮かび上がってきた比率は、単なる個人や小グループ間の戦いよりは、やはりある程度の規模の集団戦を想定したほうが理解しやすい。

男女数の偏り――女児の間引き？

集団戦とはいっても、しかし当時の人口規模から考えれば、戦国時代のような大軍勢の衝突はまず考えにくいようだ。死者の数から当時のこの村のおおよその人口規模を算定すると、問題のⅢａ期にはおよそ三〇〇人程度の住人がいて、このうち、戦闘員になり得る青壮年男性の数はせいぜい一〇〇人あまりという結果になった。前述のようにこの遺跡の死亡者の中には戦いによる犠牲者も含まれており、このように死者の数から人口規模を推定すると過大評価になってしまうので、この数値については、県下最大の遺跡で多めに見積もってもこの程度、というふうに考えてもらえればよい。もちろんある村の戦闘要員の数がわかったところで、当時の軍勢規模が推定できるわけではない。一集団の規模は小さくても、それがいくつか連合すれば相当な数にはなりえる。当時、北の福岡平野には奴国《なこく》が台頭しており、一方、南の筑紫平野にも大規模な環濠集落がいくつか発見されたし、佐賀の吉野ヶ里遺跡ともそう遠くはない。そうした南北両平野の境界地に戦傷人骨が集中する傾向があるということは、なにやら想像をたくましくしたくなるような状況ではあろう。各地にクニが発達しつつあった当時、地域統合の動きが活発化してより大規模な集団間に緊張関係が生み出されていたとしても別に不思議はないが、しかしそこからただちに大軍勢が衝突を繰り返す戦国時代のような状況を想定することは、当地の遺跡から得られる情報からみて飛躍が過ぎるように思える。時には女子供まで巻き込んだ殲滅《せんめつ》戦に至り、死者を大穴に投げ込んで一括埋葬するようなことも起こった後世の戦いとは異なって、北部九州では戦傷者のほとんどは男性に限られているし、しかも傷ついたり首を切られた遺体も、すべて他の多くの死者と同様に整然と並ぶ列埋葬の中に混在しているのである。つまりその背後には、戦いで倒れた人々を手厚く葬る母集団が存続していたことを示している。

ただそうはいっても、先の推測のようにもし男性の半数前後が戦いで死んでいたとしたら、これはやはりただ事ではない。そうした厳しい状況を裏づけるかもしれないもう一つの興味深い現象もこの遺跡から浮かび上がってきた。どうやら男性死亡者の数が女性の二倍近くに達していたらしいのである（図59）。出土人骨全体を見ても四二九体中、男性一七〇体、女性九七体（その他一六二体は子供や保存不良で性不明）と、男性が圧倒的に多いし、特に墓数や戦傷人骨が急増する弥生中期中頃（Ⅱc～Ⅲb）では、男性一二一体に対し女性六五体と、二倍近い開きがある。少数ならこういう偏りはよく起こるが、しかしこれだけ大集団での結果となると、やはり何か別の理由があったとみるべきだろう。

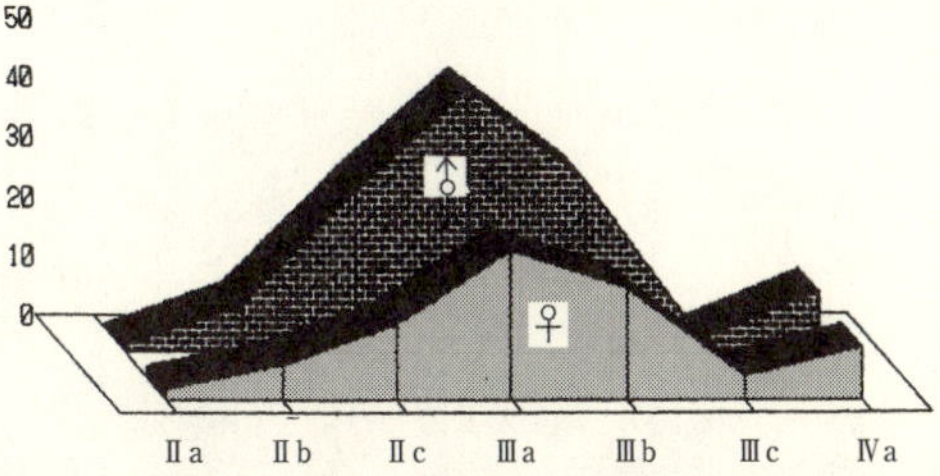

図59　隈・西小田遺跡における男女死亡者数の違い

一つの可能性として、もともとは男女同数の集団だが、弥生中期頃に激化した戦いによって一時的に男性死亡者が増えた現象との解釈があり得よう。確かにこの集団での戦いの犠牲者の数は無視し得ないものであり、最初は私もこの解釈を採っていた。しかし、もしそれだけなら、戦いがやや沈静化した頃、つまりⅢb～Ⅲc期あたりに女性死亡者の比率がもっと増えて、結局は男女の出土総数が拮抗するはずである。

もう一つのよりシンプルな説明として、もともとこの村の住民には男女数に偏りがあったとする解釈はどうだろうか。つまり、間引きとか、あるいは近隣からの男性の選択的な流入、取り込みなどによって、男性主体の集団が形成されていた可能性である。じつは戦いが頻発するような未開地域では、食料生産の限界から人口を抑制する必要に迫られると、しばしば女児殺しが慣習化し、その結果、男性に大きく偏った集団になる事実が報告されている。たとえば南米ベネズエラの森林に住むヤノマモ族は、男性の三割以上が戦いで死ぬとされ、その一帯では男児のほうが女児より一・五倍程度多く、中には二・六倍にも達した村もあった。

北部九州の弥生社会に、はたして女児を間引きするような行為が蔓延《まんえん》していたのかどうか、今のところそれを詳しく検証する手立てはなかなか得られそうにない。ただ、遺跡の密集具合から見ても人口がかなり飽和状態にあった可能性は高いし、それにこの遺跡が南北の大きな平野の境界に位置しているため戦略的にかなり重要な一帯であった可能性があること、さらに実際の戦傷例もこのあたりに集中する傾向が認められることなどを考えると、緊張した社会状況の中でそうした特異な現象が発生した可能性もあながち否定できないように思う。今後の類例での検証が待たれる。

エスカレートする紛争——青谷上寺地遺跡

隈・西小田遺跡の状況は、弥生中期の北部九州、それも特に戦傷例が集中する傾向のある地域で見られたものであり、こうした戦いの姿が他の地域にどの程度普遍化できるかはまだよくわかっていない。当然、地域によって社会状況が異なれば戦いの内容も変化するはずであり、時代とともに地域集団の組織整備が進んで膨張していくにつれ、戦いの規模、内容も急速に変質していったろう。近年、弥生時代にもより凄惨な状況に陥った地域があった可能性が、鳥取県の青谷上寺地遺跡の調査から浮上してきた。

この遺跡は低湿地にあったため、通常は消失する木製品など有機質の遺りも良く、驚くべきことに頭蓋骨の中からは脳まで回収された。一緒に出土した武器も、鉄や銅、骨、あるいは木で作った鏃《やじり》や剣など多種多様にわたる。そしてこれらとともに、この低湿地からは多数の傷ついた人骨が出土したのである。鳥取大学医学部の井上貴央《いのうえたかお》によると、総個体数は新生児三体余りを含めて、少なくとも一〇九体以上に達し、その中で一〇個体以上、計一一〇点の人骨片に殺傷痕が確認された。注目されるのは、これら傷を受けた人骨群が、関節が外れたバラバラの状態で埋まっていたこと、また、やや男性が多いようだが、女性や子供の骨まで含まれる点である。これらは前述の居徳遺跡とも一部共通するが、しかし、青谷では何よりも多種にわたる武器類も出土しているし、その傷の有様にも居徳とは大きな違いが見られる。青谷では肋骨まで含む全身各部に鋭利な刃による切創や刺し傷など多様な傷が見られ、銅鏃が刺さったままの骨盤なども出土した（図60）。

治癒痕は一例のみで、ほかはいずれも受傷後間もなく死亡したらしい。関節状態を保った骨はなかったものの、同じ個体の骨がかなり近接して見つかっており、この種の散乱人骨で

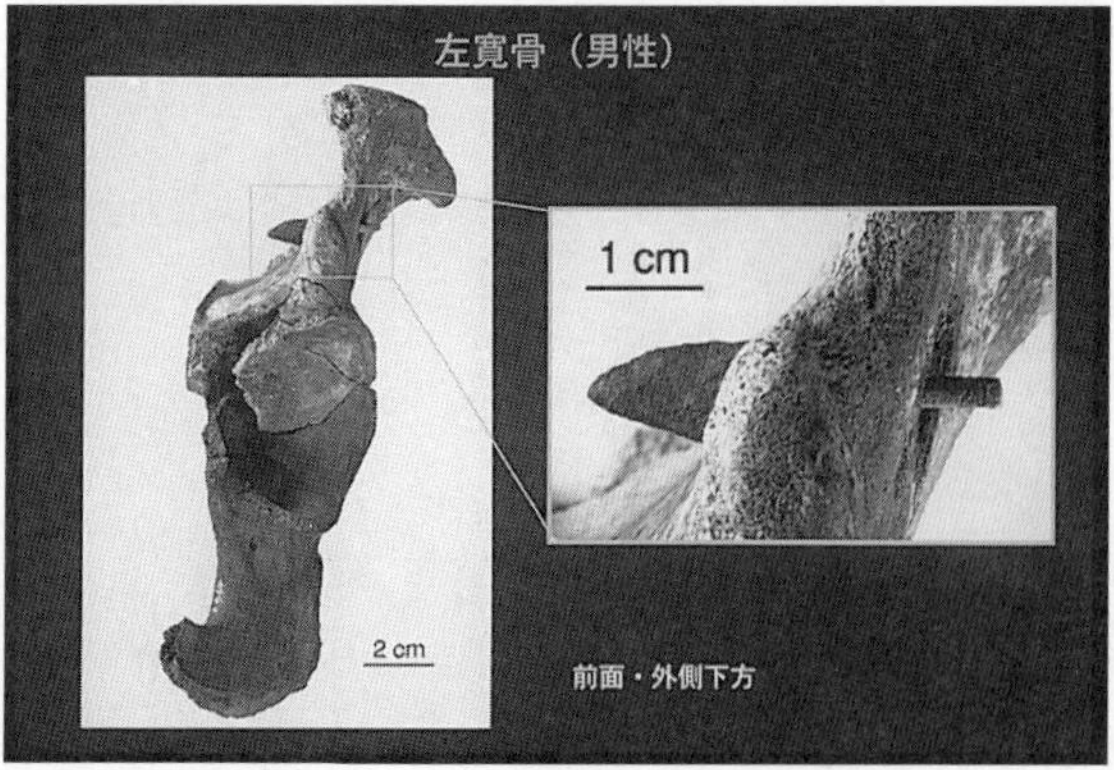

図60　青谷上寺地遺跡出土の銅鏃を打ち込まれた寛骨（鳥取大学、井上貴央氏提供）

はしばしば見られる犬やネズミなどによる咬み痕はほとんどついていないので、おそらく当初からこの地点に遺体を積み重ねて埋めたのだろうと考えられている。北部九州に比べるとかなり殺伐とした、どこか中世鎌倉材木座の状況にも似たような、いっそう激しい戦いを想起させる事例である。

戦いの拡散

東に行くにつれ骨で戦いの痕跡を確認するのはむずかしくなるが、近年、その遅々とした人骨追加例の中にも興味深い事例が報告されるようになった。神戸市の新方《しんぼう》遺跡から出土した六体の人骨は、北部九州も含めて全国的に数少ない弥生前期のもので、しかもその中には一七個もの石鏃が射込まれた男性が含まれていた。また、我が国では稀なうつぶせの伸展葬《しんてんそう》で葬られた二体が確認され、その遺体にもやはり石鏃が打ち込まれていた。骨の保存はあまり良くなかったが、人骨を鑑定した京都大学の片山一道《かたやまかずみち》によればかなり縄文人に似た低身長で頑丈な特徴が認められたという。また、同じ片山が手がけた奈良県の四分《しぶ》遺跡でも、弥生中期後半の二体の人骨に鋭利な刃物による傷や、身体に打ち込まれたものらしき石鏃片が確認された。さらにお隣の大阪府下でも、近年、弥生中期に属する勝部《かつべ》や亀井《かめい》、巨摩《こま》廃寺《はいじ》、瓜生堂《うりゅうどう》などの遺跡で、骨の残りは不良ながら、矢を射られたり刺された痕跡を遺す例が報告されている。まだ出土例が少なく、地域や時代によってその頻度や受傷状況にどのような違いがあるのか、不明なことが多いが、今後おそらく東海から東日本にかけても、出土人骨の追加にともなって同様の戦傷例がその数を増やしてゆくに違いない。

傷ついた人骨群は、当時その地で必死に生きていた人々の熱い息吹を伝えてくれるようで、それ自体興味深い研究対象であるが、同時に、彼らのような犠牲者を出した背後の騒然とした社会状況に思いを巡らすと、その存在の意味するところはもう少し大きくなる。おそらく水争いや土地争いなどで始まった紛争は、敵対集団を圧倒する上で有効な組織の構築、拡大、あるいは有能な指揮者や権力者を生み出す大きな動機づけになったろう。もともと稲作農耕の普及は、灌漑や開拓事業などを巡って集団の結束を助長したであろうし、そこから生み出された余剰資源は、その配分に偏りを生み出していわゆる階層社会への移行を促したろう。村や地域集団間の緊張関係は、そうした素地にきついクサビとなって彼らの結束を強め、強力な組織作りを促し、いわゆる首長制社会への移行を加速させたはずである。そしていったん生み出された権力は、自らの保全を求め、時にはさらなる拡大を図って周辺勢力との間によりいっそうの緊張関係を生み出すことも少なくなかったろう。やがて北部九州に生まれた奴国や伊都国といった「クニ」の形成、あるいはその後の畿内に誕生した我が国初めての中央集権政府の樹立にも、どちらが鶏か卵かは定かではないにしろ、頻発した地域集団間の紛争が密接不可分の形で絡んでいたことは想像にかたくない。

2　渡来系弥生人の拡散

九州

これまでは北部九州と山口地方を中心に話を進めてきたが、しかし渡来人の影響がこの地方だけの話で終わるのなら、それはとても「日本人の起源」というような大きな問題にはなり得ない。その後、彼らの影響は日本列島の中でどのように広がっていったのだろうか。ここで彼らのその後の動きを追ってみる必要がある。

まず九州内部を整理しておくと、北部九州の平野部に扁平で面長な長身集団が濃密に分布していた時代、西北九州沿岸部や南九州ではまだ縄文人的形質を色濃く遺した人々が住んでいた。ただこの時代にも、たとえば佐賀県呼子町の大友遺跡や、奄美大島の宇宿港《うしゅくこう》遺跡などでは、在地集団とは異質の特徴を持った、北部九州弥生人によく似た人が混入していた事実も確認されており、当時から渡来系弥生人が各地にその影響を広げ始めていた様子がうかがえる。

古墳時代に入るとこの動きはいっそう明らかになり、大分県やさらには宮崎県の平野部あたりでは、当時すでに北部九州弥生人に近い特徴の人々が広く住み着いていた。ただ同じ宮崎県でも内陸部の、この地域特有の地下式横穴墓の被葬者を見ると、一部には変化のきざしがみえるものの、全体的にはまだ縄文人的特徴を色濃く遺した人々が分布していたようだ。そしてさらに南の鹿児島ではそうした傾向がより強まり、離島の種子島には前述の広田遺跡のような独特の特徴を持った集団の存在が明らかになっている。

この九州南部は、長く畿内の中央政府に反抗し続けた「隼人《はやと》」、あるいは「熊襲《くまそ》」の分布域として知られる。「薩摩隼人」などの言葉にその名を遺している彼らが具体的にどのような人々だったのか、隼人の墓とされる地下式横穴墓の被葬者や鹿児島の古墳人を見る限り、彼らはやはり短身、短頭、低顔を特徴としていたようで、それはまた現在にまで至る同地方の人々の特徴でもある。九州南部には前にも触れたように、その地理的な条件もあっておそらく更新世に遡る時代から南島経由でアジア南部の人的、文化的影響がおよんでいた可能性がある。民族学者の大林太良《おおばやしたりょう》も、隼人の言語はオーストロネシア語族の流れをうけたもので、その文化にも東南アジアや中国南部の影響が想定されると述べている。この地域の人々が九州北部、ひいては中央政府からの圧力に頑強に抵抗し続け、体質面でも現代に至るかなり強い地方色を遺したのは、彼らが長年に渡って育んできたそうした独自性の強い文化が、流入する他文化と激しい摩擦を起こして容易には同化し得ない土壌を形成していたことが一役かったのであろう。

東への拡散

渡来人たちの影響は、南よりも日本列島の東に向かってより強く、早い速度で広がっていったようだ。考古学的には、たとえば北部九州の弥生土器を代表するいわゆる遠賀川《おんががわ》式土器が前期のうちに近畿から東海西部あたりまで拡散していることが確認されているし、それどころか同時期には本州北端の青森県砂沢《すなざわ》遺跡で水田跡まで発見されている。ただ、こうした新しい文化要素の伝播にどの程度人の移動がともなっていたのか、その点は人骨資料の不足もあってまだ定かではない。まず九州に隣接した中・四国の状況をみると、渡来系弥生人の痕跡は今のところ瀬戸内よりも日本海側のほうでより明確で、山口県の土井ヶ浜遺跡からさらに東の島根県の古浦遺跡でも類似集団が確認されている。また、前述の鳥取県青谷上寺地遺跡の人々も、いわゆる渡来系弥生人に近い形質の持ち主であることが井上貴央によって報告された。

一方、瀬戸内では特徴のわかる人骨の出土例が少なく、彼らの痕跡はまだ明確ではない。

この地域の弥生人骨を集成した池田次郎によれば、少なくとも一五遺跡から各々少数の人骨が出土しているというが、残念ながら保存不良のものが多く、特徴のつかめる人骨は少ない。ただその中で、たとえば岡山県の南方《みなみかた》遺跡（弥生中期）からは著しい長身（一六六センチメートル）の男性人骨が出土しているかと思えば、広島市の佐久良《さくら》遺跡（弥生中期）からは鼻根部の扁平な、しかしやや低顔、低身長の男女の人骨が、さらに弥生後期に入るが、兵庫県の白鷺山《しらさぎやま》、明神山《みようじんやま》遺跡からは低身長ながら中〜高顔傾向の人骨が出土するなど、どちらともいいがたい、両者が混ざり合ったような複雑な状況が見られる。対岸の四国でも同様で、唯一、愛媛県釈迦面山《しやかめやま》遺跡から弥生中期の男性人骨が出土しているが、山口敏によれば、低顔、低身長ながら鼻根部は扁平で、四肢骨にも縄文人とは異なる特徴が認められるという。さらに神戸市新方遺跡の弥生前期人骨は、前述のように縄文人的な特徴を持つことが明らかにされ、しかもその上・下顎には犬歯を対象とした抜歯痕も見られた。文化の伝播が常に人の移動をともなう必然性はないし、当時の南九州の状況が端的に示すように、地域によって流入する人や文化の受け入れ方に違いがあっても何ら不思議ではない。あるいは、弥生初期には、渡来系弥生人の足跡はまだこの瀬戸内では希薄だったのだろうか。

そのすぐ東隣の畿内をみると、しかし、遅くとも弥生中期には北部九州弥生人によく似た人の存在が奈良県の唐古・鍵遺跡や長寺《おさでら》遺跡、四分遺跡などで確認されるようになる。また和歌山県の鳥巣《とりのす》遺跡の弥生後期人も高顔、高身長を特徴としている。この状況から判断すると、あるいは渡来系弥生人の主な拡散ルートは山陰経由であった可能性も出てくるだろうが、瀬戸内の人骨出土状況は、そうした見解の是非を問うにはまだほど遠い。ともあれ、近畿地方では古墳時代に入ると、北部九州弥生人に類似した人々が随所で広く見つかるようになるので、彼らのたどったルートや時期にはまだ不明な点が多いものの、その影響は着実に、しかもかなりの速さで近畿地方あたりまで広がっていたことがうかがえる。

さらに東への拡散に関し、土器の研究から興味深い事実が浮かび上がっている。北部九州を起源とする遠賀川式土器は、近畿地方あたりまではそれほど修飾を受けずに拡散してきたが、濃尾平野あたりまで達するとより強く縄文系土器の影響を受け、条痕文《じょうこんもん》土器と呼ばれる独特の弥生土器を生みだしたという。かつて狩猟・採集民としては世界にも稀なほどの高い人口密度で縄文人たちが暮らしていた東日本では、新来の人と文化が西日本に較べて容易には浸透し得なかったことは当然であろうし、摩擦も多かったに違いない。池田次郎が手がけた愛知県朝日遺跡出土の弥生人骨は低顔、低身長で、愛媛県の釈迦面山によく似ていることが指摘されているが、この遺跡では村の周りに溝が掘られ、しかもその中から侵入者を防ぐための逆茂木が発見された。この防御施設がどのような敵に対するものだったのかはまだわからないが、少なくとも九州から発した地域集団間の戦い、緊張状態もまた、着実に東へと広がっていたことがわかる。

図61は、札幌医科大学の松村博文が、歯の形態から各地の弥生人骨を渡来系か縄文系か判

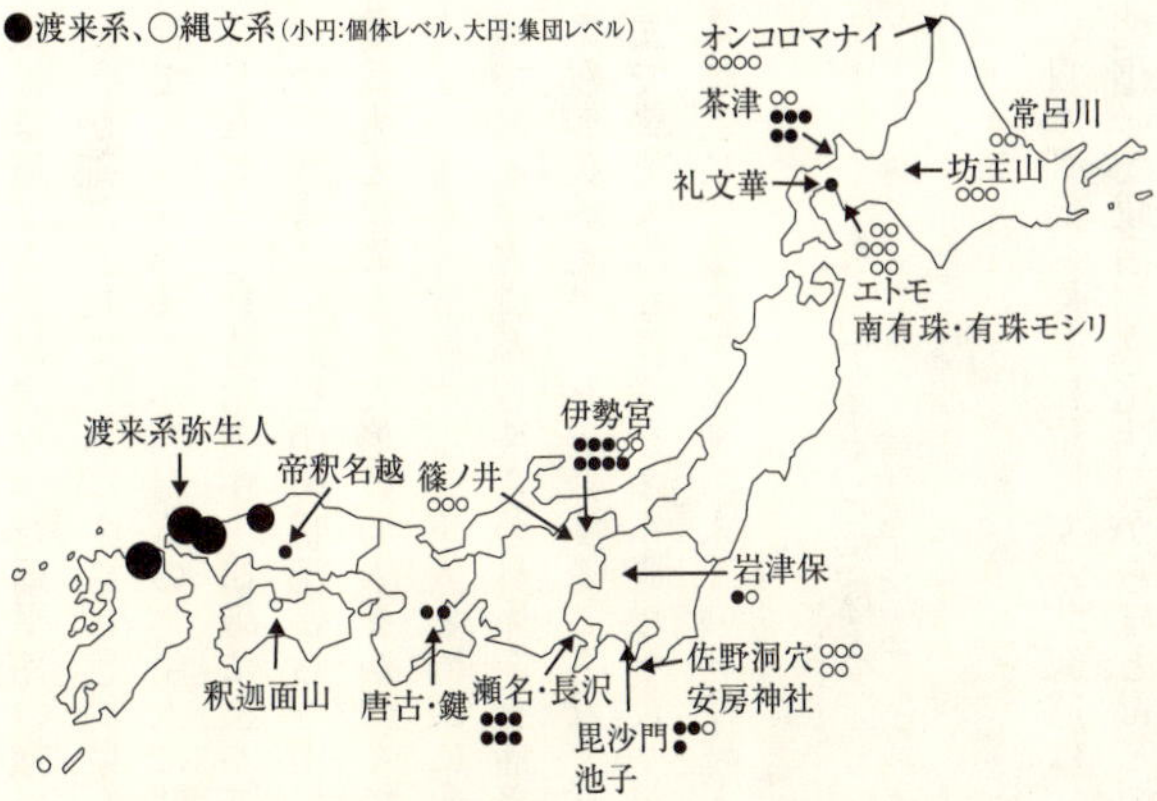

図61　歯の分析による渡来系弥生人の拡散状況（松村2002）

別した結果である。渡来系弥生人の痕跡は東に行くにつれ希薄になっていく状況が見て取れよう。弥生時代の関東ではまだどちらかというと土着集団の比率が多いようだが、山口敏によれば、遅くとも古墳時代後半に入ると、この地域の住民も顔面の扁平性などが増し、渡来系集団の影響が現れ始めるという。またさらに北の東北では、岩手県のアバクチ洞穴から出土した弥生時代の小児骨が、その形態の一部に渡来系弥生人の特徴を持つとして注目された。比較資料の少ない子供の骨だけに正確な評価がむずかしく、結局、その後の詳細な分析ではどちらともいいがたい結果になったが、これはおそらく当時の東北地方の状況をかなりよく反映しているのではなかろうか。残念ながら他に良好な資料は見あたらないものの、次の古墳時代に入るとここでもまた、少なくともその南部の人々の特徴には縄文人とは異なった扁平性の強い顔面など渡来系弥生人の影響をうかがわせるような変化が確認されている。さらに宮城県石巻《いしのまき》市の五松山《ごしょうざん》洞窟（六〜七世紀）から出土した人骨群では、その多くが西日本の弥生人に似た扁平な顔を持つ中、少数だが縄文人的な顔貌の個体が混じっている事実が山口敏によって明らかにされた。おそらく当時の大和朝廷の最前線に位置するこの五松山の状況から、山口はこの時期の東北地方北部には仙台平野以南の古墳時代人とは異なった形質の人々が住んでいた可能性を指摘している。東北地方の北部は、いうまでもなく九州南部の隼人と同様に永らく畿内の中央政権に叛旗を翻し続けた蝦夷《えみし》の分布域である。人骨から彼らの具体像を描きだすことはまだ困難だが、一部でいち早く取り入れた稲作農耕もその後普及することなく途絶えてしまったこの地域には、おそらくかなり後世まで縄文人的な特徴を多く遺した人々が住んでいたとしても不思議ではない。そしてそのさらに北に、後にアイヌの人々の居住域となる北海道がある。

3　アイヌと琉球人

アイヌ

日本列島の最北に位置する北海道は、近世期まで稲作農耕が普及せず、本州以南の激しく変化した政治、文化状況からほとんど切り離されたかたちで長い時間を過ごしてきた。しかしこの地域はまた、旧石器時代の昔から大陸の人と文化に対する北の玄関口でもあった。それはたとえば旧石器時代終末期の細石器文化の流れ込みを見ても明らかだし、大陸に近接したその地理的な条件を考えれば、縄文時代以降も何度か同じような動きが繰り返されたものと考えられる。先の歯による判別分析の結果でも、北海道の資料の一部に渡来系と判別された個体が含まれていることに気づかされるが、この点について松村は、後世の五～一二世紀にアムール川流域から北海道へ流入したオホーツク文化人と同系の人々が、続縄文《ぞくじょうもん》時代（本州域の弥生～古墳時代）に遡って渡来していたのではないかと推測している。

このオホーツク文化人は、著しく扁平で面長な顔立ち、高身長といった、北部九州弥生人と基本的によく似た特徴の持ち主であった。大陸側にはすでにそれ以前から類似の集団が広く住みついていたことを考えれば、確かに北海道については、渡来形質の流入を西日本経由だけで考える必然性はなく、地理的にははるかに容易な樺太《からふと》経由で北回りの影響を受けていたとしても不自然ではない。以前から出土人骨の形態分析によって、北海道アイヌの成立にはオホーツク人の遺伝的影響が及んでいるとの見解が山口敏らによって公表されていたが、近年、安達登らのミトコンドリアDNA分析によって、近現代のアイヌに多いハプロタイプY1が、このオホーツク人に由来することが明らかにされた。実際に稚内や奥尻島のオホーツク文化の遺跡に、アイヌ的な特徴を持った人物の埋葬事例も報告されている。かつては漁労民であるオホーツク人の文化は北海道の土着文化（続縄文～擦文文化）とはかなり異質なものとしてその影響を限定的に捉える意見もあったが、遺伝的にも文化面でも両者の間には従来の想定以上に長く深い関わりがあったようだ。

その一方で、噴火湾《ふんかわん》岸の伊達《だて》市有珠《うす》モシリ遺跡では、人骨とともに九州でよく出土する南海産のゴホウラやイモ貝製の腕輪が発見されている。人骨については百々幸雄らの研究によって、北部九州弥生人とは異なり、縄文人とアイヌの中間的な特徴を持っていることが明らかにされたが、少なくとも文化的にはその一部に西日本の要素を受け入れていることは明らかである。ただ、亜寒帯に近い北海道が近世期まで長く稲作農耕を受けつけなかったことを考えれば、稲作もしくはそれを主生業とする弥生人集団の流入には当然限界があったろう。有珠遺跡の出土品は、当時この地に住んだ人が本州集団と何らかの繋がりを持っていたことを示唆しているが、仮に南岸の平野部に新しい生活文化を持って入植する人たちがいたとしても、当時の技術ではおそらく定着して人口を増やすまでには至らず、やがて厳しい気候条件に追われて撤退するか、あるいは土着集団の中にその痕跡を断ったのではないかと想像される。

それはまた、前述の北回りの渡来人集団でも同様であったろう。オホーツク人は巧みな漁労民だったようだが、土着の人々と同様、狩猟・採集生活者である限り、当地の植物資源の乏しさや厳しい越冬条件などを考えると、彼らの人口増加には強い制約があったに違いない。結局、遺伝的な交わりがあったことが明らかなオホーツク人にしても、その大きく異なる特徴で在地集団を一新するには至らず、縄文以来の特徴が多少の変化を加えながらも後のアイヌまで色濃く伝えられているのである。短時日の間に渡来系集団が在地集団を圧倒して劇的な変化を遂げた北部九州の状況とは好対照である。

アイヌについては昔から欧米の研究者たちの関心が高いが、それはおそらく、アイヌが永らくコーカソイドの一員とみなされていたことと無縁ではあるまい。これまでもたとえばアイヌの長老とトルストイの顔写真を並べてその類似性が指摘されたり、東北アジアの一角で今やモンゴロイドに滅ぼされつつあるコーカソイドの生き残り、というような論調で紹介されたりもしてきた。確かに色白で彫りが深く、二重まぶたが多くて髭も濃いその顔立ちは、本州域の特に近畿あたりの住人と比較すると違いの大きさが目立つ。

それは広くアジア各地を見渡しても同じで、アイヌに似た集団は後述の琉球人にいくつか共通の要素が見出せるだけで他には見当たらず、かつては小金井良精に「人種の孤島」とさえ表現されていた。この神秘的とも言えるアイヌの生い立ちについては、彼らの独特の習俗や言語の問題もからんで古くから多くの研究者の関心を集めてきたが、一九六〇年代後半になると新手法による新たな分析が加えられ、そのイメージを大きく変えることになった。血中タンパク質に関する尾本恵市らによる遺伝学的な分析や、歯に関する埴原和郎らの研究によると、アイヌとコーカソイドの間に特に目立った近縁性はなく、それよりは本州以南の日本人をはじめとするアジア諸集団により近い関係にあることが明らかにされたのである。ハウエルズら有力な欧米の人類学者も、後にそれを追認する見解を表明し、今やアイヌをモンゴロイドの一員と位置づける見解はほぼ定着している。

ただそうはいっても、現代の東アジアでアイヌがかなりユニークな存在であることに違いはない。なぜ北東アジアの一角にこうした独特の特徴を持つ人たちが住んでいるのか、この疑問に対して、埴原や尾本らは自身の研究結果をもとに、アイヌを古モンゴロイド、つまり現代の東北アジア人のような寒冷適応タイプが広く分布する前に住んでいた、まだ特殊化する前のモンゴロイドの原型に近い人々だとする意見を公表している。このようにモンゴロイドには大きく分けて新旧二種類のタイプがあり、過去のアジアにまだ特殊化していない未分化の基層集団がいたことを想定する考えは、以前から外国の研究者によっても明らかにされていた。前述のハウエルズもその一人である。彼は一九五九年に発表した自著、『人類の進化』の中で、モンゴロイドの特徴である細くて蒙古襞を持つ目や、鼻の低い扁平な顔立ちは、おそらく過去にシベリアの寒冷気候に適応した名残であること、そしてそのような特殊化した諸特徴を取り除いてモンゴロイドの原型を探ってみると、まず浮かんでくるのがかなり彫りの深い顔立ちを持つネイティブアメリカンであること、さらにそのネイティブアメリカンが北京の山頂洞人に似ていることから、かつてはアジアに広く分布していた彼らの一部が氷河期に陸地化したベーリング海峡を渡ってアメリカ大陸に広がったのではないか、そして彼らとは別に酷寒のシベリアで寒冷適応を遂げて顔面の扁平性などを強めた新モンゴロイドが、その後、完新世に至って南下、拡散し、現在のように東アジア各地に広く分布するようになったのではないか、と述べている。なにやら前世紀の古色蒼然とした学説と思われるかも知れないが、その後のさまざまな発見、新手法を駆使した研究でも、こうした考えを大きく修正する結果は得られていない。むしろ、先に紹介したアメリカ北西部で発見されたケネウィックマンや、バイカル湖に近い二万三〇〇〇年前のマリタ遺跡発見の人骨に関する核DNA分析は、まさにこうしたアジア集団の形成史に関する従来の考えを追認、補強するものとも言えよう。

アイヌは、前述のようにこのアジアの古層集団、古モンゴロイドの形質を遺しているのではないかというのだが、古モンゴロイドという言葉でもう一つ思い浮かぶのが、先に触れた縄文人である。縄文人もまた当時の東アジアではユニークな存在であったが、その頭蓋形態を比較してみると、彼らに一番近いのが他ならぬアイヌなのである（図62）。この図を描いた山口敏は、かつて札幌医大への赴任を契機にアイヌに深い関心を抱くようになり、その由来を尋ねてオーストラリア先住民を皮切りに、ネイティブアメリカンから西シベリアの青銅器時代人へと探査の旅を続け、結局最後に日本の縄文人にたどり着くまでの長い道のりを、自著『日本人の生い立ち』の中で興味深く紹介している。かつて長谷部言人は、縄文人を現代日本人の祖先と位置づける一方で、アイヌとは無関係の集団だと主張したこともあったが、現在では、山口による頭蓋形態の分析だけではなく、その後、百々らによる頭蓋小変異

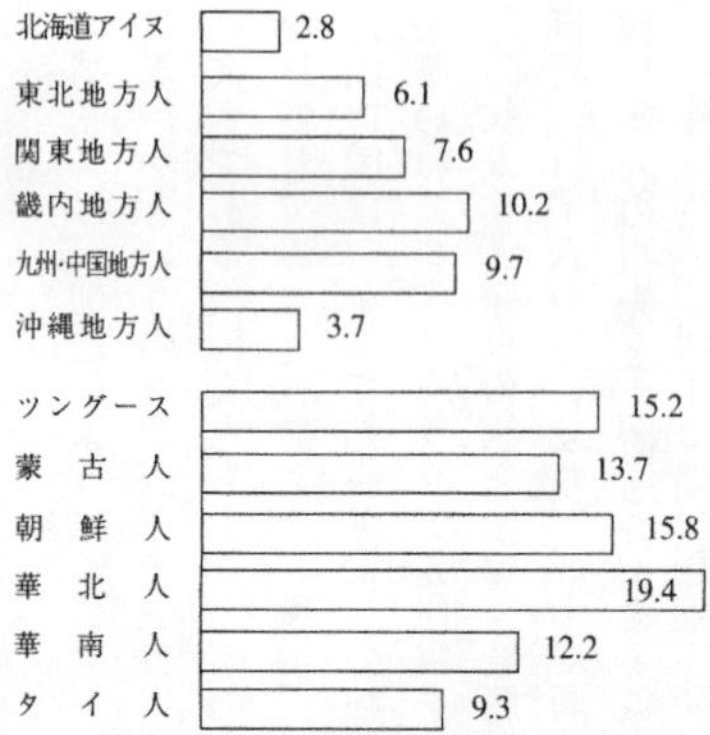

図62　頭蓋で見た縄文人からの形態距離（山口1999）

や顔面扁平度、松村、埴原父子らによる歯の分析でも繰り返し両者の近縁性が示された。近年の神澤らによるアイヌや縄文人骨の核ＤＮＡ分析でも、改めてアイヌがヨーロッパ人よりはアジア人集団に近く、その一方でどの集団からも遊離した、今のところ帰属が不分明な状況が改めて示された。そして、このアイヌと最も近縁な集団が、やはり他集団からは大きく外れた縄文人なのである（前掲一七六頁図29）。結局、列島の北の大地では、旧石器時代の昔から住んでいた人たちが幾度となく大陸からの人的、文化的な影響を受けてその形質を変化させながらも、祖先の生業形態と血を色濃く遺しながら営々と独自の文化を育んでアイヌ民族の形成に至ったのであろう。

琉球列島人

列島北端のアイヌと同様に、南端の沖縄諸島でもまた、本土とは異なる特徴、文化を持った人々が現代に至る長い歴史を刻んできた。前にも触れたように、日本列島の両端の住人については、その地理的な遠さにもかかわらずなぜか身体特性にいくつか共通点のあることが以前から指摘されてきた。沖縄出身である札幌大学の高宮広土《たかみやひろと》（現鹿児島大学）は、ある学会で琉球人の特徴に触れたとき、イメージの湧かない人は私を見てくれればいい、とユーモアたっぷりに解説して会場を沸かしたことがある。確かに彼はやや浅黒く短軀ながら、濃い眉と涼やかな二重まぶたの目を持った、いかにも沖縄でよく見かける風貌の人物である。その彼がどういう縁あってか日本列島を縦断してはるばる北海道の大学に赴任した訳だが、そこでアイヌの人たちと出会って、こんな所に琉球人がいる、と一瞬不思議な気持ちになった経験があると言う。

アイヌと琉球人の類似性を最初に指摘したのは、先に紹介したあのドイツ人医師ベルツである。彼はその診療や調査活動の過程でアイヌと琉球人の類似性に気づき、いわゆる「アイヌ・琉球同系論」を唱えて後の研究に大きな影響を与えた。彼の考えはその後、否定と肯定の波に大きく揺さぶられることになるが、いずれにしろ琉球列島に住む人々が本州集団とはやや異なる特徴の持ち主であることは事実であり、その生成の謎もまたこれまで多くの研究者を惹きつけてきた。

ここで琉球列島と一口にいっても、その領域は北半の喜界島《きかいしま》から沖縄本島までを含む沖縄諸島と、さらに南の宮古島《みやこじま》から最西端の与那国島《よなぐにじま》や最南端の波照間島《はてるまじま》を含む先島《さきしま》諸島に大きく二分される（種子島から奄美大島や与論島に至る鹿児島県下の島々は薩南諸島と呼ばれる)。学生時代、友人とともに船を乗り継いでこの琉球列島を巡った経験があるが、鹿児島から沖縄本島までの距離(船中で一泊)は承知していたものの、石垣島に行くには沖縄からさらに船で一泊しなければならないとは、うかつにも実際に波止場に行くまで知らなかった。那覇港で乗り込んだ一回り小さな船は一晩中大きくゆれ続け、ほとんど眠れなかったが、長い夜が明けて目にしたのは、沖縄本島周辺よりもまた一段と鮮やかさを増した若草色の海であった。波しぶきを含んだ強い風がほてった顔に心地よく、おかげで船酔い混じりの不快な気分は一気に吹き飛んでいったが、このはるか南の海に点在する先島諸島は、北の沖縄諸島と永く異質な文化を育んできた地域であった。沖縄諸島は多少なりとも本土の影響を受けてきたが(この地域の縄文〜平安時代あたりまでを貝塚時代と呼んでいる)、しかし先島諸島ではほぼ中世期に至るまで沖縄諸島ともほとんど交流がなく、むしろ中国南部やフィリピンの先史文化に繋がった独特の文化圏を構成していたと考えられている。

かつて金関丈夫は、まだ米軍統治下にあった一九五四年、最南端の波照間島・下田原《しもたばる》貝塚を発掘し、扁平局部磨研石斧など、その出土遺物にインドネシア系の要素が見られることから、宮古・八重山の先史文化は沖縄本島などの貝塚文化とは明確に異なることを指摘した。縄文前期頃に本土から南下した縄文文化は、沖縄諸島までは広がったが先島までは到達せず、両諸島間には文化的な断絶があったという。そして先島諸島にはメラネシア文化とも繋がるインドネシア系の人と文化がフィリピン、紅頭嶼《こうとうしょ》、火焼島《かしょうとう》をへて伝播し、さらにその後、縄文中期には九州にも到達して西日本に広がったのではないか、というのがこの発掘で得た彼の結論である。

琉球語の起源にまで踏み込んだ彼の提唱は学会に激しい論争を巻き起こし、その後の沖縄研究に大きな影響を与えた。近年には東京都教育委員会の小田静夫もまたこれに近い考えを公表しているが、ともあれこうした研究状況をみれば、なおさら先史時代の先島にどういう人々が住んでいたのか興味を惹かれよう。長く資料が空白だったこの地域で、近年、ようやくその謎を解き明かす手がかりが発見されたのは前述の通りである。石垣島白保の三万年近く前まで遡る人骨は、その特徴やｍｔＤＮＡに関する分析によって、今のところ台湾や東南アジアに繋がる様相が浮かび上がっている。今後さらに核ＤＮＡ分析も含めた詳細な分析が進めば、より北の沖縄本島で発見された港川人との関係も含めて、列島南端部の少なくとも初現期の住人に関する疑問の一部は解き明かされるだろう。

この港川人以後の、本土の縄文時代に相当する貝塚時代に沖縄に広がった文化については、九州の曾畑《そばた》式土器文化などとの関連が指摘されているが、土肥《どい》直美《なおみ》は、読谷村《よみたんそん》木綿原《もめんばる》や大当原《うふとうばる》貝塚など少数ながら出土している貝塚時代人の特徴が、縄文人とは異なって扁平な顔つきの持ち主だったり、種子島の広田弥生人のように極度の低・広顔性と低身長（貝塚時代人の平均身長は一五五センチメートルぐらい）であったりする事実から、一概に本土の縄文人と同類視するわけにはいかないのではないかと述べている。前述のような旧石器時代以来の沖縄の人と文化の生い立ちを考えると、より南部のアジアの人々とのつながりに加えて、こうした北の本土からの影響も及んで、そのやや多様性に富んだ住民形質が生み出されたということだろうか。

グスク時代

弥生農耕文化は本土内では各地へ急速に波及していったが、北海道と同様、沖縄でも結局この時期には定着するには至らなかったようだ。しかしその後、古代から中世へと移るころになると、当地でも麦、粟などの畑作に加えて水稲農耕や鉄器の生産が盛んになり、さらには東シナ海を舞台に本土や大陸と活発な交易活動を展開するようになる。各地にグスクと呼ばれる巨大な石積みの城が築かれるようになり、やがて一五世紀にはついに琉球王朝の成立に至る。日本列島の北で擦文時代からアイヌ時代へと移行する、ほぼ同じ頃のことである(図63)。

このグスク時代は、沖縄の人と文化に関する一大転換期であった。農業の普及により人口が急増し、本土や大陸の影響も強まってそれまで文化的には断絶状態にあった先島諸島も、この時代に至ってようやく同じ文化圏に取り込まれていった。たとえば長崎県の西彼杵《にしそのぎ》半島で生産された石鍋や、徳之島の亀焼窯《カムイヤキよう》で焼かれた須恵《すえ》質土器などがほぼ琉球列島全域に分布するようになり、長く土器をともなわない生活を続けていた最南端の波照間島でも、一二世

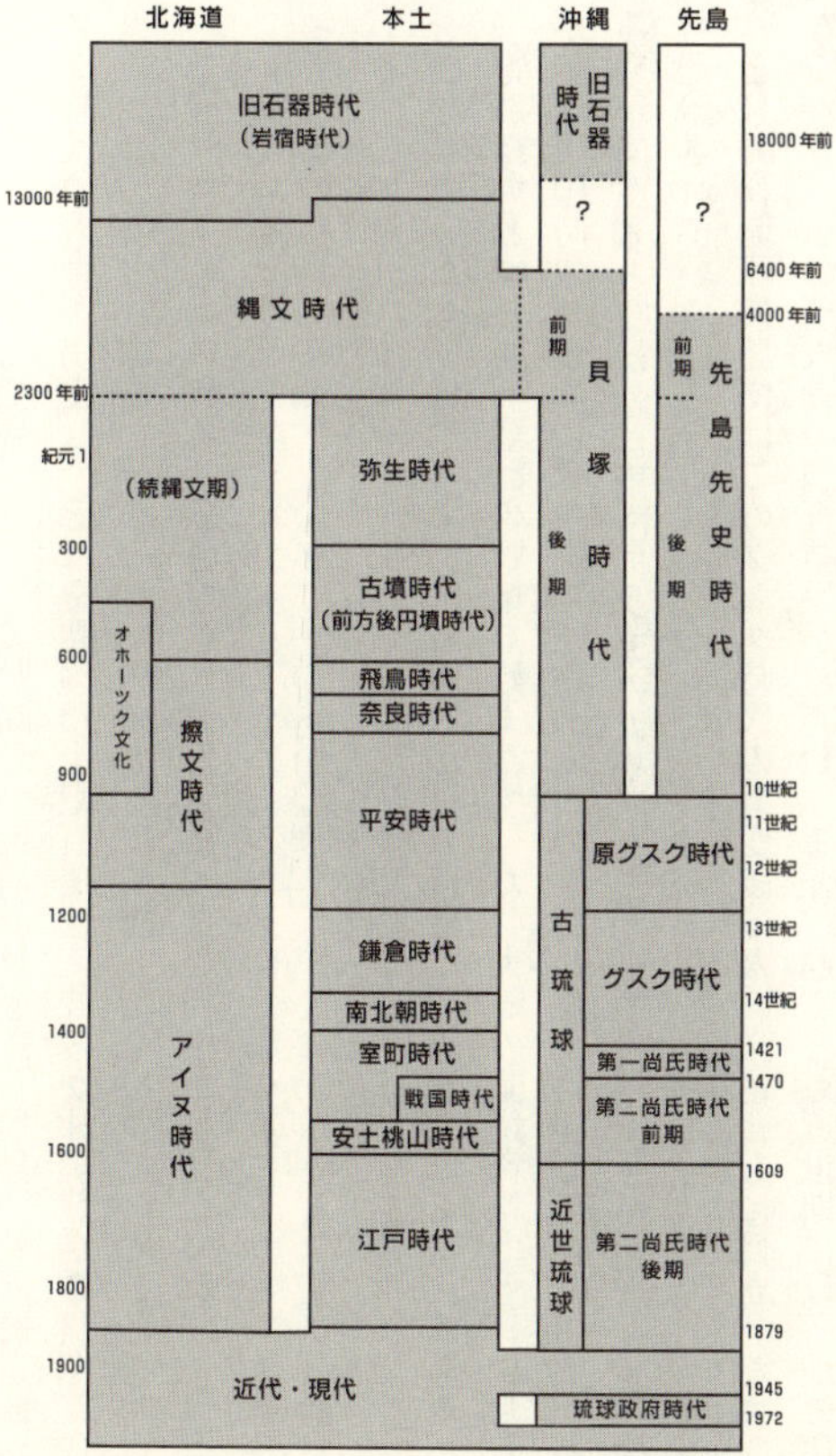

図63　沖縄・北海道・本土の歴史区別（安里・土肥1999）

紀になると沖縄諸島と同じ石鍋や白磁などを生活に取り入れ始めるのである。変化の波はしかし生活文化のみに留まらなかった。どうやら琉球列島の住人もまたグスク時代を契機にその特徴を大きく変えたことが近年の調査によって明らかになってきた。長くこの時期の人骨のなかった先島諸島でも、近年、波照間島の大泊浜《おおどまりはま》貝塚や石垣島の蔵元跡《くらもとあと》遺跡から初めてグスク時代の人骨が出土し、それを調べた土肥直美は、彼らが沖縄諸島の貝塚時代人とは異なってかなり頑丈で身長も一六〇センチメートル前後と高くなっていることを明らかにした。

なぜグスク時代に琉球列島各地の住民形質に大きな変化が起きたのか、一つにはおそらくこの時期、東シナ海を舞台に活発化しつつあった通商活動の波にのって、大陸や特に九州から商人はもとより陶工や鍛冶職人など相当数の人々が流入した結果ではないかと推察されている。この時代、宋《そう》は東シナ海に留まらず広く東南アジアまで含む東アジア全域で通商活動を展開していたし、日本もまた博多商人が日宋貿易で活躍していた時代である。そしてその一方ではいわゆる「倭寇《わこう》」の跳梁も始まっていた。実際の記録資料でも、少し時代がずれるが琉球王国時代の那覇には中国福建省久米村《ふっけんしょうくめむら》の華僑が集団移住してきた事実があり、少数だろうが南蛮人と呼ばれた東南アジアの人や、『朝鮮王朝実録』には朝鮮からの漂着民の存在も記録されている。

ともあれ琉球列島ではこのグスク時代の激変後は人、文化ともに目立った画期が検出できなくなり、風葬墓人骨の調査結果から判断すると、遅くとも近世期には各地の住民の間にそれほど明確な地域差は見られなくなる。おそらく先島諸島も含めて琉球列島全域がある程度歩調を合わせて変化していった状況がうかがえるが、もちろんその背後には、北はトカラ列島から南は先島諸島までを支配下に置いた琉球王朝の存在が見逃せない。もはやどの島人も、各々の伝統文化の中に閉じこもっていられる時代ではなくなっていたのである。南の海に独自の王国を繁栄させたこの琉球王朝も、しかし近世期に至って一六〇九年には薩摩藩への隷属を余儀なくされ、一八七九（明治一二）年には新政府によってついにその命脈を絶たれてしまう。しかしこうした間もおそらく本土からの人の流入は間断なく続いていただろう。近〜現代の沖縄人については、池田次郎らによる生態計測や、土肥直美、百々幸雄らの人骨研究によって、短頭、低顔、低身長といった地域性と同時に、たとえば顔面平坦度が増すなど本土集団との類似性、形質上の繋がりも明らかにされている。そうした特徴はこのグスク時代人を土台にして、その後、近〜現代に至る間のかなり濃密な本土との交流の中で形成されたものと考えられる。

4　現代人への道

中世人

弥生時代を契機に大きな変貌を遂げた本土域の住民もまた、今日に至るまでその特徴をさまざまに変えてきた。特に明治の文明開化以後の急変は、わずか一世紀余りの間に日本人の身体特性を一新したと言っても過言ではない。ただそうはいっても、世界の諸集団と較べた場合、現代日本人のどちらかというと鼻の低い扁平な顔立ちや、シャベル状切歯を持つやや大きな歯、いわゆる胴長短足傾向の強い体つきなど、弥生時代を契機に日本列島に現れた身体形質は、今もなお我々の体に巣くったままである。つまりこの間の変化は、縄文人と北部九州弥生人の間に見られたような不連続なものとは異なり、渡来人と土着集団の混血の結果を土台にしてほぼ連続的に変化してきたものと言ってよかろう。

もちろんその変化の速度や程度は地域、時代によって大きく異なっていたが、北部九州を起点とする新たな遺伝子の拡散、浸透は、現代に至るまで着実に進んできたようだ。先に紹介した斎藤成也の推定によれば、現代人の遺伝子に占める縄文人由来のものは一五〜二〇パーセント程度、つまりは弥生時代を契機に流入した遺伝子のほうが過半を占め、圧倒しているという。この比率に囚われるのはまだ早計かも知れないし、むろん地域によっても違うはずだが、総体として我々日本人の身体には、土着の縄文人よりはむしろ後来の渡来人の血のほうが色濃く流れている可能性は高い。明治時代に盛んに唱えられた「人種置換説」は極論に過ぎるにしても、清野の「混血説」、そしてその延長線上にある金関の「渡来説」が、各分野の知見を見渡した場合の穏当かつ合理的な学説として支持を集めているのもうなずけるように思える。

こうした弥生時代以降の一連の流れの中で、少し触れておく必要のある、まだ説明困難な独特の身体変化を起こした時期がある。それは中世期のことである。鈴木尚は、かつて日本人骨格の時代変化を追跡する中で、主に鎌倉市の材木座で出土した中世人が、その前後の時期の人骨には見られないほど強度の長頭性や低顔、扁平な鼻根部に強い歯槽性突顎、それに低身長など一連の顕著な時代性を見せることを明らかにした。一九五〇年代後半に鈴木がこの結果を初めて人類学会で発表したとき、会場からは強い異論が噴出したと言う。中でも頭型（頭長幅示数）が示した著しい時代変化は、当時の研究者に大きな驚きを与えた。短頭か長頭かを問うこの特徴は人類学の研究史において永らく集団を特徴づける代表的な、時代的にも比較的安定した形質の一つとみなされ、かつてはこれだけで人類集団が分類されたことすらあった。研究が進むにつれてそうした認識は払拭されつつあったが、それでも鈴木の示した結果にただちに納得できない研究者は多かったようだ。

しかしその後、近畿や九州など各地で中世人骨が追加されていくにつれ、程度こそ違え鈴木の示した時代特性がほぼ全国的に見られることが明らかにされていった。筆者が手がけた山口県の吉母浜中世人もまた、近在の土井ヶ浜弥生人に較べて明らかに長頭性を強め、歯槽性突顎、つまり反っ歯の程度もひどくなっていた。以前、福岡市で、「中世博多の御料さん」と新聞で紹介された女性人骨（図64）が出土したが、そのほとんど平面に近い鼻根部や屋根のひさしのように突き出た強度の反っ歯を見ながら、つくづく中世に生まれなくてよかったと、その女性には失礼ながら実感した

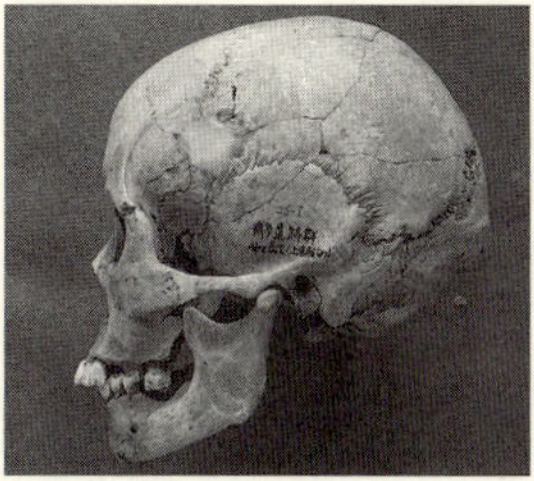

図64　中世博多の女性

ものである。

しかしどうして日本人は、中世期に至ってほぼ全国的にこのような特徴を見せるようになったのだろうか。もちろん、この時期に大量の渡来人が来た記録はなく、その要因は内部に求めるしかない。中世人が見せる一連の時代性のなかでも、特に頭型の問題は多くの研究者の関心を集めてきた。日本ではなぜか中世頃を境にまた変化の方向が逆転し、特に明治以降は短頭化を加速させている（図65）のだが、どうしてこのような変化が起きるのか。これまでさまざまな議論が戦わされてきたが、たとえば河内《こうち》まき子は長年に渡って食生活など主に栄養、環境面との関連を探り続けているし、溝口優司はまた、脳頭蓋の形が、顔面のみならず身長や姿勢など身体各部の変化と関係している可能性に注目し、頭の幅や長さなどと体幹・体肢各部の計測値との相関関係を徹底的に洗い出す作業を続けている。また、池田次郎は自身が調査した山間部や島など通婚圏の限られた地域の住人が長頭傾向を示すことから、この分野にヘテロシス（雑種強勢）という遺伝学的な概念を導入して興味深い論考を展開した。ヘテロシスというのは、たとえば畜産などの世界で、できるだけ強く大柄な、あるいは乳をたくさん出すような個体を作り出すには、なるべく遺伝的に遠いものを掛け合わす必要がある、という経験則から発想され、普及してきた概念である。池田はそれが人間にも当てはまることを示した欧米の研究例を傍証として、中世人の長頭は古代から中世にかけて続いた内婚傾向により生み出されたもので、その後は各地で都市化が進み、通婚圏が拡大していったために逆に短頭化が加速していったのではないか、というのである。しかしこの見解に関しては、ヨーロッパでは逆に通婚圏の拡大とともに長頭化している事実があり、その食い違いの理由がまだうまく説明できず、説得力を弱めている。

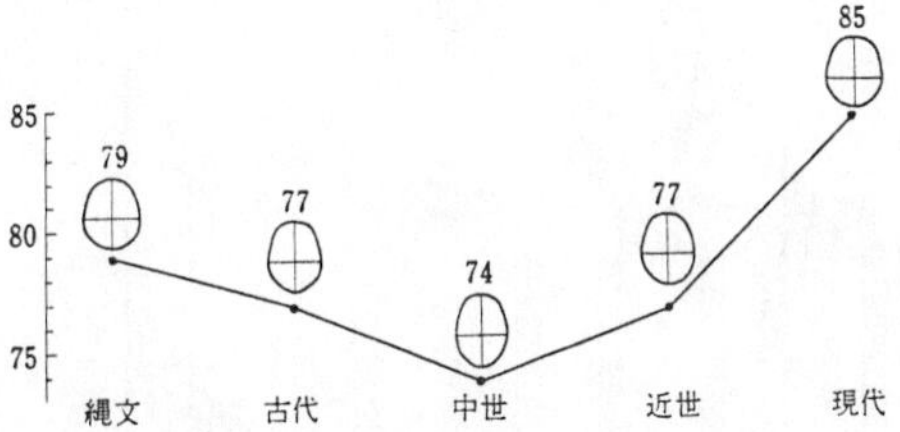

図65　頭長幅示数の時代変化（山口1986）

山口敏はまた別の切り口から、短頭化や長頭化を起こす要因について以下のように考察している。「ヒトの頭蓋は、脳を収納して保護する部分や感覚器や咀嚼器など、いろいろな要素から成り立っているが、全体として一つのまとまりをもった構造をなしており、ある部分の大きさや形が何かの原因で変化すれば、その影響がほかの部分にも波及し、全体が変化するという性質をもっていると考えなければならない。長頭化や短頭化は、脳頭蓋そのものに原因があるのではなく、咀嚼器の退化が顔の骨格の形と大きさを変え、その影響で二次的に脳頭蓋に生じた変化なのではないか」。

確かに顔面にしろ脳頭蓋にしろ、骨の構造は筋肉の働きに応じてできるだけ無駄を省いた、力学的に合理的なものになっているはずであり、それは基本的にビルや橋などの構造と同じであろう。かつて東京大学の遠藤萬里は、咀嚼による顔面各部へ

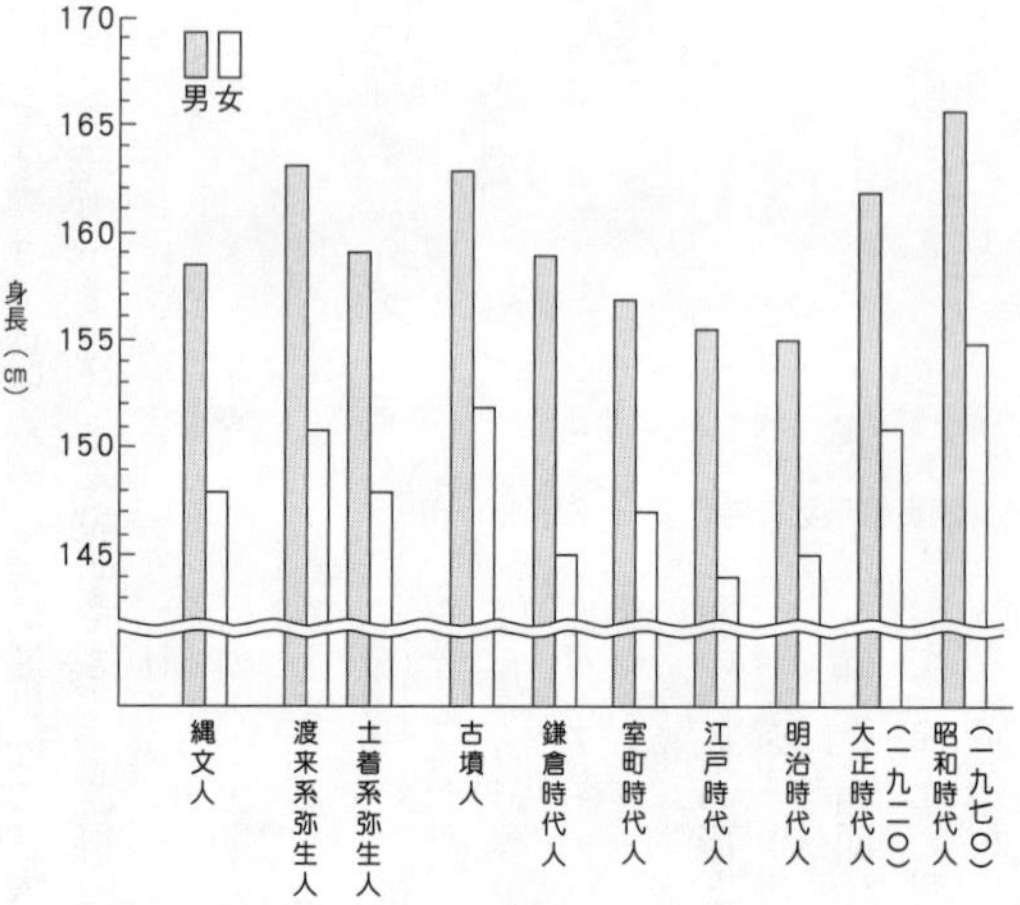

図66　身長の時代変化（平本1981ほか）

の力の伝わり方、それを支える構造との関係等について先駆的な研究を行ったが、頭蓋全体の形、特に長頭化などの問題とからめた詳しい力学的分析はほとんど手つかずの状況にある。長頭性が強まる中世や近世が、同時に日本人の身長が最も低くなり（図66）、全身が脆弱化する時期にも重なることを考えれば、問題解決には、今後は頭蓋の構造と筋肉の動きに関する具体的な力学的解析が必要になるかも知れない。同時にまた、その脆弱化の原因になると思われる栄養、とりわけ頭蓋が形成されていく成長期の食生活の影響も無視できないように思う。岡崎健治が、生まれてから成人に至るまでの成長変化を追跡して各集団を比較したところ、中世人は幼児期のはじめからすでに長頭傾向が強いことを明らかにした。それは、通常なら生後一年間に急速な短頭化（頭幅の成長が頭長の成長を上回るため）が進むはずなのに、中世人ではこの頭幅の急成長がかなり弱いか、起きていないためと考えられ、その要因として当時の骨の脆弱化が暗示しているように栄養不足が影響した結果ではないかと推測している。この考えに従えば、近現代人の急速な短頭化現象は、逆に食生活の改善によって生後の頭幅の成長が加速した結果だろうというわけである。

はたしてこれが永年にわたって世界の研究者を悩ませてきた長頭化、短頭化現象の謎解きになるのだろうか。いずれにしろ、この栄養問題も含めて上記の要因のどれか一つが単独で頭の形を変えてきたというより、おそらく咀嚼機能も含めたいくつかの要因が程度を違え、互いに関連しながら働いているように思うのだが……。長頭化の問題だけではなく、特異な特徴を併せ持つ中世人を巡る謎はまだ当分のあいだ人類学者の関心を引きよせ続けるだろう。

日本人の行方

ほぼ中世から近世にかけての頃をターニングポイントとして、日本人は都市部を中心に再び高身長、高顔、そして強い短頭へと変化の方向を逆転させ、近世以後は特にその速度を早めてきた。今や男子高校生の平均身長は一七〇センチメートルを超え、高い鼻梁を持つ細面の若者がますます増えつつある。短頭化現象や身長の伸びについては、ようやくここに来て収まる兆しを見せてはいるが、顎が細くて手足の長い華奢な（でなければ肥満体の）若者が増える傾向はなかなか止みそうにない。これからさらに将来に向けて日本人の身体特性がどのように変わっていくのか、明治以来蓄積されてきた膨大な調査データは、過去だけではなく未来についても、その変化の方向をかなり正確に指し示している。

ただそうはいっても、人類学に課せられた課題は単にそうした身体変化、ひいては第二章でみたような進化の道をたどり、描出することだけではない。前項でも触れたように、なぜ、どのようにして変化が起きるのか、今後はその具体的なメカニズムの解明も重要な課題の一つになろう。現実にはそれはまだ至難のワザと言うほかないが、もちろんこれは人類学だけに課せられた課題ではない。政府が掲げた二一世紀の主要テーマの中に生命科学の進展が含まれるが、この問題もまた、遺伝子分析を柱としたそうした先進分野の挑戦すべき課題の一つである。いうまでもないことだが、この半世紀に著しく進歩した遺伝学の成果は、我々の身体の特徴が親からもらった遺伝子で決められていることを、疑い得ない事実として明らかにしてきた。しかし、ここで知りたいのはその中身、つまり、人の顔、身体つきが基本的に遺伝子によって決められるにしても、具体的にどのような遺伝子配列がどのような形態に繋がっているのか、その設計図から完成品に至る間にどのような制御機構が働いていて、そこにさまざまな環境要因がどう絡み、影響するのか、ということである。

一個の受精卵から完成された人体に至るこの発生・分化にまつわる謎は、いまだ難問としてわれわれの前に立ちはだかったままだが、今や最大規模の資金と人材が投下されるようになり、この調子で研究が進めばいずれ近いうちに全容が解明される日がくるに違いない。そして、そうした遺伝子と形態の間に広がるブラックボックスを突き崩そうとする先端研究の中で、これまであまたの人類学者が蓄積してきた人体に関する膨大な情報は、貴重なヒントや検証データにもなっていこう。遺伝子情報とその発現の制御機構を解き明かしていこうと思えば、完成品である形態情報との照合は不可避の作業になるはずである。すでにMRIを用いた形態情報と遺伝子情報をつき合わせて、個体間の差異がDNA配列のどの部位のどんな変異と対応しているのかを探る研究などが進展しており、早くもそうした成果を取り入れた復顔も試みられている。

もちろん、こうした分子レベルの仕組みがわかればすべてが解決するわけではない。もともと人類学の大きな課題である古代人の世界に関しては、その人物の年齢や顔、体の特徴だけではなく、疾病・傷害歴や成育状況、身体活動や風習など、骨の観察からしか見えてこない情報は多い。今後これらのいくつかは遺伝子分析で解決できることもあろうが、しかしそうした分析がひとえに古いDNAの保存状態にかかっている以上、手の届かぬ部分も出てくるはずである。そもそも、その時代、その地域に生きた人々の遺骨や関連遺物が発見されていなければ具体的な話を始めようがないし、どんな仮説や学説もその是非を問う有益な検証ができないだろう。しかしいつの日か、形態形成の仕組みが分子レベルで解き明かされ、その一方で資料の欠落した地域、時代が一つひとつ埋められていけば、これまで述べてきたような骨形態の地域差や時代変化、ひいては日本人のルーツ問題に関する多くの疑問も解きほぐされ、はるかに明快なイメージ、ストーリーで描くことができるようになるはずである。私は、そんな日もそう遠くはないような気がしている。

参考文献

相沢忠洋『岩宿の発見』講談社（1969）

安里進・土肥直美『沖縄人はどこから来たか』ボーダーインク（1999）

安達登・篠田謙一・梅津和夫「ミトコンドリアDNA多型からみた北日本縄文人」DNA多型17（2009）

安達登・篠田謙一・梅津和夫「DNAが明らかにするアイヌの成立史（第3報）」DNA多型21（2013）

Adachi N., et al., [Mitochondria DNA analysis of Hokkaido Jomon skeletons: remnants of archaic maternal lineages at the southwestern edge of former Beringia], Am. J. Phys. Anthropol., 146 (2011)

池田次郎「異説「弥生人考」」季刊人類学、一二（1981）

――「海と山の縄文人――形態の地域差と時代差」『日本史の黎明』六興出版（1985）

――「東海西部・近畿・瀬戸内の弥生時代人骨」『日本民族・文化の生成1』六興出版（1988）

――「古墳人」『古墳時代の研究1』雄山閣出版（1993）

――『日本人のきた道』朝日選書、朝日新聞社（1998）

池橋宏『稲作の起源――イネ学から考古学への挑戦』講談社選書メチエ、講談社（2005）

――『稲作渡来民――「日本人」成立の謎に迫る』講談社選書メチエ、講談社（2008）

稲田孝司編『旧石器人の生活と集団』講談社（1988）

稲田孝司『遊動する旧石器人』岩波書店（2001）

井上貴央・松本充香「青谷上寺地遺跡から検出された人骨と動物遺存体」『鳥取県教育文化財団調査報告書』七四（2002）

エルドリッジ・N、タッターソル・I（浦本昌紀訳）『人類進化の神話』群羊社（1986）

Endo, B. & Baba, H. [Morphological investigation of innominate bones from Pleistocene in Japan with special reference to the Akashi man], 人類学雑誌、九〇 (1982)
大林太良編『海をこえての交流』日本の古代3、中央公論社 (1986)
岡崎健治『縄文・弥生・中世・近現代人の成長パターン——未成人骨格資料から探る形態発現と生活環境』比較社会文化叢書XIII、花書院 (2009)
岡崎健治・中橋孝博「上黒岩遺跡の縄文早期人骨」小林謙一・国立歴史民俗博物館編『縄文時代のはじまり』六一書房 (2008)
小片丘彦・金鎮晶・峰和治・竹中正巳「朝鮮半島出土先史・古代人骨の時代的特徴」青丘学術論集、一〇、韓国文化研究振興財団 (1997)
小片保「縄文時代人骨」『人類学講座5　日本人1』雄山閣出版 (1981)
オッペンハイマー・S (仲村明子訳)『人類の足跡10万年全史』草思社 (2007)
小畑弘己『タネをまく縄文人——最新科学が覆す農耕の起源』歴史文化ライブラリー、吉川弘文館 (2016)
尾本恵市「日本人の遺伝的多型」『人類学講座6　日本人2』雄山閣出版 (1978)
———「日本人の起源——分子人類学の立場から」人類学雑誌、一〇三 (1995)
海部陽介『人類がたどってきた道——〝文化の多様化〟の起源を探る』NHKブックス、日本放送出版協会 (2005)
———「ホモ・フロレシエンシス」季刊考古学、一一八、雄山閣 (2012)
———「フローレス原人 Homo floresiensis の謎」生物科学、日本生物科学者協会、六五-四 (2014)
———『日本人はどこから来たのか?』文藝春秋 (2016)
Kaifu, Y., Fujita, M., Kono, R. T., Baba, H. [Late Pleistocene modern human mandibles from the Minatogawa Fissure site, Okinawa, Japan: Morphological affinities and implications for modern

human dispersals in East Asia], Anthropological Science, 119 (2011)
カヴァーリ＝スフォルツァ・L&F（千種堅訳）『わたしは誰、どこから来たの――進化にみるヒトの「違い」の物語』三田出版会（1995）
加藤博文「ユーラシア極地への人類集団の進出と交替劇」西秋良宏編『文部科学省科学研究費補助金（新学術領域研究）「交替劇」考古資料に基づく旧人・新人の学習行動の実証的研究　A01班　2012年度研究報告』(2013)
Kanzawa-Kiriyama, H. et. al. [A partial nuclear genome of the Jomons who lived 3000 years ago in Fukushima, Japan], J. Human Genetics, 62 (2017)
金関丈夫『日本民族の起源』法政大学出版局（1976）
金関恕・大阪府立弥生文化博物館編『弥生文化の成立』角川選書、角川書店（1995）
賈蘭坡・黄慰文『北京原人匆匆来去』日本経済新聞社（1984）
河村善也「第四紀における日本列島への哺乳類の移動」第四紀研究、三七－三（1998）
北川賀一・欒宝実「山東省即墨北阡遺跡出土大汶口文化人骨牙歯形態之研究」山東大学文化遺産研究院編『東方考古』10、科学出版社（2013）
木村賛『サルとヒトと』サイエンス社（1990）
清野謙次『古代人骨の研究に基づく日本人種論』岩波書店（1949）
清野謙次・宮本博人「津雲石器時代人はアイヌ人なりや」考古学雑誌、一六－八（1926）
金鎮晶・小片丘彦ほか「金海禮安里古墳群出土人骨Ⅱ」『釜山大学校博物館遺跡調査報告 一五 金海禮安里古墳群Ⅱ』(1993)
クライン・R・G、エドガー・B（鈴木淑美訳）『5万年前に人類に何が起きたか？』新書館（2004）
Kouchi, M. [Geographic variations in modern Japanese somatometric data: A secular change

hypothesis], 東京大学総合研究資料館研究報告、二七（1986）
河野礼子ほか「3次元デジタル復元に基づく白保4号頭蓋形態の予備的分析と顔貌の復元」Anthropological Science, 126（2018）
甲元眞之『日本の初期農耕文化と社会』同成社（2004）
小浜基次「生体計測学的にみた日本人の構成と起源に関する考察」人類学研究、七（1960）
小林謙一「縄文時代前半期の実年代」国立歴史民俗博物館研究報告、一三七（2007）
――『縄紋文化のはじまり――上黒岩岩陰遺跡』新泉社（2010）
小林茂「漂流・漂着からみた環東シナ海の国際交流」『平成8年科学研究費補助金研究成果報告書』（1996）
小山修三『縄文時代』中公新書、中央公論社（1984）
サイクス・B（大野晶子訳）『イヴの七人の娘たち』ソニー・マガジンズ（2001）
斎藤成也『核DNA解析でたどる日本人の源流』河出書房新社（2017）
佐川正敏「東アジアの先史モンゴロイド文化」『モンゴロイドの地球3』東京大学出版会（1995）
佐々木高明・大林太良編『日本文化の源流』小学館（1991）
佐々木高明『日本史誕生』日本の歴史1、集英社（1991）
佐藤洋一郎『DNAが語る稲作文明』NHKブックス、日本放送出版協会（1996）
――『縄文農耕の世界』PHP新書、PHP研究所（2000）
佐原真『日本人の誕生』大系日本の歴史1、小学館（1987）
――「日本・世界の戦争の起源」福井勝義・春成秀爾編『人類にとって戦いとは――戦いの進化と国家の生成』東洋書林（1999）
佐原真・田中琢編『日本人の起源と地域性』古代史の論点6、小学館（1999）
佐原真・小林達雄『世界史の中の縄文』新書館（2001）

Gee, H. [Box of bones 'clinches' identify of Piltdown palaeontology hoaxer], Nature 381 (1996)
篠田謙一『日本人になった祖先たち』ＮＨＫブックス、日本放送出版協会（2007）
――――『ＤＮＡで語る 日本人起源論』岩波現代全書、岩波書店（2015）
篠田謙一編『化石とゲノムで探る 人類の起源と拡散』別冊日経サイエンス（2013）
シュリーヴ・Ｊ（名谷一郎訳）『ネアンデルタールの謎』角川書店（1996）
鈴木隆雄『骨から見た日本人』講談社選書メチエ、講談社（1998）
鈴木尚『日本人の骨』岩波新書、岩波書店（1963）
Suzuki, H. [Microevolutional changes in the Japanese population from the prehistoric age to the present-day], 東京大学理学部紀要、第五類（1969）
Suzuki, H. & Hanihara, K. (ed.) [The Minatogawa Man], University of Tokyo Press (1982)
ストリンガー・Ｃ、ギャンブル・Ｃ（河合信和訳）『ネアンデルタール人とは誰か』朝日選書、朝日新聞社（1997）
Stringer, C. [Palaeontorogy: The 100-year mystery of Piltdown Man], Nature 492 (2012)
スペンサー・Ｆ（山口敏訳）『ピルトダウン』みすず書房（1996）
諏訪元「化石からみた人類の進化」『シリーズ進化学５　ヒトの進化』岩波書店（2006）
――――「ラミダスが解き明かす初期人類の進化的変遷」季刊考古学、一一八、雄山閣（2012）
瀬戸口烈司『「人類の起原」大論争』講談社選書メチエ、講談社（1995）
芹沢長介『日本旧石器時代』岩波新書、岩波書店（1982）
ダイアモンド・Ｊ（長谷川真理子・長谷川寿一訳）『人間はどこまでチンパンジーか？』新曜社（1993）
高橋徹『明石原人の発見――聞き書き・直良信夫伝』朝日新聞社（1977）
高宮広土編『奄美・沖縄諸島先史学の最前線』南方新社（2018）

高山博編『人類の起源』集英社（1997）
タッソール・I（河合信和訳）『化石から知るヒトの進化』三田出版会（1998）
田中良之「縄紋土器と弥生土器──西日本」『弥生文化の研究３』雄山閣出版（1986）
──「いわゆる渡来説の再検討」『日本における初期弥生文化の成立』文献出版（1991）
都出比呂志・田中琢編『権力と国家と戦争』古代史の論点４、小学館（1998）
寺沢薫『王権誕生』日本の歴史２、講談社（2000）
土肥直美『沖縄骨語り──人類学が迫る沖縄人のルーツ』新報新書、琉球新報社（2018）
徳永勝士「ＨＬＡ遺伝子群からみた日本人のなりたち」『モンゴロイドの地球３』東京大学出版会（1995）
百々幸雄「骨からみた日本列島の人類史」『モンゴロイドの地球３』東京大学出版会（1995）
──『アイヌと縄文人の骨学的研究──骨と語り合った40年』東北大学出版会（2015）
Dodo, Y. & Ishida, H. [Consistency of nonmetric cranial trait expression during the last 2,000 years in the habitants of the central island of Japan], 人類学雑誌、一〇〇（1992）
トリンカウス・Ｅ、シップマン・Ｐ（中島健訳）『ネアンデルタール人』青土社（1998）
内藤芳篤「九州における縄文人骨から弥生人骨への移行」『人類学　その多様な発展』日経サイエンス（1984）
長沼正樹「ロシア語圏のＭＰ―ＵＰ移行期およびＥＵＰ」西秋良宏編『文部科学省科学研究費補助金（新学術領域研究）「交替劇」考古資料に基づく旧人・新人の学習行動の実証的研究　Ａ０１班　２０１２年度研究報告』（2013）
中橋孝博「墓の数で知る人口爆発」『原日本人』朝日新聞社（1993）
──「北部九州における弥生人の戦い」福井勝義・春成秀爾編『人類にとって戦いとは──戦いの進化と国家の生成』東洋書林（1999）
──『倭人への道──人骨の謎を追って』歴史文化ライブラリー、吉川弘文館（2015）

中橋孝博・永井昌文「弥生人——形質」「弥生人——寿命」『弥生文化の研究1』雄山閣出版（1989）
———「福岡県志摩町新町遺跡出土の縄文・弥生移行期の人骨」志摩町教育委員会（1987）
中橋孝博・飯塚勝「北部九州の縄文～弥生移行期に関する人類学的考察」Anthropological Science, 106 (1998)
中橋孝博・高椋浩史・欒宝実「山東省北阡遺跡出土之大汶口時期人骨」山東大学文化遺産研究院編『東方考古』10、科学出版社（2013）
Nakahashi, T. [Temporal craniometric changes from the Jomon to the modern period in western Japan], Am. J. Phys. Anthropol., 90 (1993)
Nakahashi, T. & Li, M. (ed.) [Ancient people in the Jiangnan region, China], Kyushu University Press (2002)
Nakahashi, T. & Wenquan, F. (ed.) [Ancient people of the central plains in China], Kyushu University Press (2014)
奈良貴史『ネアンデルタール人類のなぞ』岩波ジュニア新書、岩波書店（2003）
日本人類学会編『鎌倉材木座発見の中世遺跡とその人骨』岩波書店（1956）
橋口達也『弥生文化論』雄山閣出版（1999）
———「聚落立地の変遷と土地開発」『東アジアの考古と歴史』同朋舎出版（1987）
長谷川政美『DNAに刻まれたヒトの歴史』岩波書店（1991）
埴原和郎『日本人の成り立ち』人文書院（1995）
Hanihara, K. [Estimation of the number of early migrants to Japan: A simulative study], 人類学雑誌、九五 (1987)
———[Dual structure model for the population history of the Japanese], Japan Review, 2 (1991)

馬場悠男「モンゴロイドの原像――人類化石から」『モンゴロイドの地球1』東京大学出版会（1995）
馬場悠男編『人間性の進化』別冊日経サイエンス（2005）
Baba, H., Narasaki, S. & Ohyama, S. [Minatogawa hominid fossils and the evolution of late Pleistocene humans in East Asia], Anthropological Science, 106 (1998)
速水融・町田洋編『人口・疫病・災害』講座 文明と環境7、朝倉書店（1995）
速水融『歴史人口学の世界』岩波書店（1997）
ハリス・M（鈴木洋一訳）『ヒトはなぜヒトを食べたか』ハヤカワ文庫、早川書房（1997）
春成秀爾『「明石原人」とは何であったか』NHKブックス、日本放送出版協会（1994）
春成秀爾編「明石市西八木海岸の発掘調査」国立歴史民俗博物館研究報告、一三（1987）
――『先史時代の生活と文化 「日本人および日本文化の起源に関する学際的研究」論文集』（2001）
春成秀爾・小林謙一編「愛媛県上黒岩遺跡の研究」国立歴史民俗博物館研究報告、一五四（2009）
日沼頼夫・崎谷満編『日本列島の人類学的多様性』勉誠出版（2003）
Hirata, K. [A contribution to the Paleopathology of Cribra Orbitalia in Japanese], St. Marianna Medical J., vol. 16 (1988)
平本嘉助「縄文時代から現代に至る関東地方人身長の時代的変化」人類学雑誌、八〇（1972）
フォーリー・R（金井塚務訳）『ホミニッド』大月書店（1997）
藤尾真一郎『縄文論争』講談社選書メチエ、講談社（2002）
Brace, C. L., & Nagai, M. [Japanese tooth size: past and present], Am. J. Phys. Anthropol., 59 (1982)
「文明のクロスロード・ふくおか」地域文化フォーラム実行委員会編『福岡からアジアへ1～5』西日本新聞社（1993-1997）
宝来聰『DNA人類進化学』岩波科学ライブラリー、岩波書店（1997）

Horai, S., et al. [mtDNA polymorphism in East Asian populations, with special reference to the peopling of Japan], Am. J. Hum. Genet., 59 (1996)
毎日新聞旧石器遺跡取材班『発掘捏造』毎日新聞社（2001）
松井章「骨を切る・削る・磨く——傷痕からみた古代人の行動」『科学が解き明かす古代の歴史』クバプロ（2004）
松浦秀治・近藤恵「日本列島の旧石器時代人骨はどこまでさかのぼるか」馬淵久夫・富永健編『考古学と化学をむすぶ』東京大学出版会（2000）
松下孝幸「南九州地域における古墳時代人骨の人類学的研究」長崎医学会雑誌、六五（1990）
松村博文「最北に生きた船泊遺跡の縄文人——波浪を越えた交流」『日本人はるかな旅展（図録）』（2001）
———「歯が語る日本人のルーツ」『日本人はるかな旅5』日本放送出版協会（2002）
Matsumura, H. [A microevolutional history of the Japanese people as viewed from dental morphology], 国立科学博物館モノグラフ9（1995）
松本秀雄「免疫グロブリンの遺伝標識Gm遺伝子に基づいた蒙古系民族の特徴——日本民族の起源について」人類学雑誌、九五（1987）
溝口優司『頭蓋の形態変異』情報考古シリーズ1、勉誠出版（2000）
宮本一夫『農耕の起源を探る——イネの来た道』歴史文化ライブラリー、吉川弘文館（2009）
山口敏「縄文人骨」『縄文文化の研究1』雄山閣出版（1982）
———「新人の誕生」科学六二-四、岩波書店（1992）
———『日本人の生い立ち』みすず書房（1999）
山田博之『歯の豆辞典——歯科医からみた歯の人類学』丸善プラネット（2015）
米田穣「食生態に見る縄文文化の多様性」科学、岩波書店、八〇（2010）

ルーウィン・R（保志宏訳）『ここまでわかった人類の起源と進化』てらぺいあ（2002）
レンフルー・C（橋本槇矩訳）『言葉の考古学』青土社（1993）
和佐野喜久生編『東アジアの稲作起源と古代稲作文化　文部省科学研究費による国際学術研究』（1995）
Zhu, Z., et al. [Hominin Occupation of the Chinese Loess Plateau since about 2.1million years ago], Nature 559 (2018)

あとがき

日本人の起源をテーマにした本書を依頼されたのはもう何年前だったか、ずいぶん長い時間が経ってしまい、あれこれ遅筆の言い訳をしている間に、研究史上めったにない激震に二度も見舞われてしまった。一度は二〇〇〇年一一月の前期旧石器捏造事件、もう一つは二〇〇三年に急浮上した、弥生時代開始時期の五〇〇年遡上問題である。おかげでその都度、原稿を前にしばらくは頭を抱える日々を強いられたが、それでも前期旧石器問題についてはすべてを白紙に戻すということで一応の決着がつき、書きなおしもできたから、騙されたまま話を進めて恥をかくよりはかえってよかったかもしれないと思っている。しかしもう一つの年代議論のほうは、二〇〇四年現在、いまだ迷走中で果たしてどこに落着するのか、先行きがみえぬままである。やむなく本書では、留保つきで従来の知見をそのまま紹介するかたちを採ったが、近い将来、本当に過去の年代観を修正せざるを得なくなった場合は、たとえば第五章の人口増加率の算定など、いくつか再検討を要する問題が出てくるだろう。

ともあれ仕事柄、生きた人よりはお骨になった古代人の知り合いのほうがはるかに多くなってしまい、この頃は我ながらつくづく浮世離れした分野を選んでしまったものだという気はしている。これでもじつは理学部の大学院生時代までは、今はやりの遺伝子分析を手がけていた。それが三〇歳近くにもなって古人類学に惹かれ、恩師の制止を振り切って思い切ってこの分野に飛び込んだのだが、それから早や三〇年、今では古代人の遺骨、とりわけ完全な女性頭蓋などに出会った時には、ある種、美しさのようなものを感じることも稀ではなくなっている。べつに生きている女性より骨のほうが良いと言っているわけではないが、以前はおとなしく室内にこもって試験管相手に実験を繰り返していた男をして女性頭蓋に見とれさせるほどに変えてしまう陰にどういう知的遊技の世界があるのか、その面白さの一端でも読者に伝えられたならば、この書に託した私の思いのあらかたは満たされることになる。

本書を書くにあたっては、多くの先学、学兄諸氏に貴重なご教示と励ましをいただいた。いちいち名前を挙げるのは控えさせて頂くが、心からお礼申し上げたい。また原稿を読んでくれた妻美智恵、受験勉強のさなかに挿図を描いてくれた娘さゆりにも感謝する。最後になったが、私の遅筆ゆえに在任中に約束を果たせなかった前講談社選書メチエ担当の渡辺佳延氏、並びに、度重なる遅延にもかかわらず根気よく完成を待ってくださった現担当の山崎比呂志氏には衷心よりお詫びとお礼を申し上げたい。

二〇〇四年一一月　　　　　　　　　　中橋孝博

KODANSHA

本書の原本は、二〇〇五年に講談社選書メチエより刊行されました。

中橋孝博（なかはし　たかひろ）

1948年，奈良県に生まれる。九州大学大学院博士課程中退。現在，九州大学名誉教授。博士（医学）。主な編著書に『倭人への道』（歴史文化ライブラリー），『古代史の流れ』（共著，岩波書店），『Ancient People of the Central Plains in China』（編著，九州大学出版会）などがある。

講談社学術文庫

定価はカバーに表示してあります。

日本人《にほんじん》の起源《きげん》

人類誕生《じんるいたんじょう》から縄文《じょうもん》・弥生《やよい》へ

中橋孝博《なかはしたかひろ》

2019年1月10日　第1刷発行
2024年4月15日　第8刷発行

発行者　森田浩章
発行所　株式会社講談社
東京都文京区音羽2-12-21 〒112-8001
電話　編集（03）5395-3512
販売（03）5395-5817
業務（03）5395-3615
装　幀　蟹江征治
印　刷　株式会社広済堂ネクスト
製　本　株式会社国宝社
本文データ制作　講談社デジタル製作

ISBN978-4-06-514431-2

「講談社学術文庫」の刊行に当たって

これは、学術をポケットに入れることをモットーとして生まれた文庫である。学術は少年の心を養い、成年の心を満たす。その学術がポケットにはいる形で、万人のものになることは、生涯教育をうたう現代の理想である。

こうした考え方は、学術を巨大な城のように見る世間の常識に反するかもしれない。また、一部の人たちからは、学術の権威をおとすものと非難されるかもしれない。しかし、それはいずれも学術の新しい在り方を解しないものといわざるをえない。

学術は、まず魔術への挑戦から始まった。やがて、いわゆる常識をつぎつぎに改めていった。学術の権威は、幾百年、幾千年にわたる、苦しい戦いの成果である。こうしてきずきあげられた城が、一見して近づきがたいものにうつるのは、そのためである。しかし、学術の権威を、その形の上だけで判断してはならない。その生成のあとをかえりみれば、その根は常に人々の生活の中にあった。学術が大きな力たりうるのはそのためであって、生活をはなれた学術は、どこにもない。

開かれた社会といわれる現代にとって、これはまったく自明である。生活と学術との間に、もし距離があるとすれば、何をおいてもこれを埋めねばならない。もしこの距離が形の上の迷信からきているとすれば、その迷信をうち破らねばならぬ。

学術文庫は、内外の迷信を打破し、学術のために新しい天地をひらく意図をもって生まれた。文庫という小さい形と、学術という壮大な城とが、完全に両立するためには、なおいくらかの時を必要とするであろう。しかし、学術をポケットにした社会が、人間の生活にとってより豊かな社会であることは、たしかである。そうした社会の実現のために、文庫の世界に新しいジャンルを加えることができれば幸いである。

一九七六年六月

野間省一

自然科学

1 今西錦司著（解説・小原秀雄）

進化とはなにか

正統派進化論への疑義を唱える著者は名著『生物の世界』以来、豊富な踏査探検と卓抜な理論構成とで、〝今西進化論〟を構築してきた。ここにはダーウィン進化論を凌駕する今西進化論の基底が示されている。

31 朝永《ともなが》振一郎《しんいちろう》著（解説・伊藤大介）

鏡の中の物理学

〝鏡のなかの世界と現実の世界との関係は……〟この身近な現象が高遠な自然法則を解くカギになる。科学と量子力学の基礎を、ノーベル賞に輝く著者が一般読者のために平易な言葉とユーモアをもって語る。

94 湯川秀樹著（解説・片山泰久）

目に見えないもの

初版以来、科学を志す多くの若者の心を捉えた名著。自然科学的なものの見方、考え方を誰にもわかる平易な言葉で語る珠玉の小品。真実を求めての終りなき旅に立った著者の研ぎ澄まされた知性が光る。

電P

195 湯川秀樹著

物理講義

ニュートンから現代素粒子論までの物理学の展開を、歴史上の天才たちの人間性にまで触れながら興味深く語った名講義の全録。また、博士自身が学生時代の勉強法を随所で語るなど、若い人々の必読の書。

320 W・B・キャノン著／舘 鄰・舘 澄江訳（解説・舘 鄰）

からだの知恵

この不思議なはたらき

生物のからだは、つねに安定した状態を保つために、さまざまな自己調節機能を備えている。本書は、これをひとつのシステムとしてとらえ、ホメオスターシスという概念をはじめて樹立した画期的な名著。

529 牧野富太郎著（解説・伊藤 洋）

植物知識

本書は、植物学の世界的権威が、スミレやユリなどの身近な花と果実二十二種に図を付して、平易に解説したもの。どの項目から読んでも植物に対する興味がわき、楽しみながら植物学の知識が得られる。

自然科学

764
村上陽一郎著
近代科学を超えて
クーンのパラダイム論をふまえた科学理論発展の構造を分析。科学の歴史的考察と構造論的考察から、科学史と科学哲学の交叉するところに、科学の進むべき新しい道をひらいた気鋭の著者の画期的科学論である。

844
森　毅著
数学の歴史
数学はどのように生まれどう発展してきたか。数学史を単なる記号や理論の羅列とみなさず、あくまで人間の文化的な営みの一分野と捉えてその歩みを辿る。知的な挑発に富んだ、歯切れのよい万人向けの数学史。

979
森　毅著（解説・野崎昭弘）
数学的思考
「数学のできる子は頭がいい」か、それとも「数学などやる人間は頭がおかしい」か。ギリシア以来の数学的思考の歴史を一望。現代数学・学校教育の歪みを一刀両断。数学迷信を覆し、真の数理的思考を提示。

996
森　毅著（解説・村上陽一郎）
魔術から数学へ
西洋に展開する近代数学の成立劇。小数はどのように生まれたか、対数は、微積分は？　宗教戦争と錬金術が猖獗を極める十七世紀ヨーロッパでガリレイ、デカルト、ニュートンが演ずる数学誕生の数奇な物語。

1332
池田清彦著
構造主義科学論の冒険
旧来の科学的真理を問い直す卓抜な現代科学論。科学理論を唯一の真理として、とめどなく巨大化し、環境破壊などの破滅的状況をもたらした現代科学。多元主義にもとづく科学の未来を説く構造主義科学論の全容。

1341
杉田玄白著／酒井シヅ現代語訳（解説・小川鼎三）
新装版　解体新書
日本で初めて翻訳された解剖図譜の現代語訳。オランダの解剖図譜『ターヘル・アナトミア』を玄白らが翻訳。日本における蘭学興隆のきっかけをなし、また近代医学の足掛かりとなった古典的名著。全図版を付す。